有色金属青年科学家文库

U0185386

复杂结构井

力学特征与钻进提速技术

张鑫鑫　王李昌　唐禄博　吴冬宇⊙著

MECHANICAL CHARACTERISTICS AND DRILLING EFFICIENCY IMPROVEMENT
TECHNOLOGIES FOR COMPLEX WELLS

中南大学出版社
www.csupress.com.cn
·长沙·

作者简介 / About the Author

张鑫鑫，男，博士，1990 年生，山西长治人。吉林大学地质工程专业博士，现为中南大学地质工程系副教授。主要从事多工艺优快钻进技术、非常规能源钻采、绿色智能钻探技术与装备、振荡射流技术与应用等方面的研究工作。目前，以第一/通讯作者发表学术论文 30 余篇，其中在 *Journal of Petroleum Science and Engineering*、*Tunnelling and Underground Space Technology*、*International Journal of Mechanical Sciences*、*Physics of Fluids*、*Powder Technology* 等中国科学院 TOP 期刊上发表论文 13 篇，授权专利 20 余项。主持国家自然科学基金、国家重点研发计划项目子课题、湖南省和长沙市自然科学基金、博士后科学基金等项目 10 余项。担任《钻探工程》《煤田地质与勘探》《中国石油大学学报（自然科学版）》、*China Geology*、*Deep Underground Science and Engineering* 期刊青年编委，湖南省地质学会探矿工程专委会委员，中南大学青年科协地信院分会副主席及 20 余个国内外权威 SCI/EI 期刊审稿专家。

内容简介 / Introduction

　　本书主要介绍了资源能源钻采过程中的复杂结构井力学特征与钻进提速技术方面的研究进展与成果。针对复杂结构井钻进施工中的井下管柱摩阻/扭矩问题、井下岩屑运移与清洁问题，开展理论分析、试验研究和数值模拟研究，系统分析了岩屑动态运移规律与流行转化机制，阐述了井眼净化相关理论与技术，揭示了轴向振动减阻降摩机制及管柱振动对井下岩屑运移影响规律。提出了新型轴向振动减阻技术，并发展了相关设计理论及参数优化设计方法。论述了近钻头液动冲击回转钻进技术与原理，探讨了微小井眼钻进、旋转导向钻进等钻井技术方法，为复杂结构井钻进提速提供重要技术参考。本书是一本系统介绍复杂结构井钻进相关理论与技术的专著，内容成果丰富，不仅有助于广大读者深入认识复杂结构井相关知识和理论，而且对复杂结构井安全高效钻进具有重要实用价值。

　　本书可供地质工程、油气井工程、采矿工程、土木工程、水利工程等相关专业的教师、研究人员和工程技术人员参考使用。也可作为高等院校和科研院所相关专业的研究生教材和参考用书。

前 言 / Foreword

随着全球资源需求的不断增长和勘探开发技术的不断进步，以水平井为基本特征的复杂结构井已成为深层、低渗透、非常规、海洋等复杂条件下资源高效开发的先进井型技术。复杂结构井钻进过程不仅涉及地质条件的复杂性，还面临着工程和技术方面的挑战。本书旨在系统地介绍和梳理复杂结构井力学特性与钻进提速技术方面的研究成果，以促进复杂结构井钻进技术向更广阔的空间发展，为提高钻井作业的安全性、效率和经济性提供技术指导。

本书以复杂结构井相关理论与技术为主题，依托国家自然科学基金（42302354）、国家重点研发计划（2020YFC1807203）、湖南省自然科学基金（42302354）及企业合作项目等研究成果，重点介绍了复杂结构井的基本概念及发展历程，梳理了复杂结构井定向钻井理论与技术的若干重要进展，基于管柱力学与流体力学理论分析了复杂结构井定向钻井面临的技术挑战，提出了复杂结构井钻进提速方面的相关理论与技术，主要包括轴向振动减阻技术、液动冲击回转钻进技术、微小井眼钻进技术、旋转导向钻进技术等。以期为复杂结构井定向钻井理论与技术创新发展提供理论与技术参考。

全书共6章。第1章为绪论，概述了复杂结构井发展历程，并总结了当前存在的关键技术问题；第2章揭示了复杂结构井钻进过程中的岩屑动态运移规律；第3章阐述了复杂结构井降摩减阻理论与技术，并介绍了新型振动减阻钻具；第4章介绍了液动冲击回转钻进技术研究进展及其在复杂结构井中的应用；第5章探讨了微小井眼钻进技术及其应用前景；第 6 章论述了旋转导向钻进技术相关结构原理与研究进展。

本书各章撰写人如下：第 1 章，张鑫鑫、王李昌；第 2 章，唐禄博、杨佳乐、毛纯芝；第 3 章，唐禄博、杨佳乐、朱嘉琛；第 4 章，张鑫鑫，王李昌；第 5 章，梁博文、吴冬宇、佘思琴；第 6 章，梁博文、吴冬宇。全书由张鑫鑫完成统稿和修改工作，并整合了马立科硕士、唐禄博硕士等的学位论文内容。在此，感谢上述硕士研究生在本书撰写与整理过程中所做的努力和贡献。

复杂结构井技术方兴未艾，相关研究依然是国内外科学研究的前沿和难点，其中涉及的内容庞杂且广泛，难以覆盖全面，研究团队将围绕复杂结构井钻进过程中的力学问题和钻进提速技术开展持续研究。本书参考引用了大量文献，借鉴了部分文字和图片，在此表示衷心的感谢。由于作者认识与水平有限，书中所列技术与方法难免存在不足之处，恳请相关学者、专家、技术人员和广大读者批评指正。

最后，衷心希望本书能够成为资源能源钻采领域的重要参考资料，为行业人士和研究人员提供一定的见解和启发，大家共同推动复杂结构井钻进技术的发展和进步，为资源能源行业的可持续发展做出积极贡献。

笔 者

2024 年 2 月

目 录 /

Contents

第 1 章　绪　论

资源、环境、可持续发展既是科技前沿问题，又是国家重大需求。随着人类社会高速发展，对资源需求和依赖不断扩大[1]。国家"十四五"规划和 2035 年远景目标纲要中指出"加快深海、深层和非常规油气资源利用"，并明确提出实施"能源资源安全战略"和"新一轮找矿突破战略行动"。

在资源勘探开发中，钻井工程是直接了解地下地质情况以及发现和开发资源最有效、准确的手段[2]。深部资源探测与评价、非常规能源勘探开发与利用的开展，对钻井科学理论、设备和工艺提出了新的要求[3]。先进的钻井设备、领先的钻井理论和工艺，成为当前较长时期内急需研究和发展的对象。

深部硬岩钻探难度大，已成为能源及矿产资源高效开发利用的瓶颈，亟须提高机械钻速来显著降低工程成本[4]。在深部硬岩地层中，岩石承受着高压、高温影响，表现出高强度、高硬度、高非均质等力学特性，导致传统钻进方法面临着机械钻速低、钻头磨损严重、钻井成本高等挑战，严重制约了能源和矿产资源的高效开发[5]。其次，随着油气资源勘探开发的不断深入，钻井类型已从常规的直井发展为水平井、大位移井、多分支井等复杂结构井[6]。在水平井段、大斜度井段和弯曲井段的钻进过程中，受重力的影响，钻杆紧贴井壁，接触面积明显增大，显著增加了摩阻力和扭矩。此外，岩屑重力方向与钻井液流动方向存在夹角，岩屑极易在井眼环空中沉积形成岩屑床，导致井眼清洁与钻柱摩阻问题突出，容易发生卡钻、埋钻等井下事故，对钻井优化设计与安全控制造成重大挑战。

1.1　复杂结构井发展概述

复杂结构井是以水平井为基本特征，主要包括大位移井、双水平井、U 形水平井、多分支井及丛式井等，是高效开发低渗透、非常规、海洋及深层等复杂油气资源的先进井型[7]。此外，复杂结构井钻进还可以实现井下流体分离、救险井、陆-海管线连接、地下穿越等工程目标。从目前全世界钻井方式来看，复杂的钻井结构已经占了总钻井数的一半以上[8]。

复杂结构井的建设与使用有以下四方面优势[9]：

(1)相较于直井，可以尽可能开采各类油气层，尤其在开采裂缝油藏、薄油层、天然气藏等方面有独特优势，没有严格的应用禁区。

(2)可以降低开采成本，提高油气产量。

(3)避免或者减少开采过程中的井下复杂情况。

(4)占地少，减少环境保护的压力，提高产油量，增加开发的总体效益。

世界第一口水平井于 1929 年在美国得克萨斯州的 Texon 钻成，在水平方向延伸 8 m 并取得了增产效果[10]，被美国能源部(DOE)标志为第一口"真正的水平井"。早期另一口水平井于 1944 年在美国宾夕法尼亚州的富兰克林重油田钻成，井深为 500 英尺(152.4 m)[10]。20 世纪 50 年代初期水平井段为 30 m 长的水平井钻成。到 1960 年，美国在大约 50 口垂直井中侧钻了水平井，苏联钻成了 43 口水平井。由于当时技术水平和成本的限制，全球范围内水平井的经济效益受到质疑，因此水平井的钻井和开采技术长时间没有显著进展。然而，随着石油危机后油价的上涨，以及随钻测量工具和井下模拟技术等方面的进步，水平井钻井技术再次得到了发展。20 世纪 60 年代，美国 Arco 公司为解决油井产水问题，在 4 口垂直井中钻成较短的水平井段；加拿大 ESSO 公司为了开采重质油，钻成 3 口水平井；1979 年，法国 Elf Aquitaine 公司和国家石油研究院(IFP)在井深 700~2800 m 钻成 4 口水平井，水平井段长 300~700 m；1980 年美国已完钻水平井 100 多口；1981 年，Arco 公司使用特殊造斜工具钻成垂深 1906 m、水平井段长 53 m 的短曲率半径水平井；Texco 公司使用自动造斜工具钻了垂直深度为 1260 m、水平井段为 334 m 的水平井；法国 Elf Aquitaine 公司和 IFP 钻了垂深 702 m、水平段长 366 m 的水平井，使水平钻井技术向前发展了一大步，1982 年，法国 Elf Aquitaine 公司和 IFP 又成功钻成垂深 1373 m、水平段长 351 m 的水平井，同年在罗斯坡莫尔油田钻成水平井段长达 608 m 的水平井，日产油 608 m^3，比直井产油量高 5 倍[11]；1984 年，苏联在萨拉托夫的依利诺斯基钻成 41 口水平井；美国 1987 年在北部钻成 35 口短曲率半径的水平井。

20 世纪 80 年代以来，随着工业技术的不断发展、钻井技术的日臻完善以及钻井经验的积累，水平井在油田开发中逐渐引起广泛关注，并且钻探数量迅速增加。近年来，我国水平井钻井技术实力也得到了快速发展，各大油田如大庆油田、长庆油田等，不断加大水平井钻井技术的推广力度。据统计，国外每年约有 2000 个水平井钻井项目，而国内水平井钻井项目数量约为 200 个，并且呈逐年增长趋势。水平井的优势特别突出，尤其在长水平段水平井钻井方面，能够极大提高油藏的泄油面积，有效提高单井产量和采收率，经济效益显著，同时能够钻进较长的储层。

　　20 世纪 90 年代，由于石油价格大幅度波动，世界各国石油公司比以往更加重视油气田开发投资的经济效益，大位移井钻井技术得到了迅速发展[12]。大位移井指水平位移或侧深与垂深之比大于 2 的井，或者水平位移大于等于 3000 m 的井[13]。1998 年，英国 BP 石油公司在威奇法姆油田钻成了水平位移 10114 m，最大水平位移与垂深之比 6.13 的大位移井，使得原来受环境保护要求不能开发的油田得到开发。国内通过技术合作于 1997 年在西江 24-1 油田由菲利普斯公司作业的 XJ24-3-A14 井创造了当时水平位移 8000 m 的世界纪录。逾万米的深层钻探始于 20 世纪 70 年代。苏联的科拉 3 井于 1970 年开钻，1993 年钻至井深 12262 m 完钻，为目前世界最深垂直钻井。2022 年 10 月，阿联酋完钻的 UZ-688 井，井深达 15240 m，为世界最长钻井。全球井深 11000 m 以上的大位移井信息见表 1-1，其中一半以上位于俄罗斯 Sakhalin(库页岛)。50 年来全球累计完成万米井 67 口(直井 27 口，大位移井 40 口)。国外大位移井虽然井深较深、水平位移大，但是多数垂深小于 3000 m，垂深较浅。国内大位移井部分油田作业垂深相对较深，但是作业井深、水平位移多在 5000 m 以内，与国外差距较大[14]。

表 1-1　全球井深 11000 m 以上大位移井信息

序号	井名	井深/m	完钻时间/年	油田名称
1	UZ-688 井[15]	15240	2022	阿联酋 Upper Zakum
2	Z-42 井[16]	12700	2013	俄罗斯 Chayvo
3	Z-43 井[16]	12450	2013	俄罗斯 Chayvo
4	Z-44 井[16]	12376	2012	俄罗斯 Chayvo
5	OP-11 井[17]	12345	2011	俄罗斯 Odoptu
6	ZGI-3[16]	12325	2012	俄罗斯 Odoptu
7	BD-04A 井[18]	12289	2008	卡塔尔 Al Shaheen
8	Z-12 井[19]	11680	2008	俄罗斯 Chayvo
9	Z-11 井[19]	11282	2009	俄罗斯 Chayvo
10	M-16Z[20]	11278	1999	英国 Wytch Farm
11	Z-45 井[16]	11277	2012	俄罗斯 Chayvo
12	OP-10[17]	11238	2011	俄罗斯 Odoptu
13	CN-1[20]	11184	1999	阿根廷 Ara
14	Z-2[19]	11070	2008	俄罗斯 Chayvo
15	OP-9[17]	11036	2011	俄罗斯 Odoptu

多分支井技术于 20 世纪 70 年代末产生，它是水平井技术的集成和发展，指的是在一口主井眼(直井、定向井、水平井)中钻出若干进入油(气)藏的分支井眼，其主要优点是能够进一步扩大井跟同油气层的接触面积，减小各向异性的影响，减少水锥水窜，降低钻井成本，而且可以进行分层开采[21]。分支井技术是进入 20 世纪 90 年代后才发展起来的，并被认为是 21 世纪石油工业领域的重大技术之一。从 1991 年开始，在美国得克萨斯州的奥斯汀白金构造上反向对称的双水平井钻成，1993 年在加州近海的 Dos Cuadras 油田三分支井钻成，在加拿大的 Pelican 湖油田开发薄层油藏的三分支井钻成，1994 年又有加拿大的沙斯卡切望的 Midale 油田的反向对称双分支井钻成。到 1995 年，美国在各类型的 315 口井中完成了 852 口分支井，平均每口井 27 个分支，其中 72% 为采油井，25% 为采气井，2% 为注水井，1% 为储气井[22]。1997 年春由英国 Shell 公司 Eric Diggins 组织，在阿伯丁举行了多分支井的技术进展论坛，并按复杂性和功能性建立了 TAML(technology advancement multi laterals)分级体系，评价分支井技术的 3 个特性是连通性(conectivity)、隔离性(isolation)和可及性(可靠性、可达性、含重返井眼能力，accessibility)[23]。世界上第 1 口 TAML5 级多分支井是 Shell 公司于 1998 年在巴西近海 Voador 油田在半潜钻井平台钻的 1 口反向双分支井。我国南海西部公司 1998 年 9 月用修井机和原井重钻技术钻成了我国海洋第 1 口多底井，利用 2 个井筒用电潜泵合采，产量是斜井单井产量的 3 倍。新疆油田在 1999 年打了 1 口双分支井。辽河油田 2000 年 4 月打成海 14-20 三分支井，是我国第 1 口自行设计、自行施工、具有自主知识产权的侧钻三分支井，完井技术等级为 4 级。

1.2 关键技术问题

1.2.1 岩屑运移与井眼清洁

尽管复杂结构井技术具有诸多优势，但其中的水平井段岩屑运移问题是一大挑战。井眼清洁不良可能导致严重的钻井事故，因此必须予以充分重视。由于水平井段井身结构的特殊性(井斜角约为 90°)，水平环空中岩屑的运动轨迹受到各种力的综合影响，与直井段明显不同。当钻井液返速较低时，岩屑容易沉积在井眼环空的低侧，逐渐形成岩屑床，可能引发一系列工程上的复杂问题。

岩屑床的存在给钻井施工带来诸多安全隐患，严重威胁安全钻进，主要体现在以下几个方面[24]：①岩屑床易导致钻具产生高摩阻/扭矩，甚至可能引发钻具扭断现象。②岩屑床可导致机械钻速降低。岩屑床中岩屑颗粒的排列结构疏松，易形成键槽，导致托压现象，使钻压无法充分作用于钻头上，同时增加了钻具上提下放的阻力，降低了钻进效率。③岩屑床易导致卡钻等事故发生，造成工程进度缓慢，钻井周期延长。④岩屑床也可导致测井工具入井难、下套管固井难、固井质量差等问题。⑤由于水平井段钻具不居中，岩屑被钻具反复碾压成更细的颗粒，增加了环空钻井液的固相含量，同时环空间隙减小，形成椭圆形井眼，易导致憋泵憋压。⑥岩屑床易使下部钻具产生泥包，导致憋钻。此外，如果在停泵前未充分循环钻井液，停泵后岩屑将下沉形成砂桥，造成砂堵，若继续钻进则会存在安全隐患。

1.2.2 井下管柱摩阻和扭矩

井下管柱摩阻和扭矩指的是管柱在井眼内进行轴向运动时产生的轴向阻力和进行旋转运动时产生的扭矩损失。在复杂结构井的钻井优化设计和安全控制中，管柱摩阻和扭矩的计算至关重要。例如，钻机的适应性评估、井眼轨迹的优化设计、防磨减阻工具的合理安放和使用效果评价，以及完井管柱下入的可行性分析等问题都与管柱摩阻和扭矩的分布预测密切相关[25]。从20世纪80年代开始，出现了软绳模型、钢杆模型等管柱摩阻和扭矩模型，并且在此基础上研究人员进行了大量的完善工作。其他学者也开展了深入研究，涉及管柱屈曲效应、接头效应下的摩阻和扭矩预测等问题。对于长水平井或大位移井的定向钻井，管柱屈曲问题尤为突出。管柱屈曲指的是管柱上轴向压力达到某一临界值时，受井眼约束导致管柱发生变形，从一种构型突变到另一种构型的不稳定性问题。管柱发生屈曲后，会导致管柱上产生附加的高摩阻。高摩阻反过来又会加剧管柱屈曲问题，两者之间存在正反馈的耦合作用，严重限制了管柱在井眼内的安全高效作业极限。

针对摩阻/扭矩问题，目前，降摩减阻的方法主要有三种[26]。第一种方法是在钻井液中添加润滑剂，以提高润滑能力。第二种方法是在钻柱上安装带滚轮的稳定器。添加润滑剂的方法简单有效，但成本较高，而受泥沙和岩屑床的影响，带滚轮的稳定器性能难以预测。为此，国内外钻井服务公司开发了振动减阻技术，该技术包括地面振动减阻和井下振动减阻，即第三种方法：振动减阻方法。地面振动减阻以地面扭矩摇摆振动减阻技术为代表，该方法虽然能够提高机械钻速、改善钻压传递效率和提升工具面控制效果，但其严重依赖于司钻经验、需要人工实时调整扭矩预设值，限制了应用推广，井下振动减阻方法包括多种形式的井下诱导减振减阻工具，如轴向振动减阻工具(轴向水力振荡器、液力冲击器)、横向振动减阻工具(径向水力振荡器)和扭转振动减阻工具(扭力冲击器)。现场应用证明，轴向振动减阻工具可以显著地减少摩擦并改善载荷传递，减摩效果明显，应用最为广泛。轴向振动减阻工具主要通过改变钻井液的流动阻力，产生周期性的压力脉冲，将流体流动的能量转换成周期性轴向激发。与带滚轮的被动式减阻稳定器不同，振动减阻工具为主动式减阻。

1.2.3 井眼轨迹预测与控制

井眼轨迹预测与控制，是复杂结构井工程涉及的关键核心技术问题之一，在国内外得到广泛关注[27]。所谓井眼轨迹控制，是指采用合理措施(包括底部钻具组合、作业参数及测控系统等)，强制钻头沿预设轨迹破碎岩石、实现定向钻进的过程。井眼轨迹控制的研究已有 70 多年的发展历史。20 世纪五六十年代，主要研究方向是"防斜打直"，旨在实现高速直井钻进。自 70 年代以来，随着定向井、水平井、大位移井等复杂井结构的发展，研究重点逐渐转移到定向井轨迹控制。此时，主要目标是实现"指到哪，就打到哪"，确保钻头沿着预定设计轨道前进，对井斜角和井斜方位角的控制提出了严格要求。因此，定向井轨迹控制是一个更为复杂的技术问题。

目前，定向钻井轨迹控制已经经历了四代技术的迭代和升级[28]。第一代定向控制技术主要依靠一些特殊工具和技术手段来控制井眼轨迹，例如通过改变钻具组合或使用造斜器来调整工具轴线与井眼轴线的偏差。这种方法只能实现简单的定向控制，对井斜方位的控制能力有限。第二代定向控制技术则使用涡轮钻具、螺杆钻具、测斜仪等工具来实现，其中螺杆钻具和涡轮钻具通过与其他工具(如弯钻杆、弯接头、偏心接头等)配合使用钻井液能量来控制井眼轨迹。第三代定向控制技术以随钻测量工具和井下带弯接头动力钻具或弯外壳螺杆钻具为代表，其定向钻井轨迹测量精度大幅提高，实现了随钻定向控制。目前，第三代技术仍然是定向井与水平井定向钻井轨迹控制的主流技术。第四代定向钻井轨迹控制技术的典型代表是旋转导向钻井系统。旋转导向钻井系统类似于航天领域的导弹制导系统，可以在钻柱旋转时实时控制井眼轨迹，从而自动控制钻头在油气储层中穿行。与常规定向控制工具相比，旋转导向钻井系统在轨迹控制精度、钻井效率和井身质量等方面具有显著优势，是现代定向钻井技术的发展方向。

参考文献

[1] 陈建平，等. 深地矿产资源定量预测理论与方法[M]. 北京：地质出版社，2019.

[2] 路相宜. 863 计划发力钻井前沿技术——访中国工程院院士苏义脑[J]. 中国石油石化，2007(15)：46-47.

[3] 栾锡武. 世界油气资源现状与未来发展方向[J]. 中国地质调查，2016，3(2)：1-9.

[4] 张志强，郑军卫. 低渗透油气资源勘探开发技术进展[J]. 地球科学进展，2009，24(8)：854-864.

[5] 殷琨，王茂森，彭枧明，等. 冲击回转钻进[M]. 北京：地质出版社，2010.

[6] 高德利，黄文君，刁斌斌，等. 复杂结构井定向钻井技术现状及展望[J]. 前瞻科技，2023，2(2)：11-21.

[7] 高德利. 复杂结构井优化设计与钻完井控制技术[M]. 东营：中国石油大学出版社, 2011.

[8] 李闯. 国内页岩气水平井钻完井技术现状[J]. 非常规油气, 2016, 3(3)：106-110.

[9] 杨柳, 石富坤, 赵逸清. 复杂结构井在页岩气开发中的应用进展[J]. 科学技术与工程, 2019, 19(27)：12-20.

[10] HELMS L. Horizontal Drilling [J]. DMR Newsletter, 2008, 35(1)：1-3.

[11] 李海涛, 王永清. 复杂结构井射孔完井设计理论与应用[M]. 长沙：湖南科学技术出版社, 2009.

[12] 汪海阁, 周波. 致密砂岩气钻完井技术进展及展望[J]. 天然气工业, 2022, 42(1)：159-169.

[13] 邢希金, 王涛, 刘伟, 等. 超深大位移井井壁稳定及储层保护技术与应用[J]. 中国海上油气, 2023, 35(5)：154-163.

[14] 李克向. 国外大位移井钻井技术[M]. 北京：石油工业出版社, 1998.

[15] ROBINSON P. ADNOC Drilling delivers new world record for the longest well[R]. Abu Dhabi National Oil Company, 2022.

[16] GUPTA V P, YEAP A H, FISCHER K M, et al. Expanding the extended reach envelope at Chayvo Field, Sakhalin Island [C]. Paper SPE 168055 presented at IADC/SPE drilling conference and exhibition, 4-6 March 2014, Fort Worth, Texas, USA.

[17] WALKER M W. Pushing the extended-reach envelope at Sakhalin：an operator[C]. Paper SPE 151046 Presented at IADC/SPE Drilling Conference and Exhibition, 6-8 March 2012, San Diego, California, USA.

[18] SONOWAL K, BENNETZEN B, WONG P, et al. How continuous improvement lead to the longest horizontal well in the world[C]. In Proceedings of the SPE/IADC Drilling Conference and Exhibition, 17-19 March 2009, Amsterdam, Netherlands.

[19] WALKER M W, VESELKA A J, HARRIS S A. Increasing Sakhalin extended reach drilling and completion capability[C]. Paper SPE 119373 presented at SPE/IADC drilling conference and exhibition, Society of petroleum engineers, 17-19 March 2009, Amsterdam, The Netherlands.

[20] ALLEN F, TOOMS P, CONRAN G, et al. Extended-reach drilling：breaking the 10-km barrier[J]. Oilfield Rev, 1997, 9：32-47.

[21] 郑毅, 黄伟和, 鲜保安. 国外分支井技术发展综述[J]. 石油钻探技术, 1997, 25(4)：53-55.

[22] 石晓兵, 喻著成, 陈平, 等. 侧钻水平井、分支井井眼轨迹设计与控制理论[M]. 北京：石油工业出版社, 2009.

[23] 陈杰, 武广瑗, 左凯, 等. 国内外分支井五级完井技术发展趋势[J]. 石油矿场机械, 2019, 48(4)：80-84.

[24] 徐天用, 裴道中, 黄立新, 等. 大位移水平井常见问题机理分析及对策[J]. 钻采工艺,

2001, 24(5): 22-25.

[25] 高德利, 黄文君. 井下管柱力学与控制方法若干研究进展[J]. 力学进展, 2021, 51(3): 620-647.

[26] 刘建勋. 复杂结构井钻柱系统动力学行为与提速提效机理研究[D]. 成都: 西南石油大学, 2020.

[27] 刘修善. 导向钻具定向造斜方程及井眼轨迹控制机制[J]. 石油勘探与开发, 2017, 44(5): 788-793.

[28] 刘真子. 定向钻井技术发展现状及发展新趋势[J]. 中国新技术新产品, 2016(8): 83-84.

第 2 章　复杂结构井岩屑运移规律研究

扫码查看本章彩图

大位移井、水平井与定向井等复杂结构井技术的出现为油气资源勘探开发提供了极大的便利，特别是在近岸开采海上油气、非常规能源钻采等方面应用广泛，提高了单井产量和最终采收率，并取得了巨大的经济效益[1-2]。但是，复杂结构井技术在钻探过程中也存在着一些技术难点，其中以倾斜段、近水平段的岩屑沉积问题最为突出，一直是相关技术难以克服的关键安全问题之一[3]。同时，岩屑的沉积易形成岩屑床，导致钻杆高摩阻、高扭矩和托压，严重时造成卡钻、钻具断落等井眼安全事故，并影响后续作业，如造成套管下入困难、固井质量差等，大大增加了钻井成本[4]。

2.1　岩屑运移基本理论及方法

2.1.1　环空岩屑运移受力分析

环空中的岩屑由于湍流、颗粒特征及运动状态和环空环境作用的复杂性，其受力情况比较复杂。对岩屑形状和受力状况进行简化，岩屑床表面随机球形颗粒受力分析如图 2-1 所示。岩屑床上方的颗粒可能有静止和悬浮两种状态，主要受 5 种力作用：曳力 F_D、来自岩屑床的支撑力 F_N（当岩屑静止于岩屑床表面）、升力 F_L、压力梯度引起的力 F_P 和重力 $m_p g$。

当沿垂直于钻井液上返方向的力：$F_Y = F_N + F_L - m_p g \cos\theta_{pc} \geq 0$ 时，岩屑处于悬浮状态；当沿钻井液上返方向的力：$F_X = F_D - m_p g \sin\theta_{pc} \geq 0$ 时，岩屑随着钻井液向上移动；当两个方向的力皆满足前述条件时，岩屑悬浮于环空，被钻井液携带着向前移动，这是岩屑运移的理想状态。

此外，环空中的岩屑颗粒之间、岩屑与井壁和钻杆壁面之间也存在碰撞现象。颗粒间的碰撞力一般有三种处理模型：线性模型、非线性模型和非线性滞后

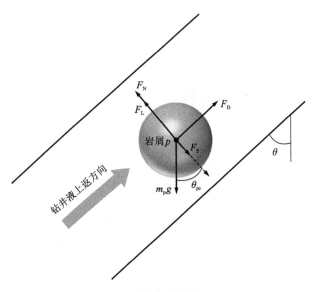

θ_{pc}—岩屑堆积接触角。

图 2-1　环空流体中单颗粒受力分析

模型，其中线性模型的应用最为广泛[5]。采用线性模型分析环空内岩屑的碰撞受力如图 2-2 所示，岩屑颗粒之间发生碰撞时，作用在颗粒上的力主要有：法向弹性力 $F_{n,pq}$、切向弹性力 $F_{t,pq}$、法向阻尼力 $F_{n,pq}^{d}$ 和切向阻尼力 $F_{t,pq}^{d}$。岩屑颗粒 p 作用于岩屑颗粒 q 上的接触力可表示为[6]：

$$F_{c,q}^{p}=F_{n,pq}+F_{n,pq}^{d}+F_{t,pq}+F_{t,pq}^{d} \qquad (2-1)$$

岩屑与钻杆壁面和井壁之间的碰撞接触力与上述计算方法相同，即假定钻杆壁面或者井壁速度为零，颗粒体积无限大。

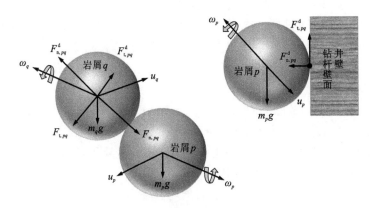

图 2-2　岩屑碰撞受力分析示意图

2.1.2　钻井液流变性理论

如图 2-3 所示,钻井液流型大致可分为牛顿流型和非牛顿流型,非牛顿流型又包括塑性流型、假塑性流型和膨胀流型。符合上述流型的流体分别称为牛顿流体、塑性流体(又称宾汉流体)、假塑性流体(又称幂律流体)和膨胀性流体。而宾汉流体和幂律流体又可以被三参数的赫巴(Herschel-Bulkley)流体模型所兼容。钻井液通常被认为是一种具有屈服应力的触变剪切减薄

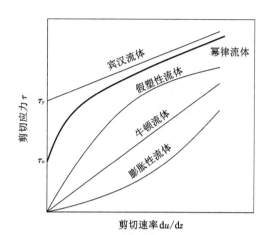

图 2-3　钻井液流变性模型说明[76]

流体,相对于宾汉流体和幂律流体的双参数模型,赫巴流体的三参数模型在大多数情况下能更好地描述钻井液,如式(2-4)所示。同时,赫巴流体模型在计算精度和用户简捷性方面比其他模型也更有优势,特别是屈服应力存在低剪切速率时[7-8]。

幂律流体模型方程:

$$\tau = K\dot{\gamma}^n \tag{2-2}$$

式中:τ 为剪切应力,Pa;K 为稠度系数,Pa·s^n;n 为流性指数;$\dot{\gamma}$ 为剪切速率,s^{-1}。

宾汉流体模型方程:

$$\tau = \tau_0 + \mu_p \cdot \dot{\gamma} \tag{2-3}$$

式中:τ_0 为动切力,Pa;μ_p 为塑性黏度,mPa·s。

赫巴流体模型方程:

$$\eta = \begin{cases} \dfrac{\tau_0}{\dot{\gamma}} + k\dot{\gamma}^{n-1} & \dot{\gamma} > \dot{\gamma}_c \\[3mm] \dfrac{\tau_0\left(2 - \dfrac{\dot{\gamma}}{\dot{\gamma}_c}\right)}{\dot{\gamma}_c} + k\dot{\gamma}_c^{n-1}\left[(2-n) + (n-1)\dfrac{\dot{\gamma}}{\dot{\gamma}_c}\right] & \dot{\gamma} < \dot{\gamma}_c \end{cases} \tag{2-4}$$

式中:$\dot{\gamma}_c$ 为临界剪切速率,s^{-1}。

2.1.3　岩屑运移 CFD 仿真技术理论

计算流体动力学(computational fluid dynamics,CFD)是一种通过数值模拟方

法来预测流体流动行为特征的工程计算工具。随着计算机资源和计算能力的不断提高，以及建模技术的日益成熟完善，包括 OpenFOAM、ANSYS Fluent、cfx、Comsol 等成熟的 CFD 仿真软件，被广泛应用于多相流、流体流动、流固耦合、传热传质等领域。井眼内的岩屑运移问题就属于典型的多相流问题，本节以 ANSYS Fluent 中的多相流计算模拟方法为例进行介绍。

1. CFD 多相流计算方法

在 ANSYS Fluent 中，大致有两种模拟计算建模方法，即基于欧拉计算模型的算法和基于拉格朗日计算模型的算法。这两种算法通常结合在一起使用。对于流体来说，采用欧拉模型即可，但考虑到颗粒时，一般使用拉格朗日模型。多相流问题一般采用欧拉-欧拉模型（Euler-Euler，EE）和欧拉-拉格朗日模型（Euler-Lagrange，EL）两种计算模型，具体如图 2-4 所示。其中，EE 模型包括混合模型（mixture）、流体体积模型（volume fluent model，VOF）及欧拉多相模型（Eulerian），而 EL 模型主要以 DPM 模型（discrete phase model）为主，对于稠密颗粒相可激活 DDPM 模型（dense discrete phase model）。

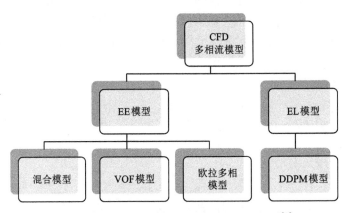

图 2-4　ANSYS Fluent 中的多相流建模方法[9]

1）欧拉-欧拉模型

在 EE 模型中，流体相和颗粒相皆被处理成连续相。流体的体积在物理上不可能被另一相侵占，因此体积分数的概念被引入 EE 模型。各相的体积分数是关于时间和空间的函数，其在具体计算域内的总值为 1[10]。各项之间通过动量方程和连续性方程进行平衡性求解，计算域内的压力由各相共同承担。

值得注意的是，ANSYS Fluent 中的 EE 模型对于颗粒相的处理不是简单地将其处理成类似于流体的连续相，而是处理成可以保留部分颗粒特征的连续相。使用者可以通过激活 Granular flow 模块，并搭配适用于颗粒流的动量理论

（KTGF）模型进行固液两相案例的模拟计算。KTGF 可以用于模拟岩屑颗粒的动量交换，同时引入恢复系数来避免非弹性颗粒之间的动量损失。颗粒拟温项 θ_s $=c^2/3$ 被引入以描述在模拟颗粒碰撞和流动过程中的动量交换和能量波动特性。EE 模型的数值模拟计算流程详见图 2-5。

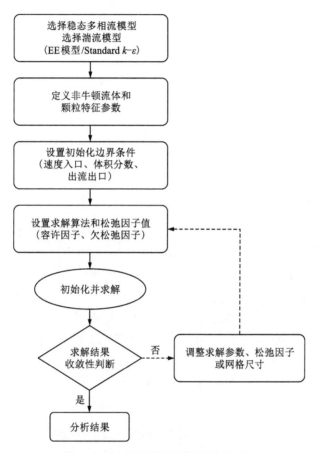

图 2-5　EE 模型的数值模拟计算流程

　　此外，由于计算机内存资源、计算时间和收敛性等方面的限制，欧拉相的数量受到一定程度的限制。但是相对于拉格朗日模型，欧拉模型在计算速度和计算资源占用上仍具备较大的优势，且模拟计算结果较好，因此得到了较为广泛的使用，本章节所有模拟案例均采用 EE 模型进行模拟计算。

　　2）欧拉-拉格朗日模型

　　在 EL 模型中，流体被认为是连续介质，通过 Navier-Stokes 方程进行求解，而离散相则是通过跟踪颗粒进行求解[10]。连续相和离散相之间通过动量、质量和能量守恒方程进行交换。模型还要考虑颗粒之间的相互作用,忽略或者简化颗粒间的相互作用,有助于简化计算方法并缩短计算时间。

这种模型对颗粒的体积分数有一定要求,即不能超过 10%,适用于稀释流。但对加载的质量没有限制要求,在计算域内每个颗粒都可以被捕捉到,因此可以观察到颗粒随时间的空间运动变化情况,进而确定不同钻进参数对颗粒运动形式的影响规律。拉格朗日颗粒追踪机制的原理是将作用在每个颗粒上的力进行平衡积分,平衡公式如下:

$$\frac{\mathrm{d}\boldsymbol{u}_p}{\mathrm{d}t} = \frac{\boldsymbol{u}-\boldsymbol{u}_p}{\tau_r} + \frac{\boldsymbol{g}\cdot(\rho_p-\rho)}{\rho_p} + \boldsymbol{F} \tag{2-5}$$

式中: $\boldsymbol{u}$ 为局部流体速度,m/s; $\boldsymbol{u}_p$ 为颗粒速度,m/s; ρ_p 为颗粒密度,kg/m³; ρ 为流体密度,kg/m³; $\boldsymbol{F}$ 为附加源项; $\dfrac{\boldsymbol{u}-\boldsymbol{u}_p}{\tau_r}$ 为颗粒单位质量所受的曳力。

颗粒弛豫时间 τ_r 又可以表示为:

$$\tau_r = \frac{\rho_p\cdot d_p^2}{18\mu}\frac{24}{C_d Re} \tag{2-6}$$

式中: C_d 为曳力系数; d_p 为颗粒直径,mm; μ 为流体黏度; Re 为雷诺数。

然而,受限于当前计算机计算能力和计算资源,颗粒运动特征无法大量捕捉,这种模型不能得到广泛的使用。此外,相关的力学分析模型也有待进一步完善优化。

2. 欧拉两相流动模型理论方程

欧拉模型里包含了不同参数所需的多种模型,每种模型都有其局限性和适用条件,这里详细介绍适用于岩屑运移的相关参数和物理量的模型。

1)体积分数方程

首先,定义第 i 相所占的空间大小,即体积分数为 α_i,则第 i 相所占据的体积可以表示为:

$$V_i = \int_V \alpha_i \mathrm{d}V \tag{2-7}$$

$$\sum_{i=1}^{n} \alpha_i = 1 \tag{2-8}$$

2)连续性方程

第 i 相的连续性方程形式如下:

$$\frac{\partial}{\partial_t}(\alpha_i\rho_i\boldsymbol{v}_i) + \nabla\cdot(\alpha_i\rho_i\boldsymbol{v}_i) = \sum_{p=1}^{n}(\dot{m}_{p_i}-\dot{m}_{ip}) + S_i \tag{2-9}$$

式中: ρ_i 为第 i 相的密度,kg/m³; $\boldsymbol{v}_i$ 为第 i 相的速度,m/s; $\dot{m}_{p_i}$ 为从第 p 相到第 i 相的交换质量,kg/s; $\dot{m}_{ip}$ 为从第 i 相到第 p 相的交换质量,kg/s; S_i 为源项,包括辐射和其他体积热源。

3）动量守恒方程

第 i 相的动量平衡方程可以表达成如下形式：

$$\frac{\partial}{\partial_t}(\alpha_i \rho_i \boldsymbol{v}_i)+\nabla \cdot (\alpha_i \rho_i \boldsymbol{v}_i \boldsymbol{v}_i) = -\alpha_i \nabla P + \nabla \cdot \bar{\bar{\tau}}_i + \alpha_i \rho_i \boldsymbol{g}+$$

$$\sum_{p=1}^{n} (\boldsymbol{R}_{pi} + \dot{m}_{pi} \boldsymbol{v}_{pi} - \dot{m}_{ip} \boldsymbol{v}_{ip}) + (\boldsymbol{F}_i + \boldsymbol{F}_{\text{lift},i} + \boldsymbol{F}_{\text{wl},i} + \boldsymbol{F}_{\text{vm},i} + \boldsymbol{F}_{\text{td},i}) \quad (2-10)$$

式中：$\boldsymbol{g}$ 为重力加速度，m/s^2；$\boldsymbol{v}_{pi}$ 为相间相对速度，m/s；$\boldsymbol{F}_{\text{lift},i}$ 为提升力，N；$\boldsymbol{F}_i$ 为第 i 相所受到的外部作用力，N；$\boldsymbol{F}_{\text{wl},i}$ 为壁面滑移力，N；$\boldsymbol{F}_{\text{vm},i}$ 为虚拟质量力，N；$\boldsymbol{F}_{\text{td},i}$ 为湍流耗散力，N；$\bar{\bar{\tau}}_i$ 为第 i 相的应力应变张量。

$$\bar{\bar{\tau}}_i = \alpha_i \mu_i (\nabla \boldsymbol{v}_i + \nabla \boldsymbol{v}_i^{\text{T}}) + \alpha_i \left(\lambda_i - \frac{2}{3}\mu_i\right) \nabla \cdot \boldsymbol{v}_i \bar{\bar{I}} \quad (2-11)$$

$$\boldsymbol{R}_{pi} = -\boldsymbol{R}_{pi}; \quad \boldsymbol{R}_{ii} = 0 \quad (2-12)$$

$$\sum_{p=1}^{n} \boldsymbol{R}_{pi} = \sum_{p=1}^{n} \boldsymbol{K}_{pi}(\boldsymbol{v}_p - \boldsymbol{v}_l) \quad (2-13)$$

式中：μ_i 为第 i 相的黏度，Pa·s；λ_i 为第 i 相的体积黏度，Pa·s；$\bar{\bar{I}}$ 为单位张力；$\boldsymbol{R}_{pi}$ 为相间作用力，N；$\boldsymbol{K}_{pi}$ 为相间动量交换系数；$\boldsymbol{v}_p$ 为次相的速度，m/s；$\boldsymbol{v}_l$ 为主相的速度，m/s。

4）闭合方程

采用 KTGF 可考虑固相的应力张量及离散特性，有利于弥补 EE 模型的不足[11-12]，但固相在运动学方面的重要特性参数需要额外的闭合模型来获得[13-14]。在研究颗粒流动现象时，阻力、升力或碰撞力和颗粒黏度是不可忽视的重要因素。其中，颗粒黏度主要包括三部分：碰撞黏度（$\mu_{s,\text{col}}$）、运动黏度（$\mu_{s,\text{kin}}$）和摩擦黏度（$\mu_{s,\text{fr}}$）。

$$\mu_s = \mu_{s,\text{col}} + \mu_{s,\text{kin}} + \mu_{s,\text{fr}} \quad (2-14)$$

碰撞黏度：其表达形式如下：

$$\mu_{s,\text{col}} = \frac{4}{5}\alpha_s \rho_s d_s g_{0,\text{ss}}(1+e_{\text{ss}})\left(\frac{\Theta_s}{\pi}\right)^{0.5}\alpha_s \quad (2-15)$$

$$g_{0,\text{ss}} = \left[1-\left(\frac{\alpha_s}{\alpha_{s,\text{max}}}\right)^{\frac{1}{3}}\right]^{-1} \quad (2-16)$$

式中：α_s 为固相体积分数，%；$\alpha_{s,\text{max}}$ 为可压缩条件下的最大体积分数，%；ρ_s 为固相密度，kg/m^3；$g_{0,\text{ss}}$ 为压缩性交换系数；d_s 为固相颗粒直径，m；e_{ss} 为恢复性系数；Θ 为颗粒温度，℃。

运动黏度：其表达形式如下：

$$\mu_{s,\text{kin}} = \frac{10\rho_s d_s \sqrt{\Theta_s \pi}}{96\alpha_s(1+e_{\text{ss}})g_{0,\text{ss}}}\left[1+\frac{4}{5}g_{0,\text{ss}}\alpha_s(1+e_{\text{ss}})\right]^2\alpha_s \quad (2-17)$$

摩擦黏度：由 Schaeffer[15] 推导的适用于低剪切条件下的密集流动的摩擦黏度表达形式如下：

$$\mu_{s,fr}=\frac{p_s\sin\theta}{2\sqrt{I}}\qquad(2-18)$$

式中：p_s 为固相压力，Pa；I 为应力张量；θ 为内摩擦角。

体积黏度：最早由 Lun 等[16] 提出，用于解释颗粒在流体中流动时因压缩和膨胀所引起的阻力变化，表达形式如下：

$$\lambda_s=\frac{4}{3}\alpha_s^2\rho_s d_s g_{0,ss}(1+e_{ss})\left(\frac{\Theta_s}{\pi}\right)^{1/2}\qquad(2-19)$$

5）曳力模型

曳力模型有很多种，采用最多的是 Gidaspow[17] 提出的模型，该模型是在 Wen and Yu 模型和 Ergun 模型的基础上改良优化的，能够在较大的固体浓度范围内灵活地获得更准确的解。其表达形式如下：

$$K_{sl}=\begin{cases}\dfrac{3}{4}C_D\dfrac{\alpha_s\alpha_l\rho_l|\boldsymbol{v}_s-\boldsymbol{v}_l|}{d_s}\alpha_l-2.65 & \alpha_l\geq0.8\\[3mm]\dfrac{150\alpha_s(1-\alpha_l)\mu_f}{\alpha_l d_s^2}+1.75\dfrac{\alpha_s\alpha_l|\boldsymbol{v}_s-\boldsymbol{v}_l|}{d_s} & \alpha_l<0.8\end{cases}\qquad(2-20)$$

$$C_D=\frac{24}{\alpha_l Re_s}\left[1+0.15(\alpha_l Re_s)^{0.687}\right]\qquad(2-21)$$

$$Re_s=\frac{\rho_l d_s|\boldsymbol{v}_l-\boldsymbol{v}_s|}{\mu_l}\qquad(2-22)$$

式（2-20）~式（2-22）中：K_{sl} 为流固交换系数；C_D 为曳力系数；α_l 为液相体积分数；ρ_l 为液相密度，kg/m³；Re_s 为相对雷诺数；$\boldsymbol{v}_s$ 为固相流速；$\boldsymbol{v}_l$ 为液相流速。

6）升力模型

考虑到 Saffman-Mei 模型在球形和轻度变形颗粒方面的适应性更具优势，所以本章节所有案例皆采用该模型进行模拟计算，具体形式如下：

$$C_l=\frac{3}{2\pi\sqrt{Re_\omega}}C_l'\qquad(2-23)$$

$$C_l'=\begin{cases}6.46\times f(Re_p,Re_\omega) & Re_p\leq40\\6.46\times0.0524(\tilde{\beta}Re_p)^{1/2} & 40<Re_p<100\end{cases}\qquad(2-24)$$

$$\tilde{\beta}=0.5\left(\frac{Re_\omega}{Re_p}\right)\qquad(2-25)$$

$$f(Re_p,Re_\omega)=(1-0.3314\tilde{\beta}^{0.5})e^{-0.1Re_p}+0.3314\tilde{\beta}^{0.5}\qquad(2-26)$$

$$Re_{\mathrm{p}} = \frac{\rho_i \mid \boldsymbol{v}_i - \boldsymbol{v}_{\mathrm{p}} \mid d_{\mathrm{p}}}{\mu_i} \tag{2-27}$$

$$Re_{\omega} = \frac{\rho_i \mid \boldsymbol{\nabla} \times \boldsymbol{v}_{\mathrm{p}} \mid d_{\mathrm{p}}^2}{\mu_i} \tag{2-28}$$

式中：C_1 为升力系数；Re_{p} 为颗粒雷诺数；Re_{ω} 为涡度雷诺数；$\tilde{\beta}$ 为井斜角。

7）镜面系数

镜面系数在物理上表示粒子通过碰撞传递到壁面的切向动量[18]，取值范围为 0~1，其中 0 表示自由滑移条件，1 表示切向速度为 0。许多研究采用默认的无滑移条件（no-slip），即镜面系数为 1，事实上，选择符合真实壁面情况的镜面系数对于岩屑运移规律研究至关重要，即选择部分滑移壁面条件，表达形式如下：

$$\frac{\boldsymbol{V}_{\mathrm{sl}} \cdot \overline{\overline{\sigma}}_{\mathrm{p}} \cdot \boldsymbol{n}}{\mid \boldsymbol{V}_{\mathrm{sl}} \mid} + \frac{\phi \sqrt{3\Theta_s} \pi \rho_s \alpha_s \mid \boldsymbol{V}_{\mathrm{sl}} \mid g_0}{6\alpha_{s,\ \mathrm{max}}} + N_{\mathrm{f}} \tan\delta = 0 \tag{2-29}$$

式中：$\boldsymbol{V}_{\mathrm{sl}}$ 为颗粒与壁面之间的相对滑移速度，m/s；$\overline{\overline{\sigma}}_{\mathrm{p}}$ 为固相应力张量；ϕ 为镜面系数；$\boldsymbol{n}$ 为壁面单位法向量；g_0 为径向分布函数；$\alpha_{s,\ \mathrm{max}}$ 为紧密堆积状态下的固体最大体积分数，%；N_{f} 为应力沿正向的摩擦分量；δ 为颗粒和壁面之间的摩擦角，（°）。

3. 湍流模型

ANSYS Fluent 中用于求解湍流特征参数的模型主要有 k-ε 模型和 k-ω 模型两种。

k-ε 模型是一个双方程模型，提供了两个输运方程来求解并预测湍流在空间长度和时间尺度上的可能性，具体又可分为标准（standard）、RNG、realizable 三种形式。标准 k-ε 模型是基于湍动能（k）和湍流耗散率（ε）的输运方程，以流体为完全湍流为假设前提，忽略分子黏度的影响。因此，标准 k-ε 模型适用于完全湍流流动案例，是行业中最常用的模型。标准 k-ε 模型的具体公式如下：

湍动能求解方程：

$$\frac{\partial}{\partial t}(\rho k) + \frac{\partial}{\partial x_i}(\rho k u_i) = \frac{\partial}{\partial x_i}\left[\left(\mu + \frac{\mu_{\mathrm{t}}}{\sigma_{\mathrm{k}}}\right)\frac{\partial k}{\partial x_j}\right] + G_{\mathrm{k}} + G_{\mathrm{b}} - \rho\varepsilon - Y_{\mathrm{M}} + S_{\mathrm{k}} \tag{2-30}$$

湍流耗散率求解方程：

$$\frac{\partial}{\partial t}(\rho\varepsilon) + \frac{\partial}{\partial x_i}(\rho\varepsilon u_i) = \frac{\partial}{\partial x_i}\left[\left(\mu + \frac{\mu_{\mathrm{t}}}{\varepsilon}\right)\frac{\partial \varepsilon}{\partial x_j}\right] + C_{1\varepsilon}\frac{\varepsilon}{k}(G_{\mathrm{k}} + C_{3\varepsilon}G_{\mathrm{b}}) - C_{2\varepsilon}\rho\frac{\varepsilon^2}{k} + S_{\varepsilon}$$

$$\tag{2-31}$$

其中，式（2-30）左侧两项分别为湍动能变化率与湍动能对流传输项，右侧第一项为湍动能扩散运输项，G_{k} 为速度梯度产生的湍动能，G_{b} 为浮力作用产生的湍动能，Y_{M} 为可压缩流体膨胀引起的湍流耗散项，S_{k} 为用户自定义源项；式（2-31）左侧两项分别为湍流耗散率变化率与湍流耗散率的对流传输项，右侧第一项为湍流耗散速率的扩散输运项，S_ε 为用户自定义源项。

标准 k-ε 模型常用经验常数取值见表 2-1，该经验取值由 Reddy & Joshi[19] 提出。

表 2-1　k-ε 模型常用经验常数

参数	c_1	c_2	c_μ	σ_k	σ_ε
取值	1.44	1.92	0.09	1.0	1.0

2.1.4　欧拉双流体模型计算可靠性验证分析

本节选用 Han 等[20] 的试验结果同基于前述模型和算法模拟所得结果进行对比。具体边界条件设置为：循环介质选择水作为运输岩屑的载体，岩屑的入口速度与流体的入口速度相同。岩屑密度为 2550 kg/m³，岩屑直径为 1 mm。镜面系数设置为 0.1。主要仿真参数如表 2-2 所示。

表 2-2　验证试验主要仿真参数[20]

几何尺寸		符号	取值
井眼直径/mm		D_h	44
钻杆直径/mm		D_p	30
计算长度/m		L	1.8
岩屑特征参数（球形）	直径/mm	d_c	1
	密度/(kg·m⁻³)	ρ_c	2550
钻井液特征参数	流体类型		水
	密度/(kg·m⁻³)	ρ_f	998.2
钻井工况参数	机械钻速/(m·h⁻¹)	ROP	18.85
	循环流速/(m·s⁻¹)	v	0.4~1.5
	流态		湍流
	钻杆转速/(r·min⁻¹)	ω_d	0
	偏心度	e	0
	井斜角/(°)	θ	0~60
	入口岩屑体积分数/%	C	4

如图 2-6 所示，采用 CFD 模拟计算出的不同井斜角和流体速度下环空的平均岩屑体积分数与试验结果保持了较好的一致性。两种工况下的平均相对误差分

别为 3.0% 和 4.0%。试验结果说明本章所采用的 CFD 模型的预测能力是可靠的，适用于岩屑运移行为的研究。

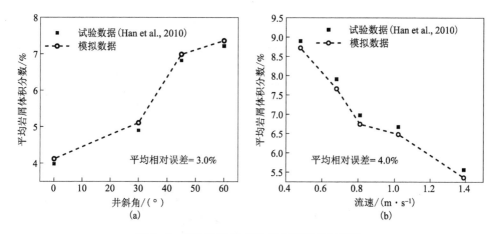

图 2-6　试验数据与 CFD 数值模拟结果对比

2.2　水平定向井岩屑运移规律研究

井眼内的岩屑清洁问题一直是困扰和制约水平井和大位移定向井技术发展的核心问题之一。井眼内的岩屑堆积或清除不及时会带来一系列的井下事故和问题，如加大钻具扭矩和阻力、卡管、井控失效等。井下岩屑运移问题又与众多钻进参数相关，使得该问题的研究更为复杂。因此，探明水平井和大斜度井下不同钻进参数对岩屑运移规律的影响机制尤为迫切。本节建立三维大尺度物理模型，应用 CFD 数值模拟技术中的欧拉双流体方法，探究不同钻进参数对水平井和大斜度井段内的岩屑运移规律的影响，并揭示主要钻进参数对不同工况下的流体携岩特性和岩屑运移模式的影响规律。

2.2.1　CFD 数值建模

1. 物理模型建立

本节所有案例的数值模拟计算模型皆采用水平井或斜度井工况下的井眼及钻柱几何尺寸，其中井眼直径 D_h 为 152.4 mm，钻柱外直径 D_p 为 88.9 mm，计算井段长度为 8 m，偏心度 e 为 0.2、0.4、0.6 及 0.8，如图 2-7 所示。相关尺寸均根据 API 石油生产钻杆尺寸标准及国内外相关文献案例选定[21]。

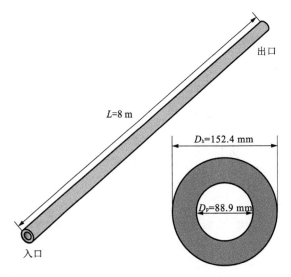

图 2-7　水平定向井物理模型

2. 网格划分

本节数值模拟计算的所有案例皆采用六面体结构化网格，如图 2-8 所示。网格计算高度根据相关文献及计算经验采用 5 ~ 6 mm，即岩屑颗粒大小的 2-3 倍[22-23]，这样既有利于提高计算精度和收敛性，又有利于节省计算时间和计算资源成本，本模型网格总数量为 $3×10^5$。对于钻杆旋转工况案例，计算模型网格划分方式需采用滑移网格，即将环空网格划分为静止区和旋转区两部分，中间为过渡性滑移面（interface）。ANSYS Fluent 加载用户自定义函数（UDF）实现钻杆的旋转模拟，以及转速的控制。该方式可避免网格旋转过程中造成的大变形以及负体积的出现，从而避免计算过程中出现收敛性问题；同时，可以避免网格的大变形导致的计算成本和计算资源的增加。

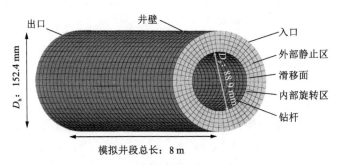

图 2-8　水平定向井网格划分示意图

3. 边界条件及求解器设置

本节所有案例皆基于有限体积法理论和离散化计算结构方法,将井筒和钻杆在不同倾角 θ 下的有限长度偏心或同心环空离散为有限体积的计算域。所有井眼的循环流体皆为水或钻井泥浆,岩屑颗粒尺寸为 2 mm,材料密度为 2600 kg/m³。所有计算案例的重力加速度方向均为 Y 轴负方向,即 $g = -9.81$ m/s²。相间耦合采用半隐式压力-速度耦合下的 SIMPLE 计算结构,质量输运方程和动量方程分别采用二阶流体运动学插值(QUICK)和隐式时间积分方法。流体模型选用标准 k-ε 模型。模型的进、出口分别设置为速度入口和出流出口。

对于壁面与流体的相互作用研究,将壁面条件设置为无滑移条件。而壁面与颗粒之间的相互作用通过镜面系数进行调节,镜面系数设为 0.1。颗粒间碰撞的恢复系数设为默认的 0.9,详细边界条件如表 2-3 所示。

表 2-3　水平定向井模拟边界条件设置表

各相特征参数		
钻井液	密度/(kg·m⁻³)	1437.6
	稠度系数/(Pa·sⁿ)	0.9448
	幂律指数	0.6
	屈服应力/Pa	0.1747
岩屑颗粒	直径/mm	2
	密度/(kg·m⁻³)	2600
边界条件设置		
速度入口	湍流强度/%	5
	水力直径(第一相)/m	0.0635
	入口速度(第一相)/(m·s⁻¹)	0.4~2.0
	入口速度(第二相)/(m·s⁻¹)	0.4~2.0
	体积分数(第二相)	0.04~0.2

续表 2-3

边界条件设置		
压力出口	湍流强度/%	5
	水力直径(第一相)/m	0.032
	出口压力/Pa	0
	壁面条件(镜面系数)	0.1
	钻速/(m·h⁻¹)	10~30
	转速/(r·min⁻¹)	0~300
	偏心度	0~0.8
	井斜角/(°)	0~90
求解器设置		
算法		相耦合 SIMPLE
空间离散化		最小二乘单元基础
压力		Presto 格式
动量方程		Quick 格式
体积分数		Quick 格式
湍动能		二阶迎风格式
湍流耗散率		二阶迎风格式
瞬态方程		二阶隐式格式

4. 分析模型建立

为了更清楚地分析环空内岩屑运移情况和规律,在模拟计算之前,建立环空内的分析模型,如图 2-9 所示。黄色平面(plane-1)沿 XOY 坐标系平面建立,用于监测沿井身结构轴向的岩屑分布情况。此外,在环空 plane-1 平面内还建立有 5 条平行于 X 轴的直线,分别为 line-a、line-b、line-c、line-d、line-e,用于监测环空内沿轴向(X 轴)和径向(Y 轴)的岩屑分布情况。

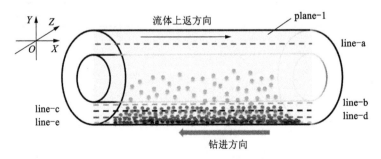

图 2-9 水平井或定向井环空结构分析模型(扫码查看彩图)

2.2.2 循环流速对岩屑运移规律的影响

1. 循环流速对井下流体携岩特性的影响分析

循环介质的环空流速是决定岩屑能否被输送至地面的重要因素之一。图 2-10 所示为恒定 ROP(10 m/h)下,环空流速对井内的压降和岩屑体积分数的影响趋势。由图可知,随着流体速度的增加,同心环空内的压降随之增大,而岩屑体积分数随之降低。值得注意的是,当流体速度大于 1.2 m/s 时,压降增长速度较快,而岩屑体积分数的下降速度相对较慢。以上结果表明,流体流速在一定程度上有利于岩屑的输送。综合考虑能量损失和岩屑输送效率,1.2 m/s 的流体速度可能是清除岩屑的最优值。此变化规律与其他研究人员所获得的结果一致[24]。

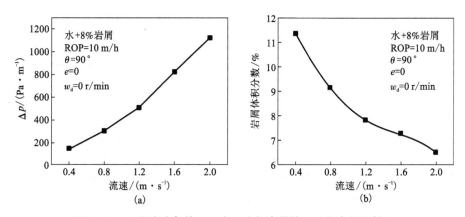

图 2-10　不同流速条件下环空压降与岩屑体积分数变化趋势图

2. 循环流速对井下岩屑运移模式的影响分析

图 2-11 为环空内不同位置的岩屑体积分数在不同流速下的分布情况图。在不同环空流速下,环空内不同位置的岩屑体积分数逐渐趋于某一恒定值,即达到稳定状态。结合图 2-12(a)~图 2-12(c)可知,沿 X 轴方向的最大岩屑速度,尤其是 line-c 和 line-d 上的岩屑速度,明显低于环空流速的一半,而 line-e 上的岩屑速度几乎为 0,这表明岩屑主要沉积在环空较低的一侧,并形成了稳定的移动床或固定床。当循环流速小于 1.2 m/s 时,line-d 上的岩屑体积分数达到最大值,这说明在流体流速较低时,移动床是岩屑运移的主要运动形式。line-c 上的变化规律也从另一方面证明了这一规律,其上的岩屑体积分数随着流速的增加从 58% 下降至 28%,其他位置的岩屑体积分数也呈现相同的下降趋势。此外,当循环流速大于 1.2 m/s 时,这种下降幅度减缓,与前述结论一致;结合速度分布云图

［图 2-12(c)~图 2-12(e)］，岩屑沿 X 轴方向的平均速度，特别是在 line-c 和 line-d 处，与循环流速接近，说明岩屑以悬浮状态向前运动；而 line-e 上岩屑沿 X 轴方向的平均速度略大于 0，说明岩屑在环空底部主要以悬浮和移动床形态运动。综上所述，当流速小于 1.2 m/s 时，环空内岩屑以移动床为主；当流速大于 1.2 m/s 时，则以悬浮为主。

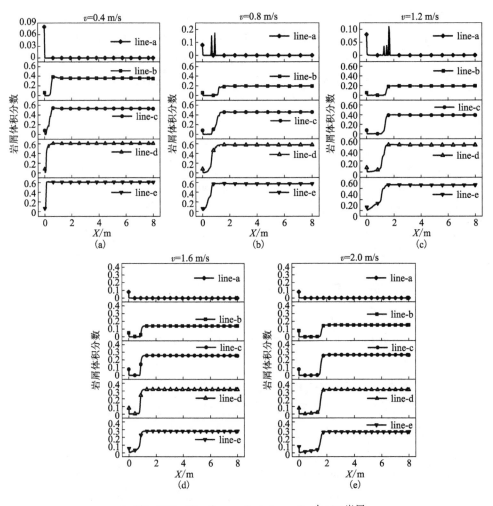

$\theta=90°$，ROP = 10 m/h，$w_d = 0$ r/min，$e=0$，水+8%岩屑。

图 2-11　环空内不同位置的岩屑体积分数在不同流速下的分布情况图

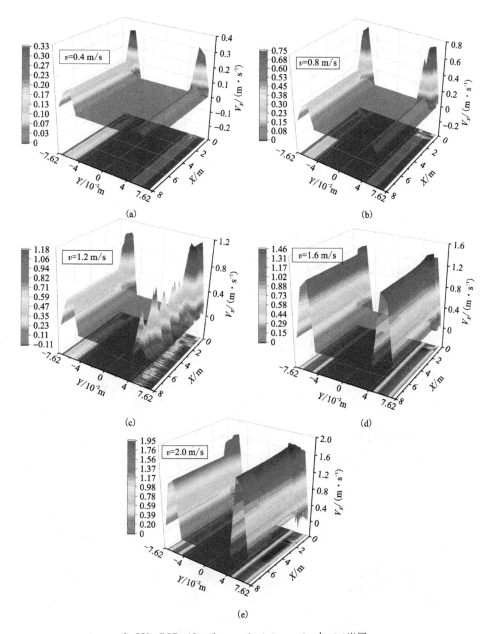

$\theta = 90°$，ROP = 10 m/h，$w_d = 0$ r/min，$e = 0$，水+8%岩屑。

图 2-12　不同流速下环空岩屑沿 X 轴方向的速度分布云图(扫码查看彩图)

图 2-13 为位于 $X = 6$ m 处的环空剖面上的岩屑体积分数，以及分别沿 X 轴和 Y 轴方向的岩屑速度的云图。结果表明，岩屑主要分布于环空下部，而环空上部岩屑体积分数接近于零。流体速度一定时，在环空下侧的岩屑沿 X 轴和 Y 轴方向

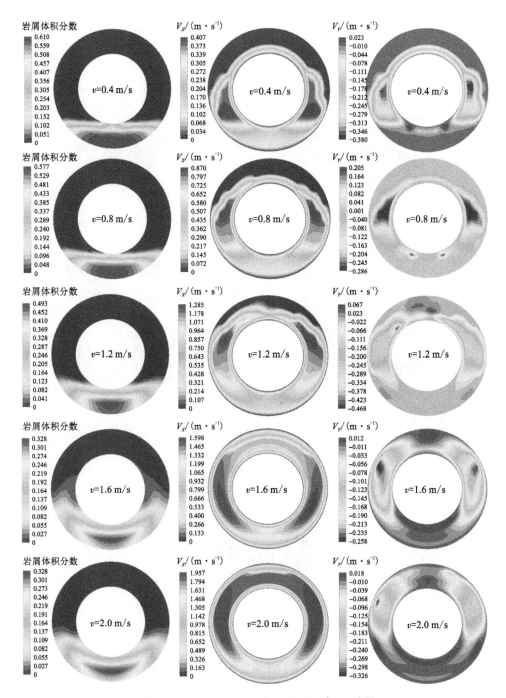

$\theta=90°$，ROP$=10$ m/h，$w_d=0$ r/min，$e=0$，水$+8\%$岩屑。

图2-13 不同流速下环空剖面云图($X=6$ m)(扫码查看彩图)

的速度均大于 0；在环空上侧，岩屑沿 Y 轴方向的速度小于 0，沿 X 轴方向的速度明显高于下侧；随着流体速度的增加，下侧和上侧的差异越来越大。该现象进一步证明，岩屑在较低流速时以移动床形式为主；随着流速的增加，岩屑由移动床形式向悬浮形式转变。同时，在环空的中上侧有两个对称区域，如图 2-13 中沿 X 轴和 Y 轴方向的岩屑速度云图所示，该区域岩屑随着流体速度的增加逐渐向环空上方移动，这是由于当流体流速较低时，重力作用决定了岩屑的运动规律，反之，湍流作用发挥主导功能。这两种作用并不对立，它们的共同作用是形成如此复杂变化的重要原因。

2.2.3　主要钻进参数对岩屑运移规律的影响

1. 钻速（ROP）对岩屑运移规律的影响

环空岩屑的清除受 ROP 的影响也较大，ROP 的大小直接关乎单位时间进入环空的岩屑量，ROP 与入口岩屑体积分数 C 的关系如式（2-32）所示。

$$\mathrm{ROP} = v_{\mathrm{s}} \left[1 - \left(\frac{D_{\mathrm{p}}}{D_{\mathrm{h}}} \right)^2 \right] C \tag{2-32}$$

式中：v_{s} 为岩屑入口速度，m/s；D_{p} 为钻杆直径，mm；D_{h} 为井眼直径，mm。

模拟计算的案例工况如下：入口岩屑体积分数为 4%～20%，对应的 ROP 为 9.5～47.5 m/h，循环流速为 0.8 m/s，水平井同心环空结构，钻杆转速为 0。

1）钻速对井下流体携岩特性的影响分析

从图 2-14（a）中可以看出，随着入口岩屑体积分数从 4% 增加到 20%，环空平均岩屑体积分数从 5% 增加到 21.5%，近似线性增长。此外，入口岩屑体积分数增加导致环空压降显著增大［图 2-14（b）］。这可能是因为随着越来越多的岩屑被输送至环空内，颗粒与环空壁面之间、颗粒之间的摩擦损失增大。

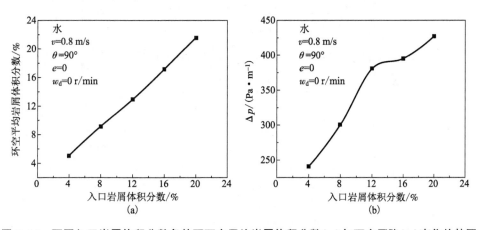

图 2-14　不同入口岩屑体积分数条件下环空平均岩屑体积分数（a）与环空压降（b）变化趋势图

2）钻速对井下岩屑运移模式的影响分析

图2-15显示了不同入口岩屑体积分数条件下环空内不同位置处的岩屑体积分数。由图可知，所有案例中line-c和line-d处的岩屑体积分数均大于其他位置的岩屑体积分数。在环空的上部，如line-a处，岩屑体积分数几乎接近于0。对于除line-e以外的其他位置，随着ROP的增加，同一位置的岩屑体积分数均明显增加。然而，随着ROP的增加，这种增加的幅度逐渐趋于平稳。例如当入口岩屑体积分数低于12%时，随着入口岩屑体积分数的增加，line-c上的岩屑体积分数从20%增加到57%；而入口岩屑体积分数大于12%时，line-c上的岩屑体积分数增加幅度较小。这表明入口岩屑体积分数一旦超过12%，井内的岩屑输送效率就

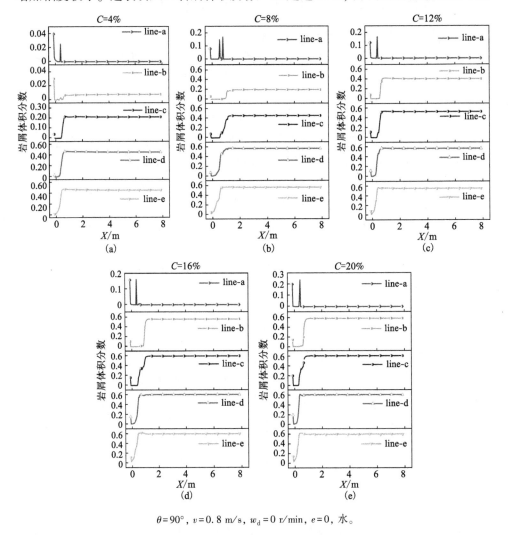

$\theta = 90°$，$v = 0.8$ m/s，$w_d = 0$ r/min，$e = 0$，水。

图2-15 环空内不同位置处的岩屑体积分数

会变差。随着越来越多的岩屑进入环空，岩屑床进一步发育，导致岩屑所受阻力增加，岩屑更容易被堵塞，环空环境进一步恶化。

图 2-16 所示为环空中不同位置岩屑沿 X 轴方向的速度分布情况。所有案例的

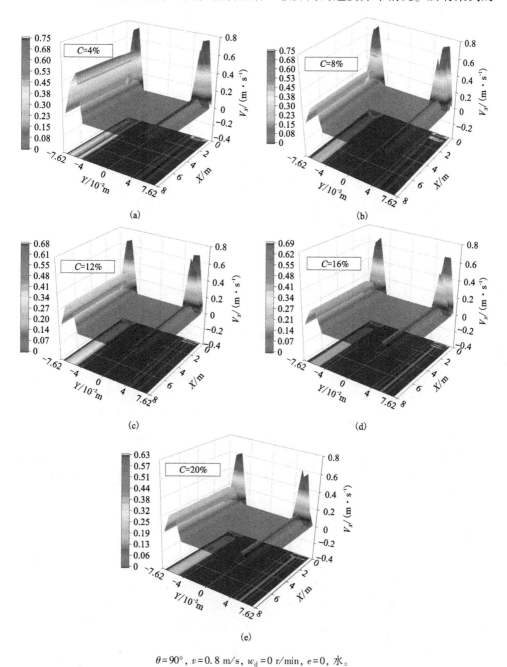

$\theta = 90°$, $v = 0.8$ m/s, $w_d = 0$ r/min, $e = 0$, 水。

图 2-16　不同入口岩屑体积分数条件下环空岩屑沿 X 轴方向的速度分布云图(扫码查看彩图)

岩屑在环空下部的速度均大于在环空上部的速度，且高速区主要位于环空下部的中心区域。随着入口岩屑体积分数的增加，岩屑沿 X 轴的平均速度从 0.5 m/s 下降到 0.2 m/s。结合图 2-17 所示不同入口岩屑体积分数下环空剖面云图，岩屑的堆积面积随着入口岩屑体积分数的增加而明显扩大；同时，在环空的大部分区域，岩屑沿 Y 轴方向的速度均较低。

从图 2-17 中岩屑沿 X 方向的速度剖面图可以看出，随着入口岩屑体积分数的增加，分布在钻杆两侧的高速区域面积逐渐变小，同时环空下部的岩屑速度随着入口岩屑体积分数的增加也呈下降趋势。这说明随着岩屑注入体积分数的增加，积累在环空底部的岩屑越来越多。岩屑在环空下部的运动模式主要为低速移动床或静止床。位于钻杆两侧的岩屑在水力作用下以悬浮形式存在，但由于水力作用不能抵消重力作用的影响，这一过程并不能维持太久。

2. 转速(w_d)对岩屑运移规律的影响

本书通过案例计算模拟了钻杆旋转速度对于岩屑运移的影响规律，所有案例工况如下：循环介质为清水，循环流速为 0.8 m/s，入口岩屑体积分数为 8%，水平井同心环空结构，ROP 为 10 m/h，转速分别为 50 r/min、100 r/min、200 r/min 及 300 r/min。

1）转速对井下流体携岩特性的影响分析

如图 2-18（a）所示，随着钻杆转速增加，压降略有增加。转速在 100 ~ 200 r/min 时，压降增加幅度最大。如图 2-18（b）所示，随着钻杆转速增加，岩屑体积分数呈下降趋势。总体上看，管柱旋转有助于岩屑的运输。岩屑体积分数从转速为 0 时的 9.17% 下降到转速为 300 r/min 时的 8.26%，下降幅度为 9.9%。而随着流体速度的增加，岩屑体积分数的下降幅度可达到 43%，这进一步表明相对于转速等其他变量，环空循环流速是影响环空岩屑运移的首要变量。

此外，在钻杆转速为 50 r/min 和 100 r/min 时，环空平均岩屑体积分数略高于非旋转及更高转速条件下的岩屑体积分数，环空内的压降则相对较低。这可能是由于在低转速的情况下，岩屑在钻杆的扰动作用下，有进一步向前运移的趋势。而这种趋势或者动能还不足以使岩屑完全被携带出井眼，造成了环空内存在长度较大的岩屑床。

2）转速对井下岩屑运移模式的影响分析

图 2-19 所示为不同钻杆转速下 plane-1 平面内环空岩屑分布情况。所有案例岩屑体积分数沿 Y 轴负方向明显递增，环空底部岩屑均有明显的分层现象。当钻杆转速低于 200 r/min 时，岩屑床大致分为三层；当钻杆转速超过 200 r/min 时，岩屑床则大致分为两层。此外，由图 2-19 可知，岩屑有被钻杆抛至环空中心的趋势；钻杆转速越大，岩屑被抛位置越高；同时，随着转速增加，环空内岩屑体积分数逐渐降低。这说明钻杆旋转引起的扰动效应（或称为上抛作用）有助于岩屑的二次悬浮，从而在循环流体的携带作用下，再次向前运移更远距离，直至被携带至地面。

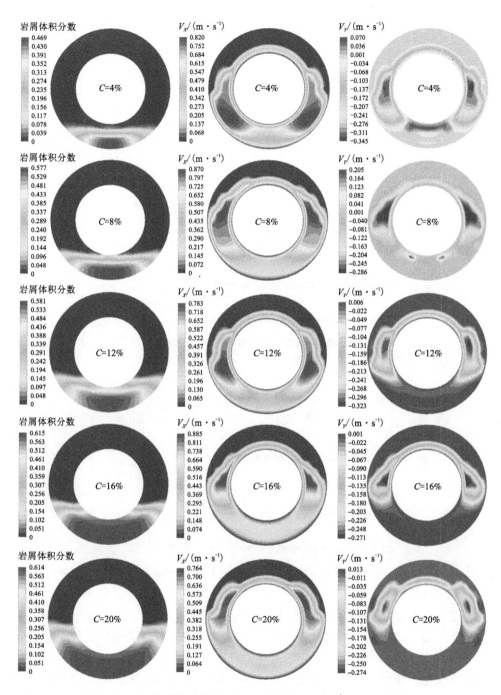

$\theta = 90°$，$v = 0.8 \ \mathrm{m/s}$，$w_\mathrm{d} = 0 \ \mathrm{r/min}$，$e = 0$，水。

图 2-17　不同入口岩屑体积分数下环空剖面云图（$X = 6 \ \mathrm{m}$）（扫码查看彩图）

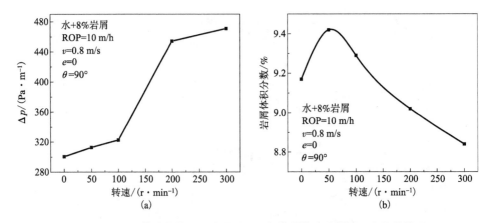

图 2-18　不同转速条件下环空压降(a)与岩屑体积分数(b)变化趋势图

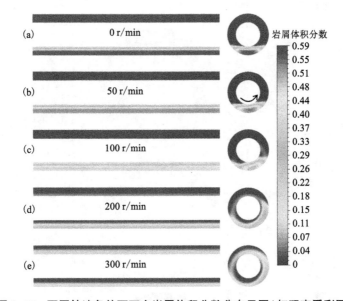

图 2-19　不同转速条件下环空岩屑体积分数分布云图(扫码查看彩图)

　　图 2-20 为不同转速下环空岩屑沿 X 轴方向速度分布云图。随着钻杆转速增加,沿 X 轴方向的岩屑平均速度从 0.25 m/s 增加到 0.75 m/s。当转速低于 100 r/min 时,岩屑主要在环空中下部移动;当转速高于 100 r/min 时,岩屑可被携带至环空上部移动。结果表明,随着钻杆转速增加,旋转影响区域的面积增大,大量岩屑在水力作用下不断进入环空中心并被携带着继续向前运移。此外,转速高于和低于 100 r/min 两种情况下的岩屑运移现象存在着明显的差异,结合前述流体携岩特性情况分析,说明转速为 100 r/min 可能是岩屑清除的临界转速;

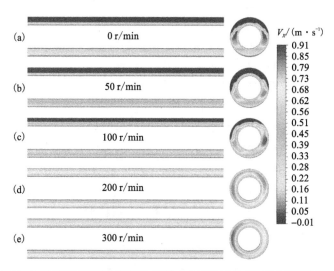

图 2-20 不同转速下环空岩屑沿 X 轴方向速度分布云图(扫码查看彩图)

超过这一转速时,环空压降、岩屑体积分数以及岩屑运移速度的变化情况会发生大幅的突变,有助于大大改善环空岩屑清除效果。

图 2-21 为不同转速下环空剖面流体湍动能分布云图。结果表明,转速为 0 时,环空底部存在两个湍流中心;当转速从 0 增加到 100 r/min 时,湍流中心变为一个,说明在转速较低时,湍流的发育范围较小且混乱,强度也较低。而当转速继续增加时,湍流中心再次出现,且随着转速的增加继续扩展和上移至环空上部区域。这一趋势为解释岩屑的运动趋势和分布情况提供了依据。较高的转速有利于形成较大的湍流涡(表现为湍动能的增加),也有利于岩屑的二次分布,从而被环空流体携带出井眼。这也说明随着钻杆转速的增加,岩屑的运动方式将由静止床或移动床向悬浮床转变,即随着钻杆的旋转产生螺旋式悬浮运动。

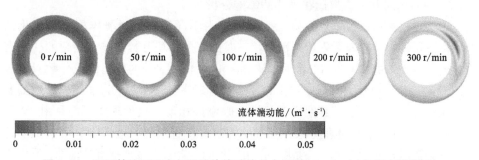

图 2-21 不同转速下环空剖面流体湍动能分布云图(X=6 m) (扫码查看彩图)

3. 井斜角(θ)对岩屑运移规律的影响

为研究井斜角对环空岩屑运移规律的影响,模拟计算了 5 组不同倾斜角工况下的环空携砂案例,案例工况如下:同心环空结构,循环介质为水,循环流速为 0.8 m/s,转速为 0,ROP 为 10 m/h。

1)井斜角对井下流体携岩特性的影响分析

图 2-22 结果显示,随着井斜角增加,环空压降呈递减趋势;岩屑体积分数呈现先增加后减少的趋势,并在井斜角为 30°时达到最大值;当井斜角大于 40°时,环空岩屑体积分数的下降幅度相对较小。这种现象在其他研究里也被提到,主要与岩屑受到的重力作用有关[20]。另一种解释是,在某些井斜角工况下,从岩屑床悬浮起来的岩屑无法进入井眼环空的高流速区域,水力作用无法满足维持其被携带至更远的地方的动力需求,这种现象被称为"颗粒回收",最早由 Tomren 等[24]在研究文献中提出。

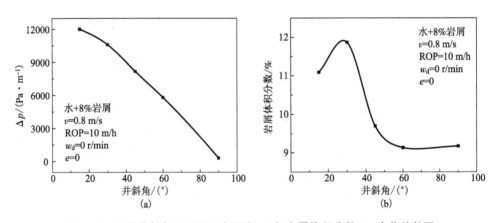

图 2-22　不同井斜角工况下环空压降(a)与岩屑体积分数(b)变化趋势图

2)井斜角对井下岩屑运移模式的影响分析

图 2-23 显示了不同井斜角工况下环空内不同位置的岩屑体积分数变化情况。由图可知,环空岩屑未达到稳定状态时的岩屑体积分数随着井斜角的变化有明显的差异。当井斜角小于 30°时,从 line-b 到 line-e 处的岩屑体积分数只有很小的变化。井斜角较大时则表现出相反的趋势。在 line-b 处,岩屑体积分数随着井斜角的增大而减小;而其他位置的情况则刚好相反。这种现象可能是由于"颗粒回收"的存在。岩屑体积分数在环空结构出口位置附近的波动刚好可以证明这一推论。当井斜角小于 60°,且水力作用较低时,岩屑很难被携带至地面,反而更容易在井筒结构的中下部堆积。此外,一旦钻井液循环被停止,中下部岩屑床还可能出现向下滑动的趋势,极易造成卡管事故的发生。

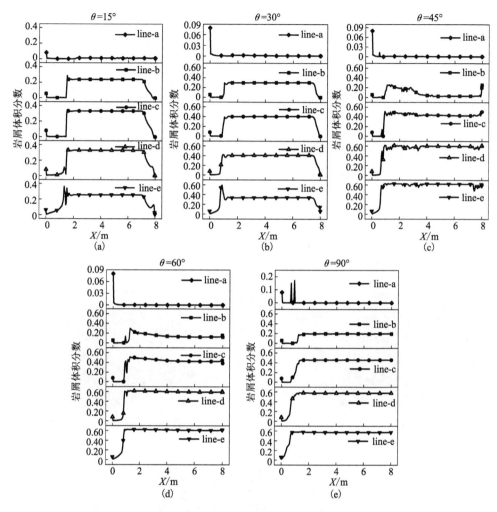

图 2-23 不同井斜角工况下环空内不同位置的岩屑体积分数

图 2-24 为不同井斜角工况下环空内岩屑沿 X 轴方向的速度分布云图。除井斜角为 90°的情况外，其他案例环空下部的岩屑沿 X 轴方向的速度皆为负值或接近于零，而环空上部的岩屑沿 X 轴方向的速度为正值。此外，环空上部的岩屑速度随着井斜角的增大呈递减趋势；而环空下部的情况刚好相反。这表明岩屑沿斜井下部向下滑动，随着井斜角的增加，这种趋势逐渐减弱至消失。图 2-25 为不同井斜角工况下环空剖面(X=6 m 处)云图。由图可知，井斜角为 45°时岩屑堆积区域的面积最小；当井斜角接近于 90°时，环空下部的岩屑沿 X 轴方向的速度为负值，而井斜角接近于 0°时，环空下部的岩屑沿 X 轴方向的速度为正值。环空上

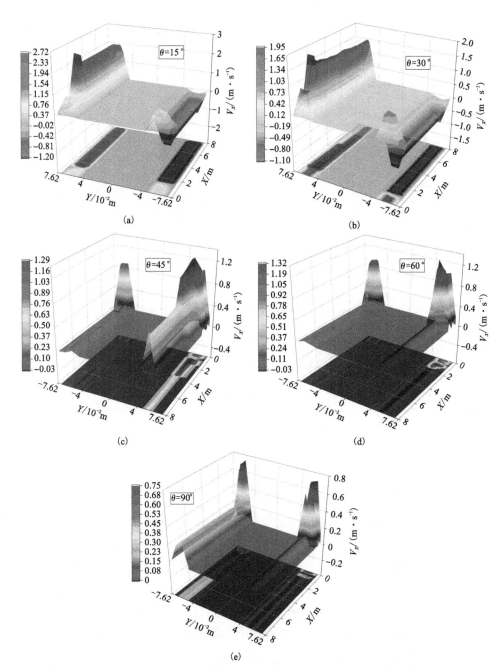

图 2-24　不同井斜角工况下环空内岩屑沿 X 轴方向(轴向)速度分布云图(扫码查看彩图)

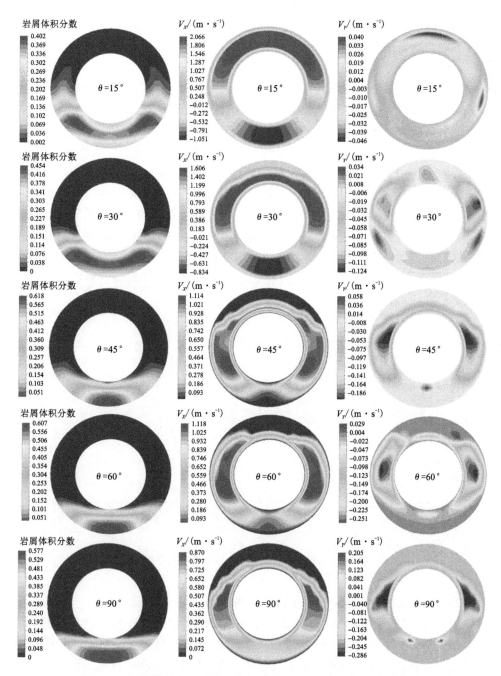

图 2-25　不同井斜角工况下环空剖面云图($X=6\ \mathrm{m}$)(扫码查看彩图)

部的岩屑速度一直为正值。而环空中大部分岩屑沿 Y 轴方向的速度一直是负值。这说明随着井斜角增大，由于水力效应和重力效应的主导作用地位发生转变，岩屑在下侧的运动模式由滑动向固定床与移动床转变。

4. 钻杆偏心对岩屑运移规律的影响

本节模拟计算了 5 种不同偏心度工况下的案例，具体工况如下：循环流速为 0.8 m/s，转速为 0，ROP 为 10 m/h，循环流体为水，入口岩屑体积分数为 8%。

1) 钻杆偏心对井下流体携岩特性的影响分析

图 2-26 所示为钻杆不同偏心条件对环空压降和岩屑体积分数的影响情况。在偏心度为 0~0.6 时，压降随着钻杆偏心度的增大而增大；偏心度超过 0.6 时，随着偏心度的继续增大，压降反而下降。以上结果与 Erge 等[25]的研究结果相一致。岩屑体积分数随偏心度的增大而增大。偏心度为 0.4 和 0.6 时的压降异常可能是由于环空内的湍流效应更强，颗粒-颗粒与颗粒-壁面的碰撞和摩擦随着偏心度的增加而更加频繁，所以压降和岩屑体积分数较高。而偏心度为 0.8 时，环空上部流域面积变大，湍流效应有所下降，不利于岩屑输送，岩屑的堆积反而不会造成压力损耗。

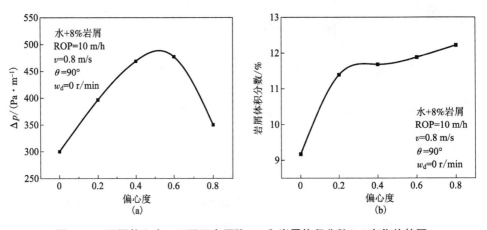

图 2-26　不同偏心度工况下环空压降(a)和岩屑体积分数(b)变化趋势图

2) 钻杆偏心对井下岩屑运移模式的影响分析

图 2-27 显示了不同偏心工况下环空不同位置岩屑的体积分数变化情况。由图可知，偏心工况下环空下部的岩屑体积分数没有明显差异，但不同于同心工况。同一位置的岩屑体积分数随着偏心度的增大呈上升趋势，直至达到 63% 的颗粒堆积极限值。此外，由图 2-28 可知，环空内岩屑沿 X 轴方向的速度随着偏心度的增加而下降至接近于 0。由图 2-29 可得，随着偏心度增大，岩屑沉积区域面

积逐渐增大；在偏心度为 0.4 和 0.6 时岩屑沿 Y 轴方向的速度正值流速区域范围较大，而在其他偏心度条件下，负值流速区域范围较大。在偏心度为 0.4 和 0.6 时，钻杆两侧附近区域的岩屑沿 X 轴方向的速度接近于循环流速 0.8 m/s，且环空两侧的高速区域大小明显与其他偏心度工况下不同。这表明湍流效应可能是引起环空压降异常的主要原因，在偏心度为 0.4 和 0.6 的工况下，存在强烈的湍流使岩屑发生二次悬浮，这大大增加了颗粒碰撞和压力损失的机会。

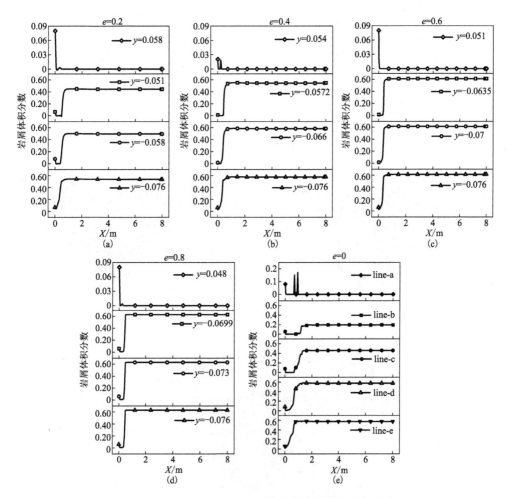

图 2-27 不同偏心工况下环空不同位置岩屑体积分数分布图

由模拟结果可知，岩屑沉积区域可大致分为两部分：一是位于环空较窄位置的下部沉积区域，岩屑体积分数较大；二是位于环空两侧相对较高的沉积区域，岩屑体积分数较小。当偏心度为 0.4~0.8 时，在下部沉积区域的岩屑沿 X 轴方

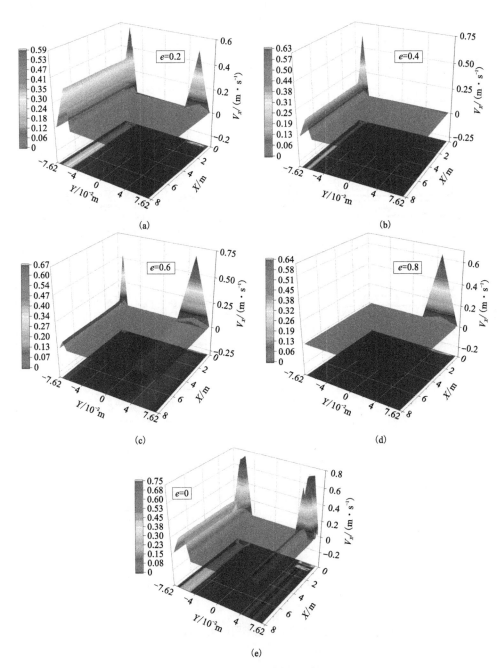

图 2-28　不同偏心工况下环空不同位置岩屑轴向速度分布云图（扫码查看彩图）

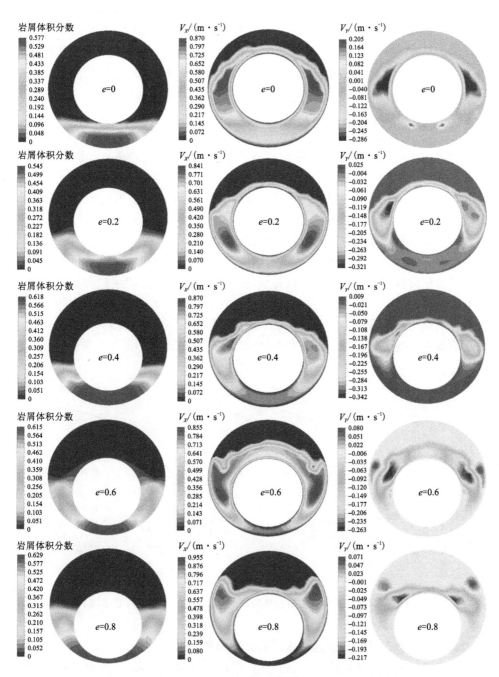

图 2-29　不同偏心工况下环空剖面云图 (*X* = 6 m) (扫码查看彩图)

向的速度接近于零；位于较高沉积区域的岩屑沿 X 方向的速度接近于循环流速，表明岩屑在较高沉积区域的运动形态为悬浮状态，在较低沉积区域的运动形态为固定床。然而，当偏心度为 0.4 时，在下部沉积区域的岩屑沿 X 方向的速度相对较大，说明此时岩屑的运动形态为移动床，而位于环空两侧的岩屑仍然以悬浮状态存在。

2.2.4 镜面系数对岩屑运移规律的影响

岩屑在不同井壁条件下的运移特性具有很大差异性。Ytrehus 等[26] 的研究表明，裸眼井的压力损失比套管井的压力损失高约 10%。在此基础上，本节对 5 种典型的镜面系数工况进行了模拟计算，以研究其对环空内岩屑运移规律的影响。

1. 镜面系数对井下流体携岩特性的影响分析

由图 2-30 可知，随着镜面系数的增大，岩屑体积分数和压降均明显上升，环空岩屑体积分数和压降与镜面系数皆呈现二次抛物线关系，说明镜面系数对井眼内岩屑运移的影响较大。另外，随着镜面系数增加，环空压降和岩屑体积分数的上升幅度呈逐渐下降趋势，说明镜面系数超过某一值时，其对环空流体携岩特性的影响减弱。这也是许多已有研究中将镜面系数的范围缩小至 0.1 左右的原因。

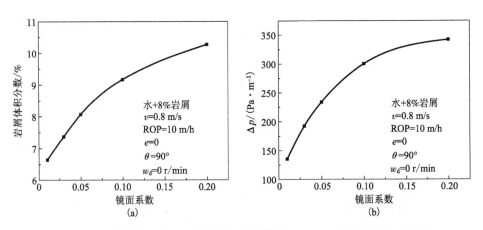

图 2-30 不同镜面系数工况下的环空岩屑体积分数(a)和压降变化(b)情况

2. 镜面系数对井下岩屑运移模式的影响分析

图 2-31 为不同镜面系数工况下的岩屑体积分数在 plane-1 平面上的分布云图。所有案例的岩屑沉积区域均存在明显的分层现象，大致可分为两层，上层位于钻杆底部附近，下层位于环空底端。上层岩屑体积分数并不随镜面系数的增加

而明显增加；下层岩屑体积分数随着镜面系数的增加从 35% 增加到 63%。同时，随着镜面系数的增大，下层堆积区域的面积也逐渐增大。这说明近壁区域附近的岩屑易受镜面系数的影响。当井壁条件越差时（镜面系数越大），岩屑在下部井壁上沉积的可能性也越大。

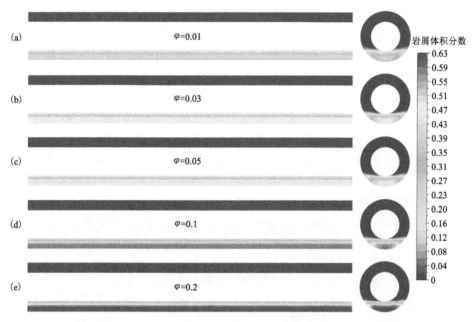

图 2-31　不同镜面系数工况下的岩屑体积分数在 plane-1 平面上的分布云图（扫码查看彩图）

图 2-32 显示了不同镜面系数工况下岩屑沿 X 轴方向的速度在 plane-1 平面上的分布情况。随着镜面系数从 0.01 增加到 0.2，环空底部的岩屑轴向速度从 0.7 m/s 降低至 0 m/s。从剖面图可观察到，岩屑床的移动区域面积受镜面系数影响较大。当镜面系数小于 0.05 时，岩屑可被输送到更高的环空区域。但是，当镜面系数大于 0.05 时，位于环空底部的岩屑速度开始下降，这是因为在当前井壁条件下，岩屑很容易被黏附在井壁上，由于岩屑沉积在环空下部，位于环空中部的岩屑速度反而略有增加（图 2-32）。一定的较低镜面系数条件下，岩屑可被连续输送到地面，同时不会造成环空的堵塞而导致更大的压力损失。

以上结果表明，镜面系数对于环空岩屑运移的影响主要表现为环空内的动量交换现象。随着镜面系数增大，岩屑的动量损失也增大。换言之，当镜面系数较大时，岩屑很容易被黏附或阻挡在井壁上，而且随着岩屑在井壁上不断堆积，这种情况会变得更糟。这也说明随着镜面系数增大，井底岩屑的运动形式由移动床向固定床形式转换。

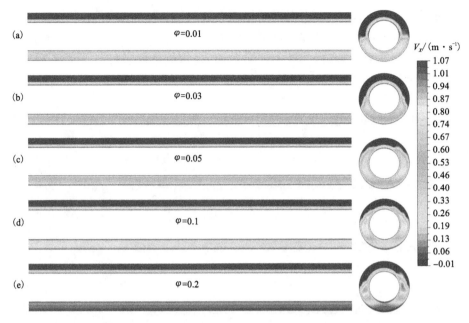

图 2-32　不同镜面系数工况下的环空岩屑轴向速度分布云图(扫码查看彩图)

2.2.5　流体临界剪切率对岩屑运移规律的影响

　　已有关于钻井液流变性能包括流变性指数、稠度系数和屈服应力等对岩屑运移规律的影响的研究较多。然而,关于临界剪切速率($\dot{\gamma}_c$)对岩屑运移机制的影响研究相对较少。当剪切速率低于临界剪切速率时,非牛顿流体无法达到稳定流动状态,影响泥浆携带岩屑的能力。因此,本节选用 Kelessidis 等[8] 提出的一种钻井泥浆参数,并采用 Herschel-Bulkley 模型进行数值模拟,具体参数设置见表 2-3。

　　为了比较水与钻井泥浆的岩屑输送效率,引入岩屑体积分数的相对下降度作为衡量参数。

$$D = \frac{C_w - C_1}{C_1} \times 100\% \qquad (2-33)$$

式中:D 为岩屑体积分数的相对下降度;C_w 为循环介质为水时环空平均岩屑体积分数;C_1 为循环介质为钻井泥浆时的环空平均岩屑体积分数。

1. 流体临界剪切速率对井下流体携岩特性的影响分析

　　图 2-33 所示为钻井液的临界剪切速率对其携岩特性的影响。循环流速为 0.4 m/s 时,随着临界剪切速率增加,环空平均岩屑体积分数明显增加。但循环流速为 0.8 m/s 时,岩屑体积分数的变化相对较小。环空内的压降也呈现相同变化趋势。在一定的钻井操作参数条件下,循环流速为 0.8 m/s 时,岩屑体积分数

的平均相对下降率为 10%。随着临界剪切速率的增加，岩屑体积分数的相对下降率变化幅度变小。循环流速为 0.4 m/s 时，岩屑体积分数的相对下降率随临界剪切速率的增加变化幅度变大。这表明，钻井液在较高的流速下更容易达到稳定流动状态，充分发挥其携带岩屑的能力。此外，钻井液的流变性能与临界剪切速率和流量都有一定的关系。

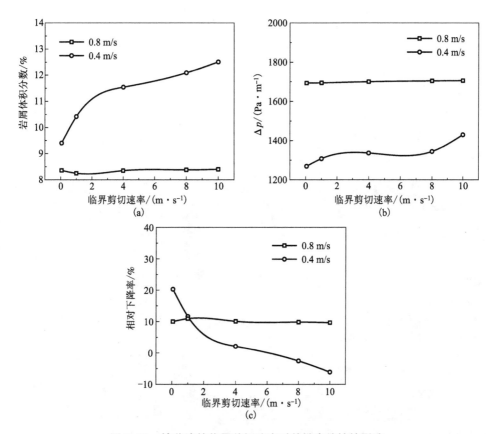

图 2-33 钻井液的临界剪切速率对其携岩特性的影响

2. 流体临界剪切速率对井下岩屑运移模式的影响分析

图 2-34 显示了循环流速为 0.8 m/s 时，不同临界剪切速率下环空岩屑体积分数及其沿 X 轴和 Y 轴方向的速度分布。由图可知，随着临界剪切速率的增大，岩屑体积分数和沿 X 轴方向的速度均略有增加，但位于管壁两侧的沿 Y 轴方向的速度呈递减趋势。对于环空内的其他区域，岩屑沿 Y 轴方向的速度变化并不明显。这是因为在较高的临界剪切速率下，钻井液的黏度较低，从而降低了其携带岩屑的能力。环空较高一侧的岩屑沿 X 轴方向的速度明显高于 0.8 m/s 的循环流

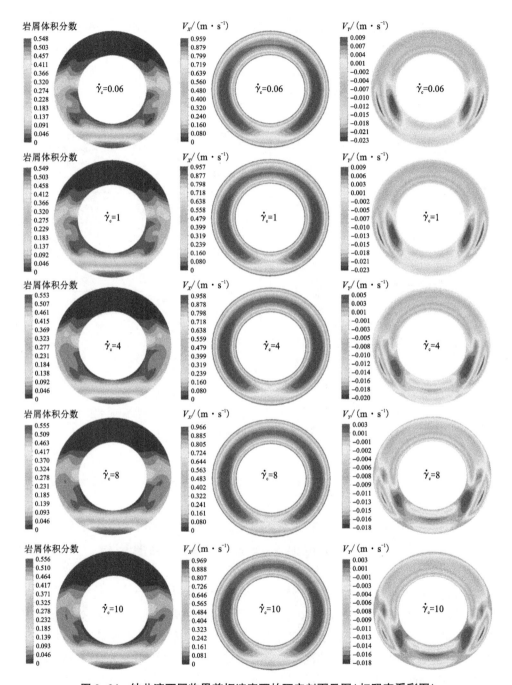

图 2-34 钻井液不同临界剪切速率下的环空剖面云图（扫码查看彩图）

速,同时岩屑沿 Y 轴方向的速度则接近 0.003 m/s,这表明环空上部的岩屑主要以悬浮形式移动。在钻杆两侧的岩屑沿 X 轴和 Y 轴方向的速度都较大,说明岩屑可以被钻井液携带至较高的环空区域。而环空下侧的岩屑沿 X 轴和 Y 轴方向的速度分别为 0.75 m/s 以下和接近于 0,说明环空下部的岩屑主要以移动床形式向前移动。

总之,钻井液的性能受环空循环流速和临界剪切速率的影响较大。在相同循环流速条件下,临界剪切速率越低,钻井液可输送岩屑的能力越高。这可能是因为黏度较高的钻井液更容易在环空中产生湍流涡,并将更多的动量传递给岩屑,使其被悬浮至环空中心并继续在水力作用下向前运动。

2.3　钻柱振荡运动对岩屑运移规律的影响研究

在大位移井与水平井钻进过程中,随着钻进深度增加,由于井下钻具与井壁的接触面积增大、摩阻增加而出现"托压"现象,导致钻压不能有效传递至钻头,严重影响钻进效率。轴向振荡减阻工具是降低摩阻、减小扭矩的有效手段,因而被广泛应用。此外,通过振荡工具引起的钻柱振荡对环空内的流场具有一定的扰动作用,因而影响岩屑运移和井眼净化效果。目前相关研究还较为缺乏。

本节基于 CFD 数值模拟技术,研究钻柱振荡工况下不同参数对于岩屑运移规律的影响,主要内容包括 CFD 数值建模,以及钻柱振荡运动对环空流场、环空压力分布特征和环空流体携岩特性的影响分析等四部分。

2.3.1　CFD 数值建模

1. 物理模型建立

选取连续管钻进中较为常见的井眼物理模型尺寸[27],如图 2-35 所示。模型井筒内径尺寸 $D=70$ mm,钻柱外径尺寸 $d=38$ mm,环空轴向计算长度为 3 m。在研究偏心工况下钻柱振荡对于岩屑运移的影响中,选取钻柱沿 y 轴负方向偏心度分别为 0.2、0.4、0.6、0.8 的工况作为研究案例。

2. 网格划分

使用 Altair HyperMesh 2019 网格划分软件对上述模型进行划分。根据计算经验以及相关文献资料,

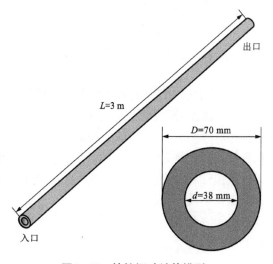

图 2-35　钻柱振动计算模型

确定计算网格大小为 4~6 mm，兼顾了计算结果精确性与计算资源优化两方面的需求。采用六面体网格，相对于传统的四面体网格，在优化计算资源和计算时间成本方面更具优势，面网格数量为 5056，体网格数量为 19200，网格节点数为 24160，如图 2-36 所示。

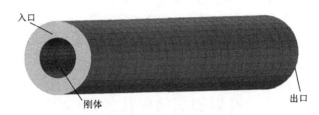

入口

刚体

出口

图 2-36　钻柱振荡网格划分示意图

3. 边界条件及求解器设置

本研究模型的边界条件如表 2-4 所示。其中，第一相为水，第二相为固体颗粒。本次所有模拟计算案例均采用瞬态模型计算。案例均考虑重力影响，所有液相和颗粒固相的重力方向设置为沿 y 轴负方向，即 $g = -9.81 \text{ m/s}^2$。计算案例时间步长均设置为 10^{-4} s。考虑到三维模型计算收敛性较差，将单位时间步长的最大计算迭代步数设置为 100~200 步。实际计算时间设置依据计算收敛平衡情况而决定，计算范围为 8~25 s。所有计算案例均采用全局化初始化方法，即默认管内全部充满流体介质（环空内不含岩屑）。综合前人研究经验及实际计算过程中的经验，所有计算案例的残差变量判据值均被设置为 10^{-3}。综合考虑计算时间成本与计算精度两方面因素，所有计算案例均采用一阶离散格式进行计算。

2.3.2　钻柱振荡运动对环空流场的影响分析

本节仍然采用 2.3.1 节所述计算模型来研究分析钻柱振荡运动对于环空流场的影响，钻井工况参数：水平井，偏心度为 0.2~0.8，入口岩屑体积分数为 8%，钻柱振荡频率为 5~20 Hz，振幅为 3~12 mm[28-30]。所有案例均采用双精度瞬态计算模式，分别对钻柱在不同频率下不同振幅振荡工况下的井内固液两相流现象进行模拟计算。变量参数根据国内外现有研究基础选取，详见表 2-5。本节将从钻柱振荡幅度、振荡频率及偏心工况下钻柱振荡运动对环空流场的影响几方面分别进行深入分析。

表 2-4　边界条件、各项参数及求解器设置汇总表

项目		变量	数值
各相特征参数	第一相	密度/(kg·m⁻³)	998.2
		黏度/(kg·m·s⁻¹)	0.001003
	第二相	直径/mm	2
		密度/(kg·m⁻³)	2500
边界条件设置	速度入口	湍流强度/%	5
		水力直径(第一相)/m	0.032
		入口速度(第一相)/(m·s⁻¹)	1, 1.5, 2
		入口速度(第二相)/(m·s⁻¹)	1, 1.5, 2
		体积分数(第二相)	0.08
	压力出口	湍流强度/%	5
		水力直径(第一相)/m	0.032
		出口压力/Pa	0
		壁面条件	无滑移
求解器设置		算法	相耦合 SIMPLE
		梯度	最小二乘单元基础
		动量方程	一阶迎风格式
		体积分数	一阶迎风格式
		湍动能	一阶迎风格式
		湍流耗散率	一阶迎风格式
		瞬态方程	一阶隐风格式

表 2-5　钻柱振荡运动模拟变量参数表

变量参数	单位	取值
振幅	mm	3, 6, 9, 12
频率	Hz	5, 10, 15, 20
流速	m/s	1.0, 1.5, 2.0
偏心度		0.2, 0.4, 0.6, 0.8
井斜角	(°)	90

1.钻柱振动幅度对环空流场的影响分析

1)环空流场流速分析

图 2-37~图 2-40 分别显示了不同频率下环空流场流体介质的环空流速变化情况。频率在 5 Hz 时,环空流体流速随着振幅的增加呈现细微的变化,特别是在环空上部(沿 Y 轴正方向)。随着振幅的增加,井身结构中间红框内高流速区(流速大于 2.4 m/s)的面积和分布区域逐渐不规则,其他流速区域也呈现相同的规律。但整体上流速的分层情况较为一致,分层数量也大致相同。高流速区集中于环空上部,大致可分为四层:大于 2.4 m/s、介于 2.2 m/s 与 2.4 m/s 之间、介于

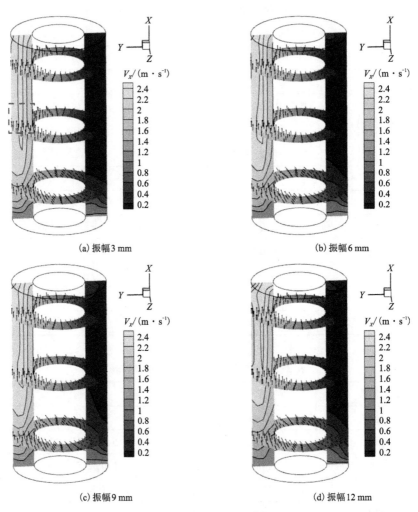

(a) 振幅 3 mm

(b) 振幅 6 mm

(c) 振幅 9 mm

(d) 振幅 12 mm

图 2-37 频率为 5 Hz 时环空流体轴向流速云图(流速为 1 m/s)(扫码查看彩图)

2.0 m/s 与 2.2 m/s 之间、介于 1.8 m/s 与 2.0 m/之间。而环空下部大部分区域流速低于 0.2 m/s，趋近于 0 m/s，靠近钻杆附近的流速则接近于 0.4 m/s。这说明钻柱的振荡运动对于环空流场具有一定的扰动作用。频率为 10 Hz 时，整体规律与 5 Hz 时大致相同，井身结构中间红框范围内的高流速区域面积随着振幅的变化呈现减小趋势，其他流速区域变化不明显。

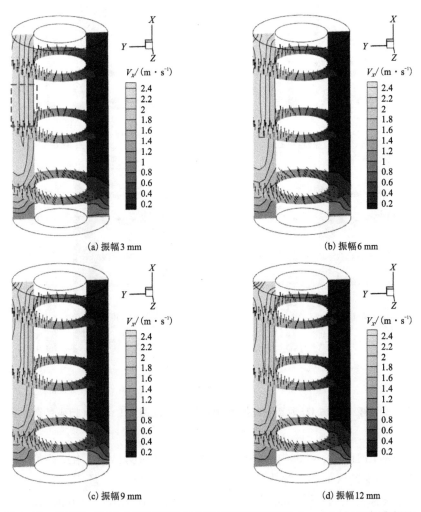

(a) 振幅 3 mm　　　　　　　　　　(b) 振幅 6 mm

(c) 振幅 9 mm　　　　　　　　　　(d) 振幅 12 mm

图 2-38　频率为 10 Hz 时环空流体轴向流速云图(流速为 1 m/s)(扫码查看彩图)

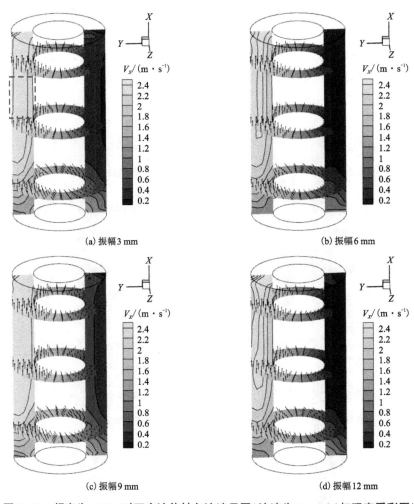

图 2-39　频率为 15 Hz 时环空流体轴向流速云图（流速为 1 m/s）（扫码查看彩图）

　　频率为 15 Hz 时，红框内的高流速区域具有更加明显的变化，振幅为 3 mm、9 mm 时的高流速区面积明显大于其他两种情况。同时，在环空下部也呈现明显差异。在振幅为 3 mm 和 6 mm 工况下，环空下部流速区域大致分为两层，且速度均高于 0.2 m/s。这说明在高频率下，钻柱振荡运动对于环空流场的影响更加显著。在频率为 20 Hz 时，环空流速区域分布规律大致同上述各频率工况下的变化规律一致，红框范围内的高流速区域面积随着振幅的增加呈现下降趋势，环空下方流速区域则接近于 0 m/s，变化趋势与频率为 5 Hz 和 10 Hz 时相一致。

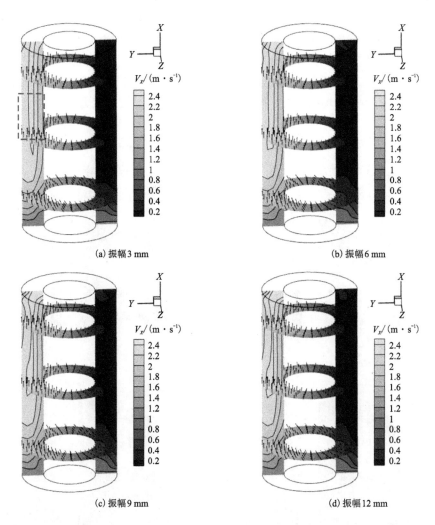

(a) 振幅 3 mm

(b) 振幅 6 mm

(c) 振幅 9 mm

(d) 振幅 12 mm

图 2-40　频率为 20 Hz 时环空流体轴向流速云图(流速为 1 m/s)(扫码查看彩图)

　　综上所述,钻柱振荡对环空流体流速具有一定的影响,主要表现为环空流速区域分层以及不同流速区域面积变化。同一频率下,环空上部的流速总体大于环空下部,稳定在 0.8 m/s 以上,环空下部流速则接近于 0 m/s,随着振幅的增加,中心高流速区域面积明显变化,规律较为混乱,这可能与流场中的湍流有关,将在后续章节进行讨论验证。其中,以频率为 15 Hz 时的流场情况最好,振幅为 9 mm 时的流场分层情况较少,且高速区域面积占比更高,有助于将颗粒携带至更远的距离。

　　本书进一步模拟了更高流速条件下的环空流场情况,如图 2-41 所示,钻井液入口流速为 2 m/s,频率为 20 Hz。随着入口流速的增大,环空流体整体流速明显提高,环空上部高流速区域明显扩大,环空下部流速区域也保持在 0.8 m/s 以上,分层现象更加明显。并且随着振幅的增加,高流速区域面积逐渐有扩大至环空下部的趋势,环空下部流速也随之增加。这说明钻井液循环流速和振幅的提高,均有利于环空流场的发展,进而可提高循环介质的携岩能力。

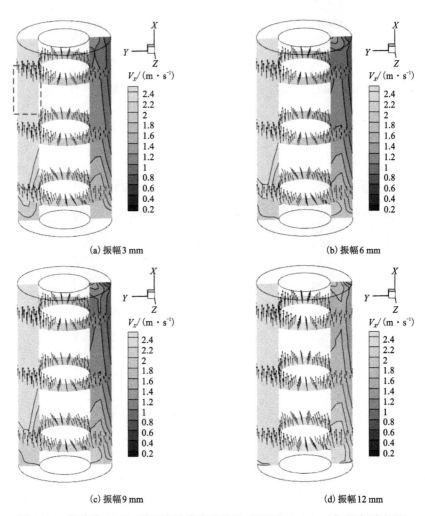

(a) 振幅 3 mm　　　　　　　　　(b) 振幅 6 mm

(c) 振幅 9 mm　　　　　　　　　(d) 振幅 12 mm

图 2-41　频率为 20 Hz 时环空流体流速云图(流速为 2 m/s)(扫码查看彩图)

2)环空流场湍流运动情况分析

　　所有案例均采用 k-ε 湍流模型。根据湍流理论,湍动能(k)是衡量湍流强度的一个重要指标,其表示湍流的脉动长度和时间尺度的大小。由于湍流不可避免地存在耗散,当没有能量补给时,就会变为层流,所以湍流耗散率(ε)的大小也代表了湍流的脉动长度和时间尺度的大小。二者共同制约湍流的发展情况,决定了流体流动维持湍流或者发展成湍流的能力。

图 2-42~图 2-51 分别显示了不同频率下环空流场湍流耗散率和湍动能的变化情况。频率为 5 Hz 时,随着振幅的增加,湍流耗散率和湍动能皆呈现增加的趋势,并主要分布于环空上半部分,而在环空下部接近于 0,说明下部湍流发育不强烈。同时,湍流在壁面附近的湍动能和耗散率比其他区域更加明显,这说明钻柱的振荡运动对于环空湍流发育有益,随着振幅的增加有助于产生更大强度的湍

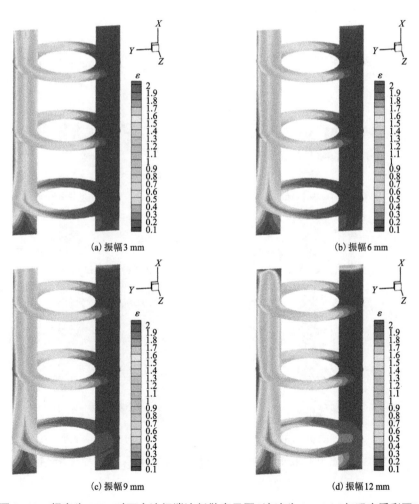

(a) 振幅 3 mm　　　　　　　　　　　(b) 振幅 6 mm

(c) 振幅 9 mm　　　　　　　　　　　(d) 振幅 12 mm

图 2-42　频率为 5 Hz 时环空流场湍流耗散率云图(流速为 1 m/s)(扫码查看彩图)

流。频率为 10 Hz 时，湍流的近壁效应随着振幅的增加更加明显，这进一步证明钻柱振荡振幅的增加有助于更高强度湍流的发育。其他两组频率条件下的湍流强度规律也呈现相同趋势。在流速为 2 m/s、频率为 20 Hz 的工况下，环空湍流发育更加剧烈，环空下半部分的湍流耗散率和湍流强度明显高于流速为 1 m/s 条件下的情况，而且随着振幅的增加，湍流强度具有更明显的上升趋势。这进一步验证了钻柱振荡对于流场的发育是利的，同时循环流速对于流场的影响效果比钻柱振荡更加显著。

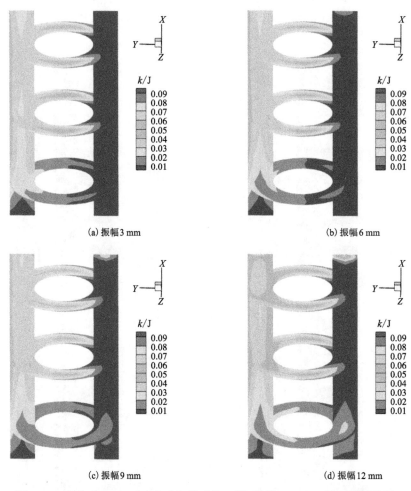

(a) 振幅 3 mm   (b) 振幅 6 mm

(c) 振幅 9 mm   (d) 振幅 12 mm

图 2-43　频率为 5 Hz 时环空流场湍动能云图(流速 1 m/s)(扫码查看彩图)

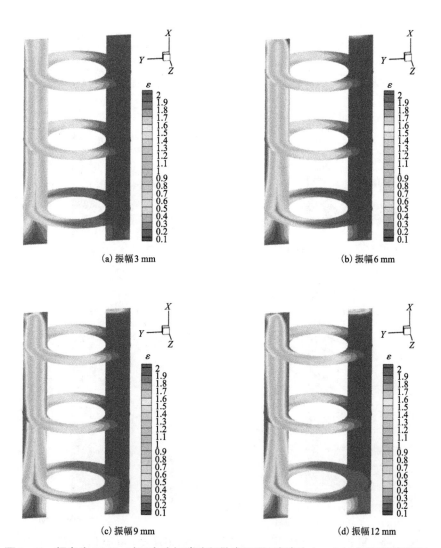

(a) 振幅 3 mm (b) 振幅 6 mm

(c) 振幅 9 mm (d) 振幅 12 mm

图 2-44　频率为 10 Hz 时环空流场湍流耗散率云图(流速为 1 m/s)(扫码查看彩图)

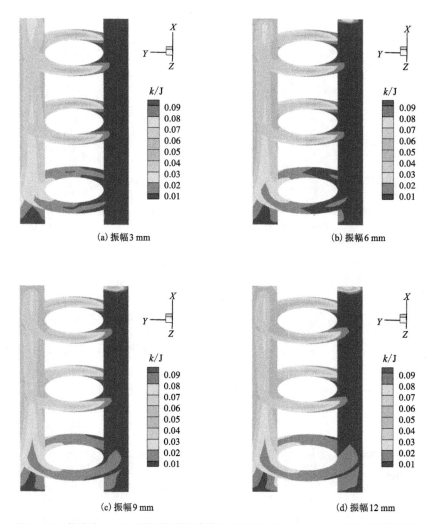

(a) 振幅 3 mm

(b) 振幅 6 mm

(c) 振幅 9 mm

(d) 振幅 12 mm

图 2-45　频率为 10 Hz 时环空流场湍动能云图(流速为 1 m/s)(扫码查看彩图)

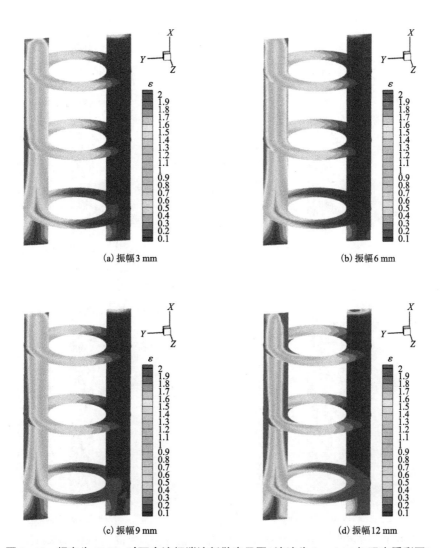

(a) 振幅 3 mm

(b) 振幅 6 mm

(c) 振幅 9 mm

(d) 振幅 12 mm

图 2-46　频率为 15 Hz 时环空流场湍流耗散率云图 (流速为 1 m/s) (扫码查看彩图)

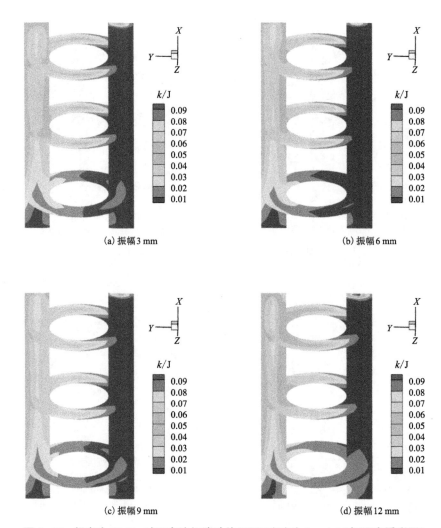

(a) 振幅3 mm (b) 振幅6 mm

(c) 振幅9 mm (d) 振幅12 mm

图 2-47　频率为 15 Hz 时环空流场湍动能云图(流速为 1 m/s)(扫码查看彩图)

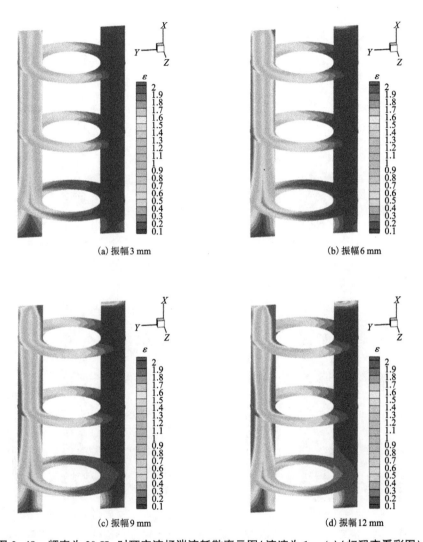

(a) 振幅 3 mm　　　　　　　　　　　　(b) 振幅 6 mm

(c) 振幅 9 mm　　　　　　　　　　　　(d) 振幅 12 mm

图 2-48　频率为 20 Hz 时环空流场湍流耗散率云图(流速为 1 m/s)(扫码查看彩图)

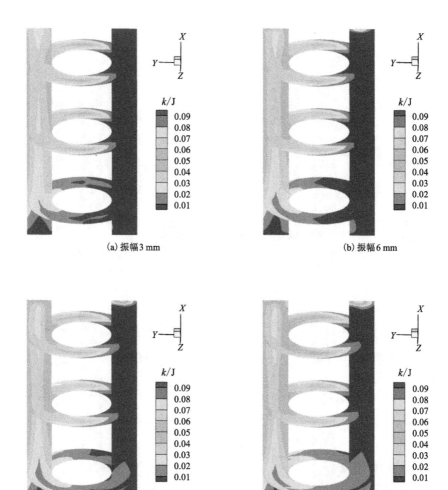

图 2-49   频率为 20 Hz 时环空流场湍动能云图(流速为 1 m/s)(扫码查看彩图)

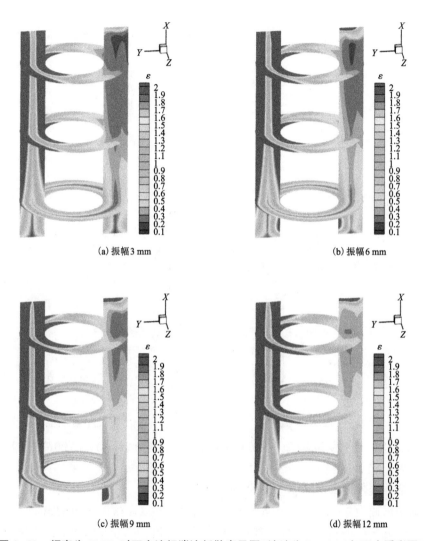

(a) 振幅 3 mm

(b) 振幅 6 mm

(c) 振幅 9 mm

(d) 振幅 12 mm

图 2-50　频率为 20 Hz 时环空流场湍流耗散率云图(流速为 2 m/s)(扫码查看彩图)

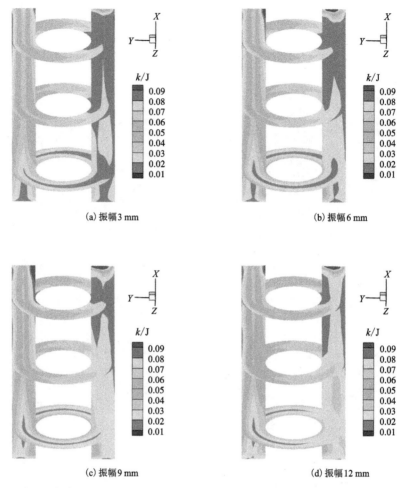

(a) 振幅 3 mm　　　　　　　　　　　　　(b) 振幅 6 mm

(c) 振幅 9 mm　　　　　　　　　　　　　(d) 振幅 12 mm

图 2-51　频率为 20 Hz 时环空流场湍动能云图(流速为 2 m/s)(扫码查看彩图)

2.钻柱振荡频率对环空流场的影响

采用振幅为 9 mm、频率为 5~20 Hz、流速为 1~2 m/s 工况下的案例进行模拟计算。通过分析不同频率的钻柱振荡运动下环空流场的变化情况,得出钻柱振荡频率对于井内流场的影响规律。

1)环空流场流速分析

图 2-52~图 2-54 分别展示了一定振幅下,不同流速及不同频率工况下的环空流场内流体速度分布。流速为 1 m/s 时,随着频率的变化,流速分层现象明显,且主要集中在环空上部区域,环空下部则无明显分层,流速接近于 0 m/s。随着频率的增加,高流速区(红框范围所示)的面积也随之发生明显变化,其中频率

15 Hz 时的高流速区域面积最大，且在环空下部具有明显的分层现象。频率为 5 Hz 与 10 Hz 时的高流速区域相对平缓，而频率为 20 Hz 时的高流速区域比较不规则，这三种频率工况下的环空下部流速均接近于 0 m/s。流速为 1.5 m/s 和 2 m/s 时，环空内流体流速随着频率变化没有明显变化。在高流速下，环空高流速区域面积整体明显扩大，且环空下部具有明显的分层，流速均高于 1 m/s 工况下的环空流速。

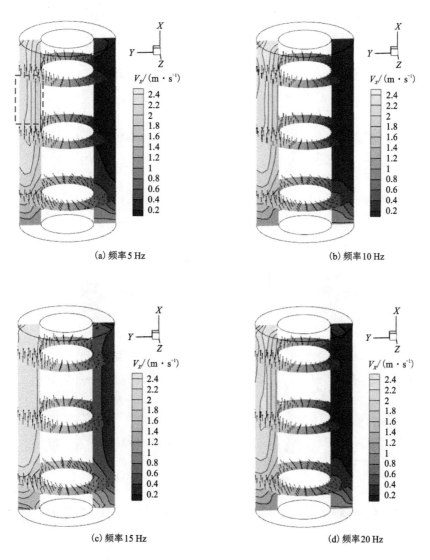

(a) 频率 5 Hz　　　　　　　　　　　　(b) 频率 10 Hz

(c) 频率 15 Hz　　　　　　　　　　　　(d) 频率 20 Hz

图 2-52　振幅为 9 mm 时环空流体流速云图（流速为 1 m/s）（扫码查看彩图）

　　以上结果表明,在低流速条件下,钻柱振荡频率对于环空流场的影响较为显著,而在高流速条件下并不明显。但钻柱振荡对环空流场存在扰动效果,有利于岩屑的二次悬浮。在低流速条件下,频率为 15 Hz 工况下的流场流速效果较为明显,且流速较高,理论上更有利于流体携带岩屑。

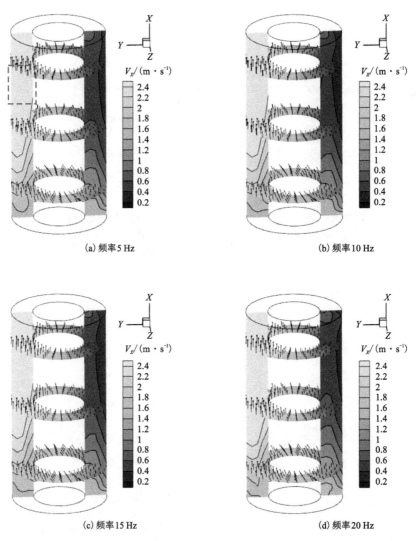

(a) 频率 5 Hz
(b) 频率 10 Hz
(c) 频率 15 Hz
(d) 频率 20 Hz

图 2-53　振幅为 9 mm 时环空流体流速云图(流速为 1.5 m/s)(扫码查看彩图)

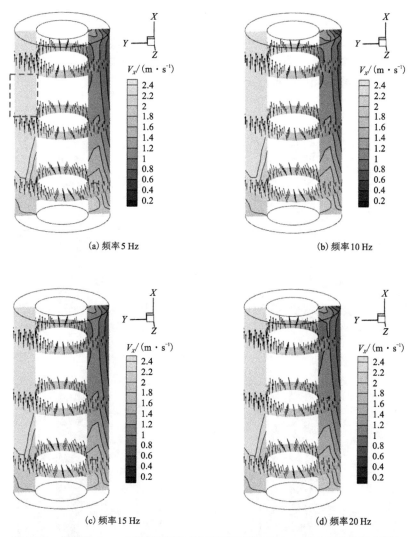

(a) 频率 5 Hz　　(b) 频率 10 Hz

(c) 频率 15 Hz　　(d) 频率 20 Hz

图 2-54　振幅为 9 mm 时环空流体流速云图(流速为 2 m/s)(扫码查看彩图)

2)环空流场湍流运动情况分析

图 2-55~图 2-60 分别显示了同一振幅(9 mm)工况下，在不同流速时环空湍流耗散率和湍动能与钻柱振荡频率的关系。流速为 1 m/s 时，随着频率增加，湍流耗散率和湍动能在近壁区域的值明显增加。湍流主要分布于环空上半部分以及钻柱两侧区域，在环空的下部几乎观察不到湍流的存在。流速为 1.5 m/s 和 2 m/s 工况下，随着流速增加，钻柱振荡频率的增加对于湍流的影响几乎可以忽略不计，流速对环空湍流的影响占据主导地位。同时可以观察到，随着流速增加，湍流的

发育区域逐渐下移。1.5 m/s 流速条件下，环空下部湍动能为 0.01~0.02 J，当流速继续增加到 2 m/s 时，环空下部湍动能则增加到 0.02~0.03 J，上涨幅度为 100%，这验证了流速对岩屑运移的主导影响地位，也说明在低流速条件下，钻柱振荡频率的变化对环空流场有一定影响。随着频率增加，湍流强度得到一定提升，特别是靠近井壁和钻杆壁面附近的区域。

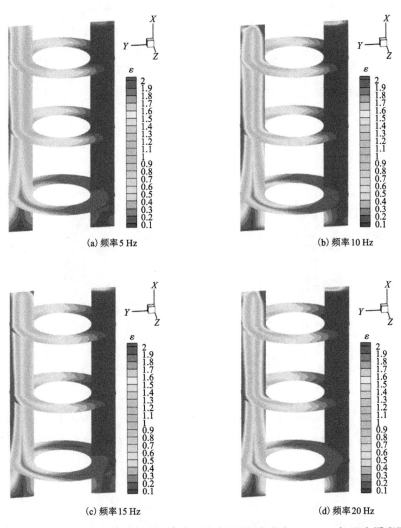

图 2-55　振幅为 **9 mm** 时环空流场湍流耗散率云图(流速为 **1 m/s**)(扫码查看彩图)

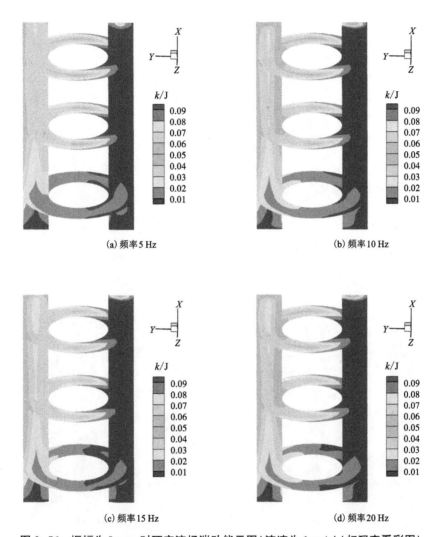

(a) 频率 5 Hz　　　　　　　　　　(b) 频率 10 Hz

(c) 频率 15 Hz　　　　　　　　　　(d) 频率 20 Hz

图 2-56　振幅为 9 mm 时环空流场湍动能云图（流速为 1 m/s）（扫码查看彩图）

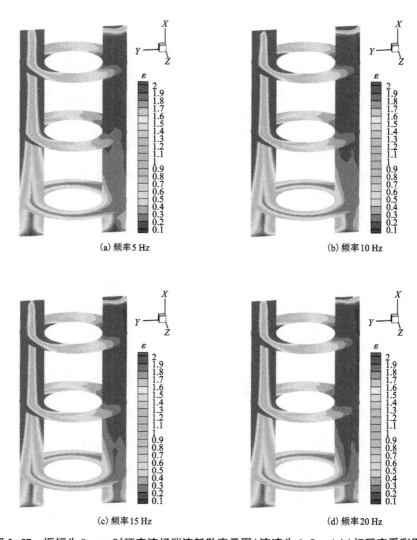

(a) 频率 5 Hz

(b) 频率 10 Hz

(c) 频率 15 Hz

(d) 频率 20 Hz

图 2-57　振幅为 9 mm 时环空流场湍流耗散率云图(流速为 1.5 m/s)(扫码查看彩图)

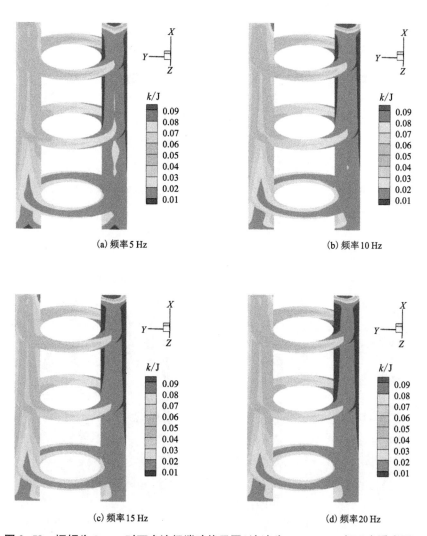

(a) 频率 5 Hz

(b) 频率 10 Hz

(c) 频率 15 Hz

(d) 频率 20 Hz

图 2-58　振幅为 9 mm 时环空流场湍动能云图(流速为 1.5 m/s) (扫码查看彩图)

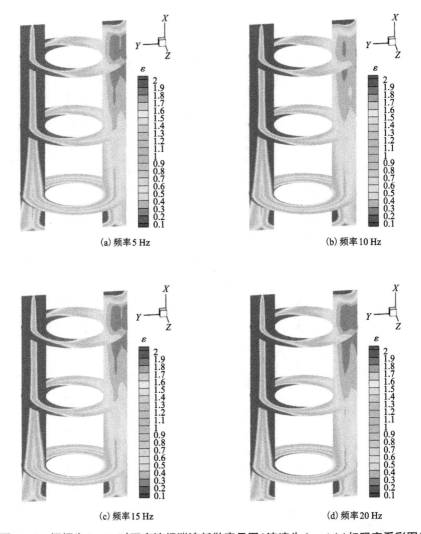

图 2-59 振幅为 9 mm 时环空流场湍流耗散率云图(流速为 2 m/s)(扫码查看彩图)

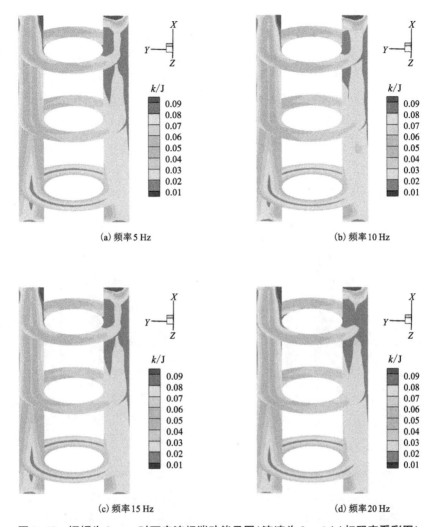

(a) 频率 5 Hz　　　　　　　　　　　　　　(b) 频率 10 Hz

(c) 频率 15 Hz　　　　　　　　　　　　　　(d) 频率 20 Hz

图 2-60　振幅为 9 mm 时环空流场湍动能云图(流速为 2 m/s)(扫码查看彩图)

3. 钻柱偏心工况下振荡运动对环空流场的影响

在钻井过程中,由于重力及压差的综合作用,钻柱经常处于偏心工作状态,这会带来一系列问题,进而影响岩屑的运移甚至导致井下事故的发生。因此,研究钻柱振荡在偏心工况下对环空流速的影响规律至关重要。选取钻柱在振荡频率为 15 Hz、振幅为 9 mm、流速为 1 m/s、偏心度为 0.2~0.8 的四种工况进行模拟计算,并与钻柱在非振荡工况下的情况进行了对比。

1)环空流场流速分析

图 2-61 和图 2-62 分别显示了钻柱在非振荡和振荡条件下不同偏心度时的

环空流体流速分布。在非振荡条件下，环空流体流速分层整体较为均匀平缓，随着偏心度的加大，流速开始下降，流速区域分层数量变多。在振荡条件下，环空流速整体较非振荡情况下有所提升，最高流速从 2.4 m/s 增加到 2.6 m/s，且流速区域分层情况变得更为复杂。特别是偏心度较小时，钻柱的振荡运动使流场流速区的分布梯度变得较为混乱。而偏心度较大时，虽然流场流速分布区域大小有变化，但整体较为平缓均匀。这说明钻柱的振荡运动对于偏心工况下的环空流场有一定的提升流速和改善湍流的效果。

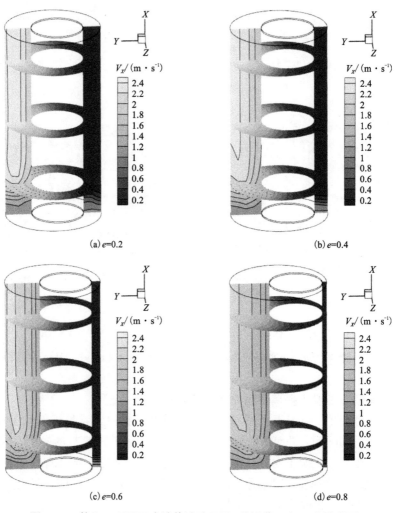

图 2-61　偏心工况下环空流体流速云图(非振荡)(扫码查看彩图)

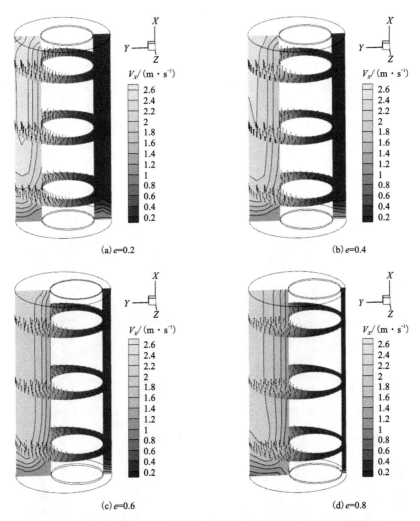

图 2-62 偏心工况下环空流体流速云图(钻柱振荡)(扫码查看彩图)

2) 环空流场湍流运动情况分析

图 2-63~图 2-66 分别显示了在偏心工况下, 钻柱非振荡与振荡条件下不同偏心度对于环空流场湍流耗散率和湍动能的影响。在非振荡工况下, 环空上部湍流耗散率随着偏心度的增加先上升, 偏心度为 0.8 时湍流耗散率开始下降。湍动能则随着偏心度的上升呈现递增趋势。其中, 变化最为明显的区域为钻柱上方两侧的对称湍流区, 随着偏心度的增加湍动能逐渐增大, 这表明湍流强度也随之增大。在振荡条件下, 环空湍流耗散率相对不振荡条件有明显下降趋势, 特别是壁面附近。在环空湍流的湍动能相同时, 振荡工况下的湍流耗散率相对非振荡工况

越低，越有利于湍流的充分发育，从而有利于延缓岩屑床的形成及促进岩屑的二次悬浮。

此外，振荡工况下的湍动能相对于非振荡工况下的湍动能也有明显提升，体现在湍流区域面积及强度提升较大。以偏心度为 0.6 和 0.8 为例，钻杆上方及两侧的湍流区域面积明显扩大了约 2 倍。这说明钻柱振荡有助于改善偏心工况下的环空湍流运动状况，有利于形成更大强度的湍流。当然，湍流的形成并不一定完全有助于岩屑运移，只有保持湍流的持续性作用才可能使岩屑二次悬浮或者延缓岩屑床的形成。

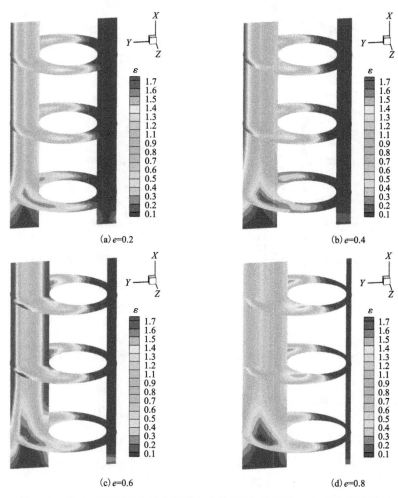

图 2-63　偏心工况下环空流场湍流耗散率云图（非振荡）（扫码查看彩图）

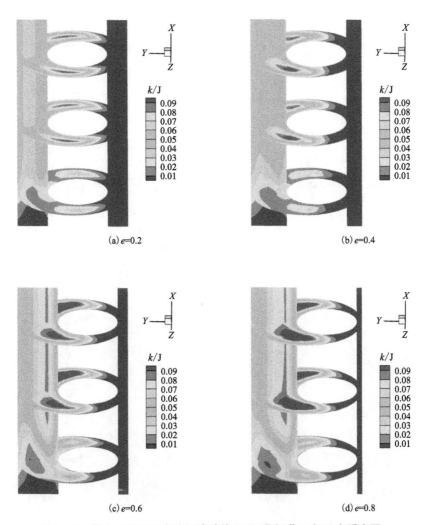

(a) e=0.2　　　　　　　　　　　　　　　(b) e=0.4

(c) e=0.6　　　　　　　　　　　　　　　(d) e=0.8

图 2-64　偏心工况下环空流场湍动能云图(非振荡)(扫码查看彩图)

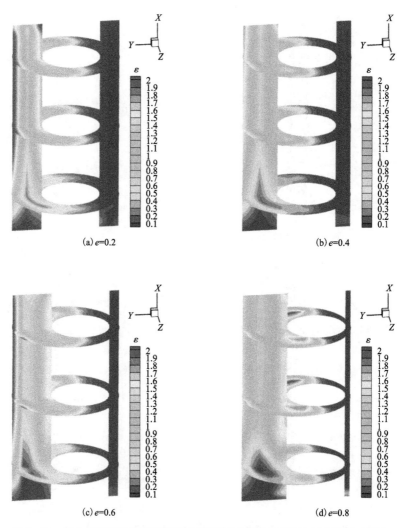

(a) e=0.2

(b) e=0.4

(c) e=0.6

(d) e=0.8

图 2-65　偏心工况下环空流场湍流耗散率云图(钻柱振荡)(扫码查看彩图)

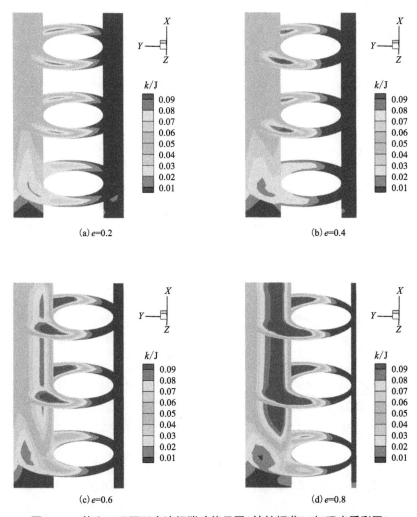

(a) e=0.2　　　　　　(b) e=0.4

(c) e=0.6　　　　　　(d) e=0.8

图 2-66　偏心工况下环空流场湍动能云图(钻柱振荡)(扫码查看彩图)

2.3.3　钻柱振荡运动对环空压力分布特征的影响分析

通过分析数值模型计算结果,分别讨论钻柱振荡幅度、振荡频率及偏心工况对环空压力分布特征的影响规律,包括分析环空压降、岩屑运移达到平衡状态时的压力波动等情况。其中,对压力波动情况选取井身结构中部位置($X = 1.5$ m 处)的数据进行分析。在分析过程中,还与钻柱在非振荡条件下的压力场进行了对比。

1. 钻柱振幅对环空压力分布特征的影响

如图 2-67 所示，本书模拟分析了 4 组不同频率条件下环空压降随钻柱振幅的变化情况。相同频率条件下，压降随着振幅的增加总体呈现上升趋势。频率为 10 Hz 时，随着振幅的变化，压降变化幅度较小。频率为 5 Hz 和 10 Hz 时，压降随振幅的变化呈现一元多次关系，而频率为 20 Hz 时，压降随振幅的变化呈现线性关系。在振幅大于 3 mm 条件下，同一振幅时，随着频率(频率 10 Hz 除外)增加，压降也随之增大，且增长幅度呈递增趋势。

图 2-68 显示了三组不同流速条件下，钻柱振幅对于环空压降的影响关系。同一流速条件下，环空压降随着振幅的增加呈现递增趋势，平均递增幅度约为 87.5%。振幅相同时，流速的增加也会导致环空压降的上升，平均递增幅度约为 14.2%。这表明钻柱振荡对于环空压降的影响程度远大于循环介质流速的影响。另外，钻柱振荡工况下的环空压降明显大于非振荡(振幅为 0 mm)工况下的环空压降。

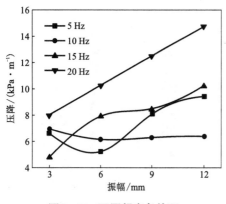

图 2-67 不同频率条件下
钻柱振幅对环空压降的影响

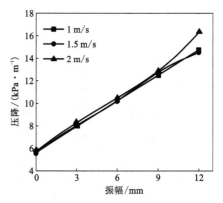

图 2-68 不同流速条件下
钻柱振幅对环空压降的影响

图 2-69 和图 2-70 分别显示了三组不同流速条件下，钻柱振幅变化对于岩屑运移稳定状态下的环空压力波动影响规律。为使数据更具代表性，图中所示数据采集于井身结构中部($X = 1.5$ m 处)。由图 2-69 和图 2-70 可知，钻柱振荡引起的压力波动的平均压力和压力峰值均随振幅的增加而增大。在相同振幅条件下，随着流速增加，平均压力和压力峰值的上升幅度也随之变大。这对于井下压力的控制是一大挑战。

图 2-71 和图 2-72 分别显示了 4 组不同频率条件下平均压力和压力峰值随钻柱振幅的变化情况。从图 2-71 和图 2-72 可知，随着振幅的增加，不同频率条件下的平均压力和压力峰值皆呈上升趋势。在振幅一定的条件下，平均压力和压力峰值随频率的增加而增大，其中压力峰值的变化情况最为明显，且这种增长幅度也随之变大。

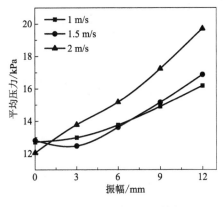

图 2-69　不同流速不同钻柱
振幅条件下平均压力曲线图

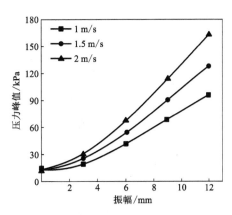

图 2-70　不同流速不同钻柱
振幅条件下压力峰值曲线图

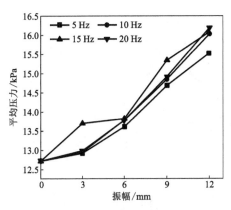

图 2-71　不同频率不同钻柱
振幅条件下平均压力曲线图

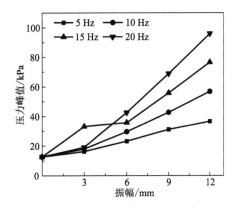

图 2-72　不同频率不同钻柱
振幅条件下压力峰值曲线图

2. 钻柱振荡频率对环空压力分布特征的影响

图 2-73～图 2-75 分别为三组不同流速工况下，环空压降、平均压力和压力峰值随钻柱振荡频率的变化曲线图。相对于非振荡条件（频率 0 Hz），环空压降随钻柱振荡频率的增加大致呈现上升趋势。流速为 1 m/s 和 2 m/s 时，环空压降在频率为 10 Hz 时出现最低值，但比非振荡条件下的压降略高。虽然钻柱振荡条件下 $X = 1.5$ m 处的平均压力整体高于非振荡条件，但频率的变化对其影响效果不明显。压力峰值的变化规律则相反。在流速一定的条件下，随着频率的增加，压力峰值呈现线性递增趋势，且增长幅度随流速增加而增加。

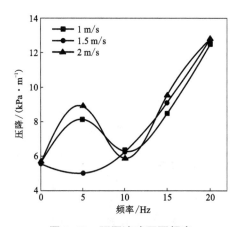

图 2-73　不同流速不同频率
条件下环空压降变化曲线图

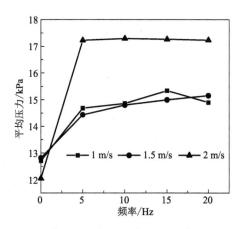

图 2-74　不同流速不同频率
条件下平均压力变化曲线图

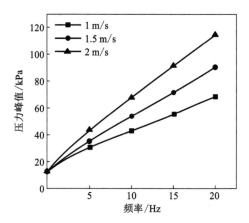

图 2-75　不同流速不同频率条件下压力峰值变化曲线图

3. 钻柱偏心工况下振荡运动对环空压力分布特征的影响

图 2-76~图 2-78 分别展示了钻柱在振荡和非振荡两种模式下，不同偏心度时的环空压降、$X=1.5$ m 处的平均压力和压力峰值。钻柱在非振荡模式下，环空压降随着偏心度的增大而降低，结合前面讨论的环空流场的湍流运动情况，说明在非振荡模式下湍流的强度越强，越有利于环空岩屑的运移，进而导致压降的降低。但在偏心度小于 0.6 时，环空压降呈现下降趋势，且压降均低于非振荡模式下的压降。偏心度为 0.8 时，压降出现陡增的情况。这进一步验证了 2.3.2 节的推测，即湍动能一定时，湍流耗散率越低，越有利于湍流的发育，即湍流越有充分发育的时间和空间尺度。

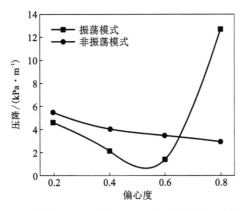

图 2-76　钻柱不同运动模式下环空压降与偏心度的关系

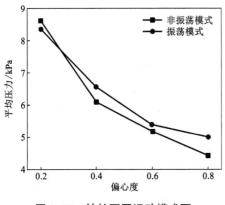

图 2-77　钻柱不同运动模式下
平均压力与偏心度的关系

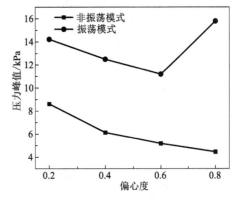

图 2-78　钻柱不同运动模式下
平均压力与偏心度的关系

　　不论钻柱是否振荡，环空内 $X=1.5\ \mathrm{m}$ 处的平均压力均随着偏心度的增加而下降。除了偏心度为 0.2 时，钻柱振荡时的平均压力均高于非振荡时的平均压力，且同一偏心度时的平均压力差值在偏心度为 0.8 时达到最大。钻柱无振荡时，压力峰值随着偏心度的增加呈下降趋势。钻柱振荡时，压力峰值曲线先下降后上升，偏心度为 0.4 和 0.6 时压力峰值相对较低。振荡工况下的压力峰值整体远高于非振荡工况下的压力峰值。综上所述，钻柱振荡对于环空压力的波动的影响较为显著，主要体现为压力波动峰值的变化。环空压降也一定程度上受到环空湍流运动情况的影响，压力分布特征可反映环空湍流的运动情况。

2.3.4　钻柱振荡运动对环空流体携岩特性的影响分析

基于前述数值模拟计算结果，对井眼环空的流体携岩特性进行详细分析。分析的主要内容包括不同钻柱振幅、频率和偏心工况下钻柱振荡对环空平均岩屑体积分数分布和岩屑轴向速度分布的影响等。

1. 钻柱振幅对环空流体携岩特性的影响

1）环空岩屑分布情况分析

图2-79和图2-80分别展示了不同频率、振幅条件和不同流速、振幅条件下的环空平均岩屑体积分数。由图2-79和图2-80可知，钻柱振幅的增加加速了环空内岩屑体积分数的下降。同一振幅条件下，随着振荡频率增加，岩屑体积分数也呈现下降趋势。在流速为1 m/s时，环空岩屑体积分数随振幅的增加呈现较快的下降趋势，而流速为1.5 m/s和2 m/s时，岩屑体积分数随振幅增加的下降幅度逐渐变小。这说明在流速较低情况下，岩屑容易堆积在钻杆附近，钻柱的振荡对于岩屑运移的影响占据主导地位。流速提升到一定程度后，水力作用占据主导地位，这也进一步验证了前述流场和湍流运动的相关情况。图2-81~图2-84分别展示了不同钻柱频率工况下岩屑体积分数随钻柱振幅的变化。在频率一定的条件下，随着振幅增加，环空岩屑体积分数整体呈现下降趋势，特别是钻柱附近区域的岩屑体积分数。这与图2-79所示变化趋势一致。

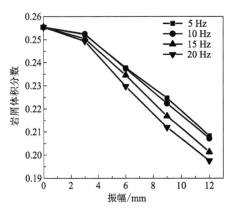

图2-79　不同频率不同振幅
条件下的环空平均岩屑体积分数曲线图

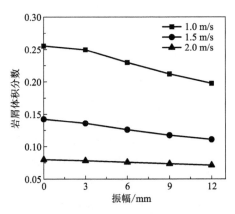

图2-80　不同流速不同振幅
条件下的环空平均岩屑体积分数曲线图

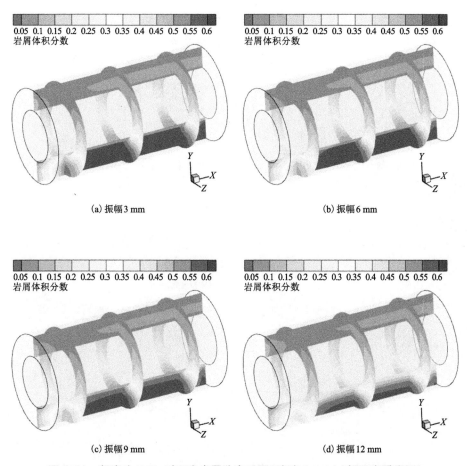

图 2-81　频率为 5 Hz 时环空岩屑分布云图(流速 1 m/s)(扫码查看彩图)

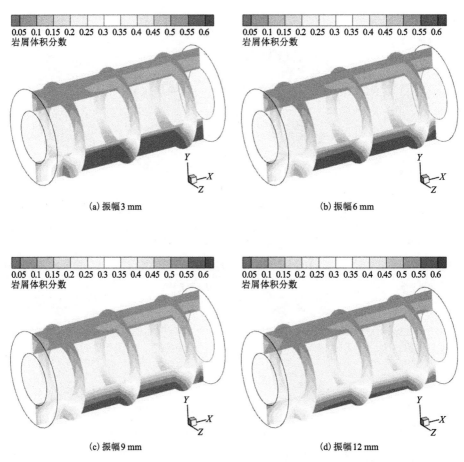

(a) 振幅3 mm

(b) 振幅6 mm

(c) 振幅9 mm

(d) 振幅12 mm

图 2-82　频率为 10 Hz 时环空岩屑分布云图(流速 1 m/s) (扫码查看彩图)

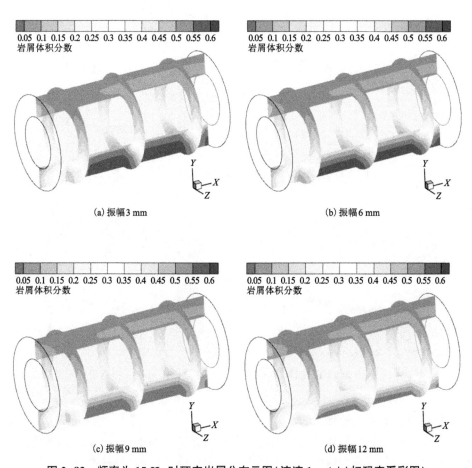

图 2-83　频率为 15 Hz 时环空岩屑分布云图 (流速 1 m/s) (扫码查看彩图)

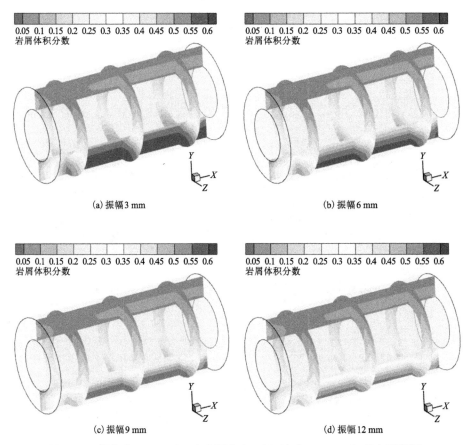

(a) 振幅 3 mm

(b) 振幅 6 mm

(c) 振幅 9 mm

(d) 振幅 12 mm

图 2-84 频率为 20 Hz 时环空岩屑分布云图（流速 1 m/s）（扫码查看彩图）

2）环空岩屑轴向速度分析

不同频率工况下的环空岩屑轴向速度云图分别如图 2-85~图 2-89 所示。所有案例中环空上部的岩屑轴向速度均明显大于环空下部的岩屑轴向速度，环空下部的岩屑轴向速度接近 0 m/s。一定频率工况下，随着振幅的增加，流速的变化幅度相对不大，环空上部的岩屑轴向速度分层区域由较为规则平缓转为不规则且分层数量增多。这说明钻柱振荡对于岩屑运移的影响更多表现为湍流对岩屑的扰动，以及对岩屑床的形成的延缓作用。通过分析所有案例的轴向速度以及环空岩屑体积分数分布情况，大致可将环空内的岩屑分为三种状态，即平均岩屑体积分数大于 0.35，岩屑轴向速度接近 0 m/s 的固定岩屑床；平均岩屑体积分数为 0.1~0.35，岩屑轴向速度为 0.6~1 m/s 的过渡状态；平均岩屑体积分数低于 0.1，岩屑轴向速度高于 1 m/s 的悬浮状态。

图 2-89 展示了流速为 2 m/s、频率为 20 Hz 工况下的环空岩屑轴向速度随振幅变化的曲线。环空循环流体流速对环空岩屑轴向速度的影响更为显著，环空下部岩屑轴向速度明显高于流速为 1 m/s 工况下的岩屑轴向速度。另外，随着振幅增加，环空内流速分层也发生了明显变化，环空上部高流速区域的面积明显增加。这说明钻柱的振荡作用有助于环空流场内湍流的发育，对于产生更大尺度且更持久的湍流有益。该工况下的岩屑主要以移动床和悬浮态形式存在。

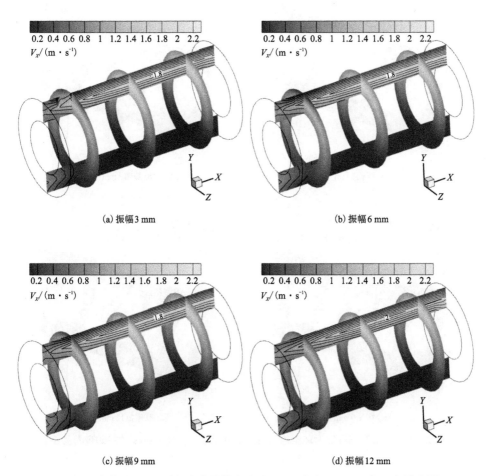

(a) 振幅 3 mm

(b) 振幅 6 mm

(c) 振幅 9 mm

(d) 振幅 12 mm

图 2-85　频率为 5 Hz 时环空岩屑轴向速度云图（流速 1 m/s）（扫码查看彩图）

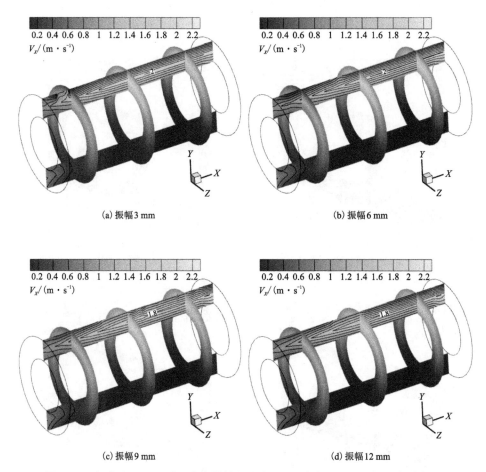

(a) 振幅 3 mm (b) 振幅 6 mm

(c) 振幅 9 mm (d) 振幅 12 mm

图 2-86 频率为 10 Hz 时环空岩屑轴向速度云图(流速 1 m/s)(扫码查看彩图)

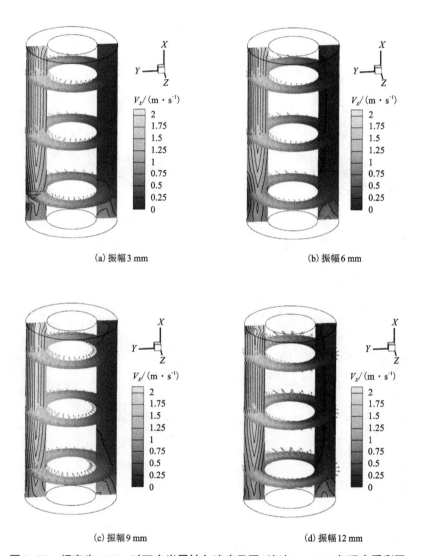

(a) 振幅3 mm

(b) 振幅6 mm

(c) 振幅9 mm

(d) 振幅12 mm

图 2-87　频率为 15 Hz 时环空岩屑轴向速度云图(流速 1 m/s)(扫码查看彩图)

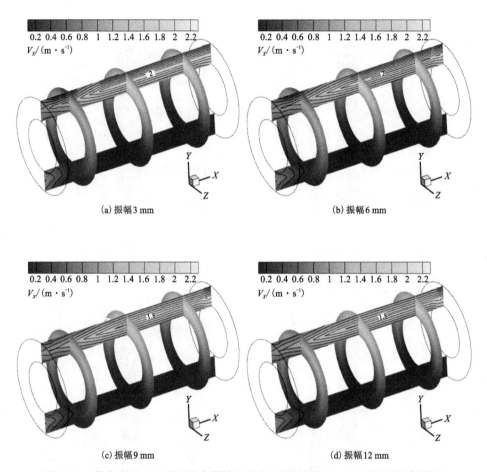

(a) 振幅3 mm　　　　　　　　　　　　(b) 振幅6 mm

(c) 振幅9 mm　　　　　　　　　　　　(d) 振幅12 mm

图 2-88　频率为 20 Hz 时环空岩屑轴向速度云图(流速 1 m/s)(扫码查看彩图)

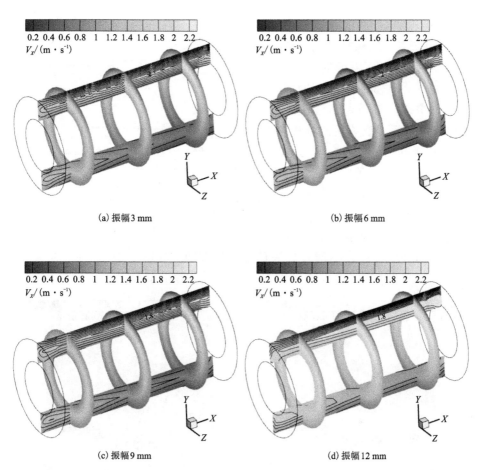

图 2-89　频率为 20 Hz 时环空岩屑轴向速度云图(流速 2 m/s)(扫码查看彩图)

2. 钻柱振荡频率对环空流体携岩特性的影响

1)环空岩屑分布情况分析

如图 2-90 所示,流速为 1 m/s 工况下,环空平均岩屑体积分数随着频率的增加而递减。相对非振荡工况时的环空平均岩屑体积分数,钻柱的振荡有助于岩屑的清除,但是这种清除效果较为局限。当流速为 1.5 m/s 和 2 m/s 时,虽然振荡工况下的环空平均岩屑体积分数相对非振荡条件下的环空平均岩屑体积分数整体呈下降趋势,但这种趋势的下降幅度随着流速的增加逐渐减小。说明在低流速条件下,钻柱振荡频率对于岩屑的运移有一定作用。而在高流速条件下,由于水力作用,环空岩屑体积分数下降,钻柱振荡对于岩屑运移的影响被弱化。但钻柱振荡对于环空流场的影响依然存在,所以相对于非振荡条件,依然可以观察到环空岩屑体积分数产生了微小变化。
如图 2-91 ~ 图 2-93 的环空岩屑
分布云图所示，流速较低时，钻
柱附近堆积了较高浓度的岩屑。
钻柱的振荡一方面可以破坏岩屑
床，另一方面又可以制造湍流来
扰动岩屑，从而延缓岩屑的堆积。
而在流速较高时，岩屑在水力作
用下被携带出井眼环空，钻柱附
近的岩屑体积分数降低。钻柱振
荡时，仅会对环空的湍流造成一
定影响，对岩屑的运移并无明显

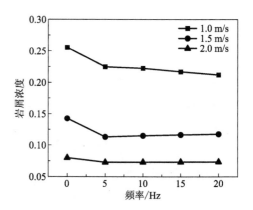

图 2-90　不同流速下环空平均
岩屑体积分数随频率的变化曲线图

辅助效果，甚至可能影响部分岩屑被运移出井眼。如图 2-90 所示，在流速为
1.5 m/s 工况下的岩屑体积分数随着频率的上升也略有上升。

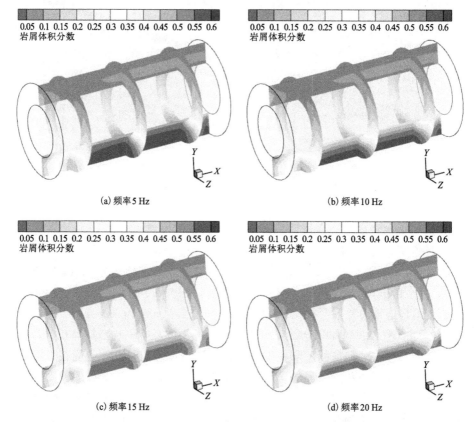

(a) 频率 5 Hz　　(b) 频率 10 Hz

(c) 频率 15 Hz　　(d) 频率 20 Hz

图 2-91　不同频率工况下的环空岩屑分布云图(流速 1 m/s)(扫码查看彩图)

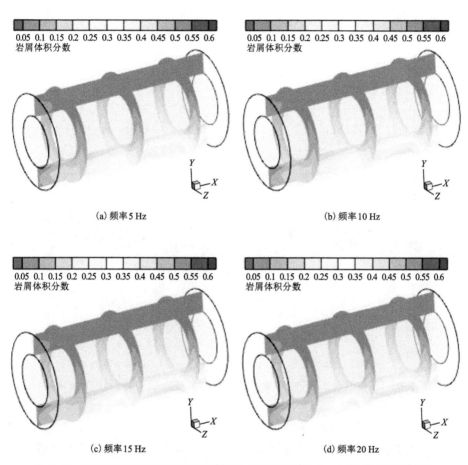

图 2-92　不同频率工况下的环空岩屑分布云图(流速 1.5 m/s)(扫码查看彩图)

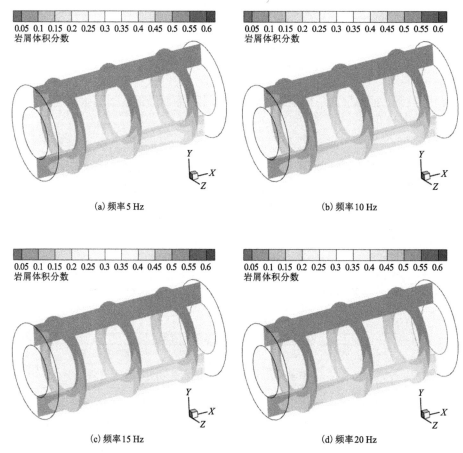

图 2-93　不同频率工况下的环空岩屑分布云图（流速 2 m/s）（扫码查看彩图）

2）环空岩屑运移机理分析

为探明流速一定的条件下钻柱振荡频率对于环空岩屑运移的影响机理，选取了一组较为典型的案例进行分析。该案例的工况为：流速 1 m/s、振幅 9 mm、频率 5~20 Hz。

如图 2-94 所示，不同频率工况下的岩屑平均体积分数随时间的变化曲线具有明显的阶段性特性，大致可以分为三个阶段：①快速发展阶段，该阶段岩屑体积分数近似呈直线式增长，持续时间较短；②缓慢发展阶段，该阶段岩屑体积分数呈抛物线式增长，该过程持续时间更短；③稳定阶段，该阶段岩屑体积分数曲线整体平稳，维持在一定值不变，其他相关参数也保持在稳定状态。在第一阶段，不同钻柱振荡频率工况下的岩屑体积分数的上升速度几乎相同，但是频率越大，到达第二阶段时间拐点的速度就越快，在第二、第三阶段也呈现相同的变化规律。这说明钻柱的振荡可以加快岩屑运移达到平衡的速度，有利于井眼环空的岩屑运移更快达到平衡状态，且随着频率的增加，达到平衡时的岩屑体积分数峰值也逐渐下降。

图 2-95 展示了不同钻柱振荡频率工况下，环空最大岩屑体积分数随时间的变化趋势。环空最大岩屑体积分数随着钻柱的振荡呈周期变化，曲线的振荡幅度随着频率的增加而增大，但最大岩屑体积分数的峰值和谷值皆随着频率的增加呈现下降趋势，这进一步证明钻柱的振荡有助于井眼环空内的岩屑运移。

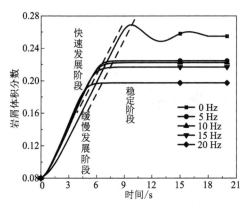

图 2-94　不同频率下环空岩屑
体积分数随时间变化曲线图

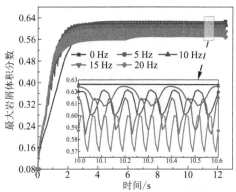

图 2-95　不同频率下环空最大岩屑体积分数
随时间变化曲线图（扫码查看彩图）

3）环空岩屑轴向速度分析

图 2-96~图 2-98 分别为三组不同流速（分别为 1 m/s、1.5 m/s、2 m/s）条件下，环空岩屑在不同的钻柱振荡频率（分别为 5 Hz、10 Hz、15 Hz、20 Hz），振幅均为 9 mm 时产生的颗粒轴向速度云图。由图 2-96~图 2-98 可知，一定流速条件下，环空岩屑轴向速度随着频率的增加略有增加。频率的变化对速度场的扰动较为明显，体现为流速梯度分层及区域面积随频率的变化差异较大。

随着流速的增加，环空岩屑轴向速度也明显增加，环空下部的岩屑轴向速度变化最为明显。环空下部的岩屑轴向速度从接近 0 m/s 增加到 0.8 m/s 左右，且速度场的分层现象更为明显。这与前述分析一致，流速对于环空岩屑运移的影响占据主导地位，钻柱的振荡主要体现在其对钻柱壁面附近区域岩屑的扰动，以及对环空流场的扰动，进而产生更高强度、更大尺度的湍流。在流速低于某一值时，岩屑更容易堆积在钻柱附近，而钻柱振荡对岩屑床的破坏有一定作用，岩屑在机械作用和湍流效应的综合作用下被二次悬浮至环空上部，并被携带至更远的区域。

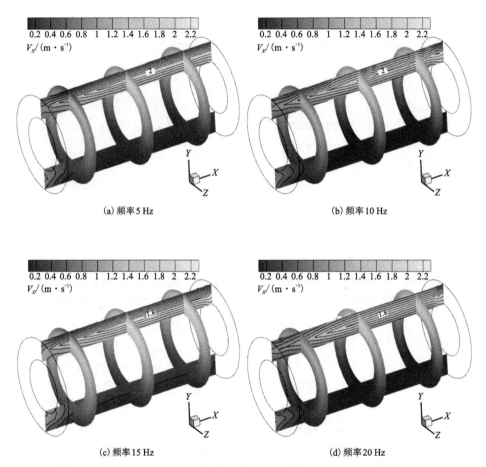

(a) 频率 5 Hz

(b) 频率 10 Hz

(c) 频率 15 Hz

(d) 频率 20 Hz

图 2-96 不同频率下环空岩屑轴向速度云图(流速 1 m/s)(扫码查看彩图)

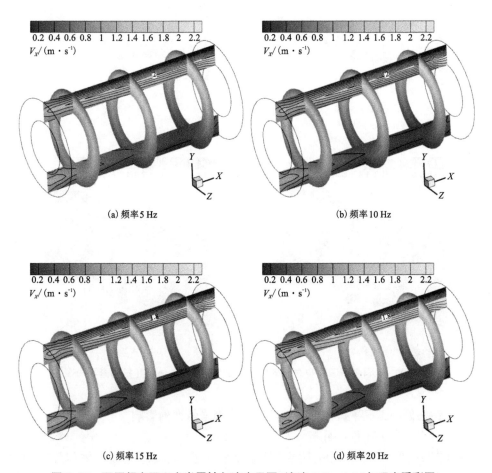

(a) 频率 5 Hz　　　　　　　　　　　　　　(b) 频率 10 Hz

(c) 频率 15 Hz　　　　　　　　　　　　　　(d) 频率 20 Hz

图 2-97　不同频率下环空岩屑轴向速度云图(流速 1.5 m/s)(扫码查看彩图)

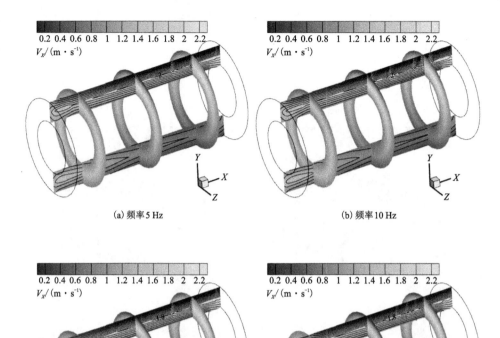

(a) 频率 5 Hz

(b) 频率 10 Hz

(c) 频率 15 Hz

(d) 频率 20 Hz

图 2-98　不同频率下环空岩屑轴向速度云图(流速 2 m/s)(扫码查看彩图)

3. 钻柱偏心工况下振荡运动对环空流体携岩特性的影响

1)环空岩屑分布情况分析

如图 2-99 所示,在两种不同钻柱运动模式下,环空平均岩屑体积分数均随着偏心度的增加呈现下降趋势。钻柱振荡工况下的环空平均岩屑体积分数整体低于非振荡模式下的环空平均岩屑体积分数。岩屑运移的提升效率不低于 6%,最高可达 8.75% 左右,平均提升效率达 7.55%,这对于岩屑的清除是相当有利的。这一变化趋势与图 2-100 和图 2-101 所示的环空岩屑体积分数分布云图结果相一致。从云图上的结果可知,钻柱在不同运动模式下,环空岩屑体积分数均随着偏心度的增加而减少。对比两组云图结果可得,钻柱在振荡模式下的环空岩屑体积分数整体比非振荡模式下大幅降低,最大岩屑体积分数从非振荡模式时的 0.6 左右下降至振荡模式时的 0.45 以下。

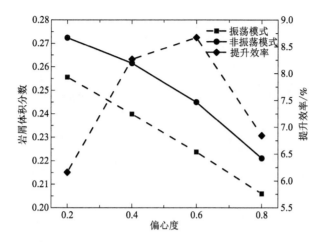

图 2-99　钻柱不同运动模式下平均岩屑体积分数随偏心度变化趋势图

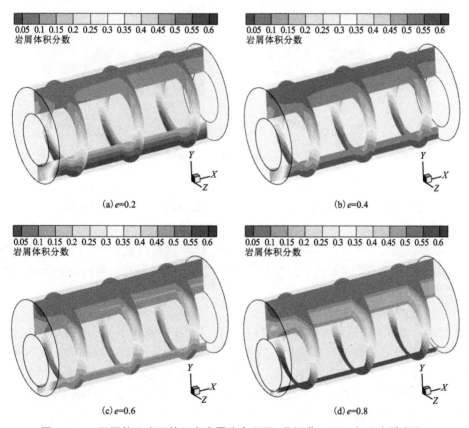

图 2-100　不同偏心度下的环空岩屑分布云图（非振荡工况）（扫码查看彩图）

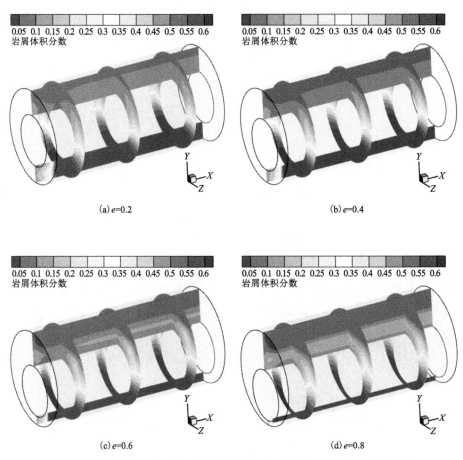

图 2-101 不同偏心度下的环空岩屑分布云图（振荡工况）（扫码查看彩图）

在钻柱偏心条件下，钻柱振荡有利于改善环空的湍流情况，降低湍流耗散率，提高湍动能，形成更稳定和更大尺度的湍流，这对于岩屑床的清除和岩屑的二次悬浮是相当有益的。

2）环空岩屑运移机理分析

图 2-102 和图 2-103 分别为钻柱在非振荡和振荡模式下，不同偏心度工况下的环空岩屑体积分数随时间变化曲线图。环空岩屑体积分数随时间的变化可大致分为快速发展阶段、缓慢发展阶段、稳定阶段等 3 个阶段，这与钻柱在同心工况下的环空岩屑体积分数随时间变化的关系相一致。对比图 2-102 和图 2-103 可知，非振荡模式下达到第一和第二阶段的拐点的时间相较于振荡模式较晚，两种模式下达到第一阶段拐点的时间分别为 $t=8$ s 左右和 $t=4\sim7$ s。第二阶段和第三阶段的时间拐点也呈现相同变化规律。钻柱在非振荡模式下，不同阶段的岩屑体

积分数变化幅度接近。而在振荡模式下，偏心度为 0.8 时的岩屑体积分数第一阶段变化速率明显快于其他 3 组偏心工况。一定偏心工况下，振荡模式下的环空岩屑体积分数峰值也均低于非振荡模式；同一振荡模式下，岩屑体积分数随钻柱偏心度的增大而递减。

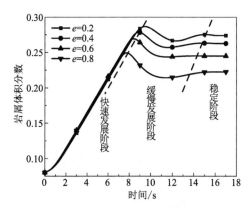

图 2-102　不同偏心度下环空平均岩屑体积分数随时间变化曲线（非振荡工况）

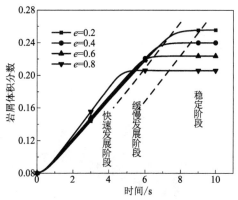

图 2-103　不同偏心度下环空平均岩屑体积分数随时间变化曲线（振荡工况）

图 2-104 显示了钻柱在振荡模式、不同偏心度工况下的环空最大岩屑体积分数波动情况。由结果可知，偏心度小于 0.8 时，环空最大岩屑体积分数峰值随着偏心度的增加呈现递减趋势，而偏心度为 0.8 时的最大岩屑体积分数几乎达到堆积极限体积分数，没有明显的波动。

以上情况表明，钻柱的振荡有利于环空内岩屑尽快达到平衡状态。特别是在偏心工况下，钻

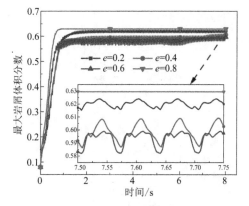

图 2-104　不同偏心度下环空最大岩屑体积分数随时间变化曲线（振荡工况）（扫码查看彩图）

柱的振荡有利于环空岩屑的输送，以及降低岩屑床的形成时间和尺度，但是在高偏心工况下对改善局部岩屑堆积浓度还存在一定的局限性。

3）环空岩屑轴向速度分析

图 2-105 和图 2-106 分别为钻柱在非振荡和振荡模式不同偏心工况下的环空岩屑轴向速度云图。随着钻杆偏心情况的加重，环空上部岩屑轴向速度有所下降，且流速的分层梯度数量逐渐减少。特别在非振荡模式下偏心度为 0.8 时环空

岩屑速度场较为混乱。而在振荡模式下,环空岩屑轴向速度整体有所提升,且分层梯度数量减少。尤其在偏心度为 0.8 的工况下,上部环空速度场变得更加规则。以上结果表明,在偏心工况下,钻柱的振荡对于改善环空速度场具有一定的作用,这与前述流场分析相一致。同时钻柱的振荡在一定程度上提高了环空岩屑的运移速度,有利于岩屑被运移至更远的距离。

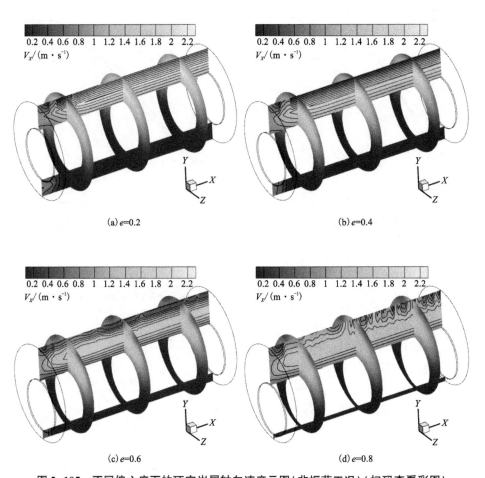

(a) e=0.2　　　　　　　　　　　(b) e=0.4

(c) e=0.6　　　　　　　　　　　(d) e=0.8

图 2-105　不同偏心度下的环空岩屑轴向速度云图(非振荡工况)(扫码查看彩图)

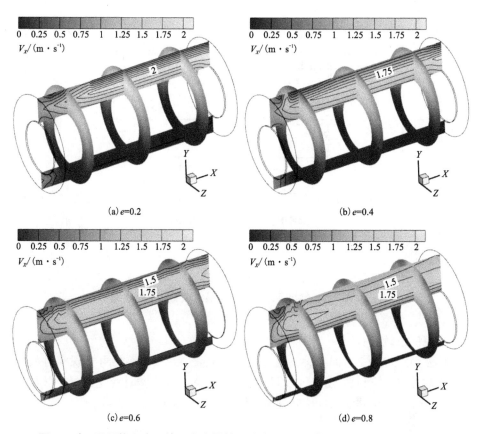

图 2-106　不同偏心度下的环空岩屑轴向速度云图（振荡工况）（扫码查看彩图）

2.4　岩屑运移过程试验研究

2.4.1　试验设备概况

1. 简介

水平井岩屑运移模拟试验装置主要包括动力系统、加砂系统、模拟井筒系统、高速摄像系统、岩屑过滤及收集系统、倾角调节系统、数据采集系统和控制系统等 8 个部分，如图 2-107 所示。试验装置长 3.0 m，井筒内外径分别为 70 mm、38 mm，属于微小井眼。

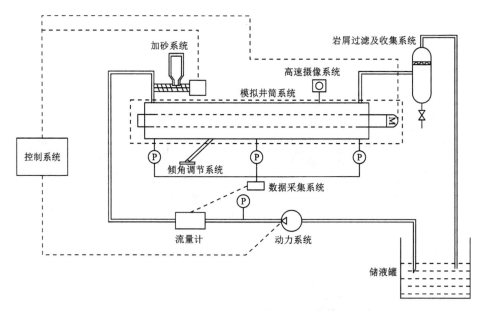

图 2-107 微小井眼岩屑运移模拟试验装置结构图

2. 控制系统

控制系统如图 2-108 所示，通过压力数显表，变频控制器可实现实时数据显示及参数控制，控制系统用于测量压力、流量等参数的实时变化情况，以及调节控制钻井液泵送流量、钻杆旋转速度、加砂速度等钻进操作参数。

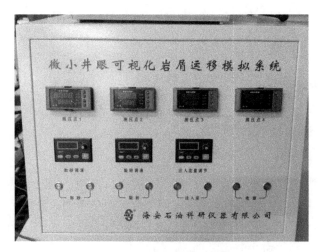

图 2-108 控制系统示意图

3. 数据采集系统

控制面板预留数据采集通道，连接数据采集系统可实现数据的采集与传输。数据采集系统采用东华测试公司的 DH5922D 动态信号测试分析系统，如图 2-109 所示，通过信号传输线可实现多个通道信号的同步传输。

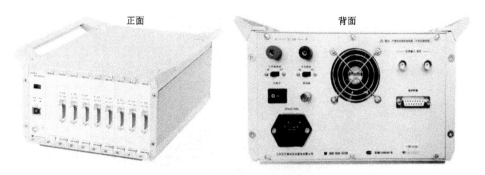

正面　　　　　　　　　　　　背面

图 2-109　数据采集系统示意图

4. 动力系统

动力系统采用 50GDL12 型多级离心泵，相较于传统柱塞式泥浆泵可以提供更加稳定的流量输出条件，具体参数见表 2-6。使用离心泵时需要配备符合要求的固液过滤装置，将循环介质与模拟岩屑颗粒分离，避免岩屑颗粒进入离心泵造成泵内结构的损伤。

表 2-6　多级离心泵参数表

型号	50GDL12
额定流量/$(m^{-3} \cdot h^{-1})$	12
电机功率/kW	15
扬程/m	210
温度范围/℃	$-15 \sim +120$
最高效率/%	64
连接方式	DIN 法兰
尺寸/$(mm \times mm \times mm)$	$693 \times 210 \times 210$

5. 高速摄像系统

高速摄像系统主要由高速工业相机、工业光源、调频装置 3 部分组成，如

图 2-110 所示。可通过数据接口配合计算机对岩屑运移过程进行实时记录。相机最大帧率可达 210 fps，拍摄照片为黑白照，具体参数见表 2-7。

图 2-110　高速摄像机示意图

表 2-7　WP-UT 高速工业相机参数表

型号	WP-UT130
帧率/fps	210
图像色彩	1/2 英寸 CMOS 黑白
电源规格	5.0V/900 mA（USB 供电）
像素/（μm×μm）	4.8×4.8
分辨率/（px×px）	1280×1024
曝光时间/μs	$16 \sim 10^{6}$
温度范围/℃	$-30 \sim +80$
湿度范围/%	$20 \sim 80$
数据输出接口	USB3.0/2.0
信噪比	>38dB
尺寸/（mm×mm×mm）	29×29×29

6. 岩屑过滤及收集系统

为了便于回收砂，以及防止砂砾进入离心泵对泵的结构造成损害，设置固液分离罐，如图 2-111 所示。砂水混合物进入分离罐后在重力的作用下砂砾自动沉淀，水通过上层滤网后，再通过上部出水口重新进入储水罐，再次泵送入循环系统，待罐内的砂砾沉淀后，打开下端的阀门，使砂砾漏出，即完成收集。

7. 加砂系统

加砂系统由电机、螺旋输送器、加砂罐 3 部分组成，如图 2-112 所示。通过控制台调节电机频率，进而实现对加砂速度的控制，从而研究不同钻进速度对岩屑运移规律的影响。

图 2-111　固液分离罐示意图

图 2-112　加砂系统示意图

8. 倾角调节系统

倾角调节系统主要由液压泵、液压油缸、支架等部分组成，通过手动加压搭配倾角仪实现井筒角度的控制模拟，适用的场地条件有限，可实现 0~90° 范围内任意倾角的调节，具体如图 2-113 所示。

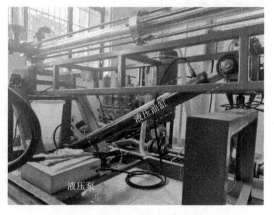

图 2-113　倾角调节系统示意图

2.4.2 试验准备与方案设计

1.试验材料准备

试验流体为水，试验用砂选取两种不同材质颗粒，分别为氧化锆陶粒（ZrO_2）、二氧化硅（SiO_2）颗粒，如图 2-114 所示。氧化锆陶粒根据含量（质量分数）不同分为 3 种，分别为 20%含量、35%含量、45%含量，密度分别为 2560 kg/m^3、2800 kg/m^3、3200 kg/m^3，孔隙度为 0.38。二氧化硅颗粒密度为 2450 kg/m^3，孔隙度 0.39。试验材料参数详见表 2-8。

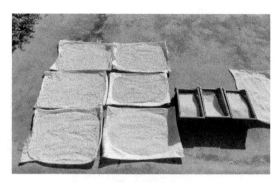

图 2-114 试验用砂

表 2-8 试验材料详细参数

材料		尺寸/mm	密度/($kg \cdot m^{-3}$)	颜色
氧化锆(ZrO_2)	20%含量	1/2	2560	白色
	35%含量	1/2	2800	白色
	45%含量	1/2	3200	白色
二氧化硅(SiO_2)		0.5/1/2	2450	透明
水		/	998.2	/

2.试验方案设计

基于环空流速、倾角、转速、钻速、岩屑粒径、岩屑材料、偏心度等 7 个变量共设计 30 组测试试验，试验变量设置见表 2-9。

表 2-9 试验变量设置

变量	变量范围	数量
环空流速/($m \cdot s^{-1}$)	0.4~1.0	4
钻井液	水	—
倾角/(°)	30~90	5

续表2-9

变量	变量范围	数量
孔径/mm	70×38	1
转速/(r·min⁻¹)	0~200	5
钻速/(m·h⁻¹)	15~30	4
偏心度	0, 0.4, 0.8	3
岩屑粒径/mm	0.5~2	3

3. 试验步骤

第1步,准备试验需要的砂和钻井液,进行必要的性能数据测试;

第2步,将循环系统调整至正常测试状态;

第3步,调整模拟井筒系统至试验所需的测试角度(井身倾角);

第4步,检查仪器设备是否处于正常运行状态,并校正仪器、设备;

第5步,环视循环通道,确认安全无误后开启离心泵,调整至所需的流量;

第6步,设置测试所需的钻杆转速以及加砂速度,等待循环流体介质进入稳定状态;

第7步,开启数据采集系统并记录、校正数据;

第8步,开启螺旋注砂装置,注入岩屑,同时开启钻杆旋转装置;

第9步,待注砂速度稳定后,开始收集数据,拍摄照片,记录岩屑运移状态;

第10步,冲洗循环通路,将沉积的岩屑冲出循环系统;

第11步,重新设置循环系统至正常岩屑运移状态,同时将收集的岩屑再次装入注砂罐,开始新一轮的测试。

2.4.3　钻进操作参数对岩屑运移规律的影响分析

1. 环空流速对岩屑运移规律的影响

如图 2-115 所示,不同环空流速下的压降和岩屑床高度呈现相反的变化趋势。其中,压降随着流速的增加呈现递增趋势,而岩屑床高度随流速增加呈现递减趋势,说明流速的提高对于改善环空岩屑堆积情况有较好的效果,但伴随着压降的大幅上升。一定条件下,随着流速增加至 0.8 m/s 以上,岩屑床高度和压降的变化幅度相较于流速为 0.8 m/s 以下时较小。这说明流速增加到一定值后,对于环空岩屑运移情况的改善作用逐渐达到极限,这可能是环空岩屑的数量和运动形式趋于平衡状态所致。因此,不同条件下的环空携岩流速可能存在一个最优值,此时能量损耗和携岩效率达到平衡。

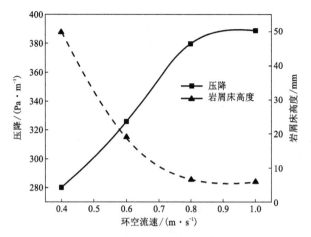

图 2-115　不同环空流速下岩屑运移特征参数变化曲线图

2. 钻杆旋转对岩屑运移规律的影响

如图 2-116 所示，随着转速增加，环空岩屑床高度和压降先上升后下降，转速为 100 r/min 时的情况例外。这说明在旋转条件下，环空压降的大小与岩屑床高度呈正相关关系。转速为 100 r/min 时，岩屑床高度和压降的值相对其他转速工况下较大。这可能是由于岩屑床在钻杆的旋转带动下，处于一种临界状态，即岩屑处于悬浮与沉降之间的状态，能够以较大的速度向前移动，同时岩屑床的高度也较大。超过这一临界值后，岩屑被悬浮或者抛入环空，再次随上部高速流体向前移动，同时环空流体截面变大，压降也随之下降。

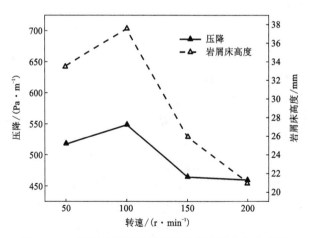

图 2-116　不同转速下岩屑运移特征参数变化曲线图

3.钻速对岩屑运移规律的影响

如图 2-117 所示,随着钻速(ROP)的增加,环空压降和岩屑床高度均呈现递增趋势,表明过大的 ROP 不利于岩屑的运移。岩屑床的变化幅度较为均匀,而压降变化幅度起伏较大,这可能是一定条件下随着 ROP 增大,环空内岩屑不断堆积,造成环空内过流面积减少,以及压力损失增大所致。

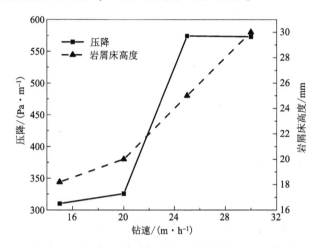

图 2-117　不同钻速下岩屑运移特征参数变化曲线图

4.钻柱偏心对岩屑运移规律的影响

图 2-118 和图 2-119 分别展示了不同偏心度工况下环空压降和岩屑床高度的变化情况。在钻杆非旋转条件下,偏心工况下的压降和岩屑床高度皆比同心工况下的值高,说明在钻柱非旋转条件下,偏心工况会使井内岩屑运移状况加速恶化。而在钻杆旋转条件下,偏心工况下的环空压降和岩屑床高度相比同心工况下有所下降,这表明钻杆旋转对改善偏心工况下岩屑运移状况的效果十分显著。

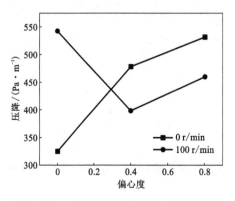
图 2-118　环空压降随钻杆偏心度变化图

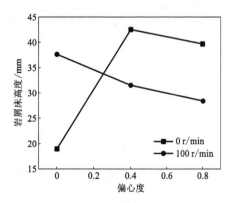
图 2-119　岩屑床高度随钻杆偏心变化图

5. 井斜角对岩屑运移规律的影响

图 2-120 所示为不同井斜角工况下环空压降和岩屑床高度的变化情况。随着井斜角的增加，环空压降和岩屑床高度总体均呈现下降趋势。说明在相同条件下的小井眼环空，水平井内岩屑运移所需能量比倾斜井要少。这是由于倾斜井内的运输条件不足以使颗粒持续上返，存在颗粒向下滑移的现象。此外，在近垂直井内，岩屑在

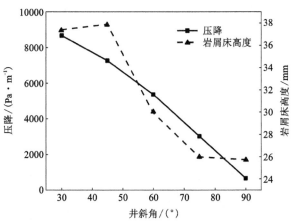

图 2-120 环空压降及岩屑床高度随井斜角变化曲线图

自身重力和水力共同作用下，部分悬浮在环空中，使得拍摄到的动态岩屑床偏高，同时加剧了能量的沿程损失。

6. 岩屑颗粒特征对岩屑运移规律的影响

图 2-121 和图 2-122 所示分别为不同岩屑颗粒特征下环空压降和岩屑床高度的变化情况。对于不同粒径的岩屑，随着颗粒密度逐渐增大，压降大致呈上升趋势。对于同一颗粒密度的岩屑，不同粒径条件下的环空压降呈交替上升趋势，岩屑床高度随颗粒密度的变化也大致呈现相同规律。以上情况表明环空压降同岩屑床的高度呈正相关关系，当环空内岩屑堆积情况严重时，环空内压降也随之上升。此外，岩屑颗粒密度对于岩屑床高度的整体影响相较前述因素并不明显。

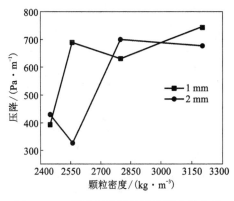

图 2-121 环空压降随颗粒特征变化曲线

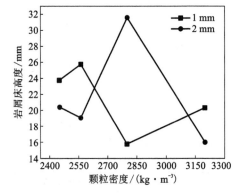

图 2-122 岩屑床高度随岩屑特征变化曲线

2.4.4 钻进参数对岩屑运移模式的影响分析

1. 环空流速对岩屑运移模式的影响

如图 2-123 所示，不同流速条件下的岩屑运移情况有较大的差异性。当流速较低时，岩屑容易堆积在一起，形成较高的稳定岩屑床，岩屑床表面颗粒在上部环空相对较高流速的钻井液推动下，主要以滚动形式向前运动。随着流速的增加（0.6 m/s 时），环空岩屑开始出现悬浮状态，在钻井液的携带下悬浮着向前运动，靠近井壁的岩屑仍以滚动形式向前运动。当流速为 0.8 m/s 以上时，岩屑床的高度大幅下降，岩屑在环空下部以悬浮状态向前运动。以上结果表明，流速对岩屑运移形式的影响表现为岩屑颗粒的运移状态由滚动模式向悬浮模式转换，岩屑颗粒在更高的环空流速流体携带下更加快速地上返至地面，大大降低了岩屑床的高度，改善了环空岩屑运移情况。

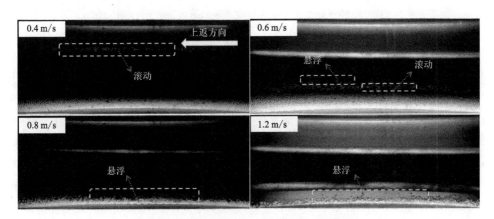

图 2-123 不同流速条件下的岩屑运移情况

2. 钻杆旋转对岩屑运移模式的影响

通过对比不同转速下钻杆旋转对岩屑运移的影响规律，发现在一定条件下，在钻杆旋转工况下，岩屑总体呈不均匀的沙丘状向前运动，岩屑床在钻杆的上抛作用下，不断被上部环空更高的流速携带着向前运动，在一定区域再次沉积，并被钻杆再次上抛进入上部环空，如此循环运动。值得注意的是，从图 2-124 可观察到一个沙丘前、后端岩屑的运移情况，沙丘前端和中部的岩屑在钻杆的上抛作用下再次进入环空并被高速流体携带着向前呈抛物线运动，而沙丘后端的岩屑由于上抛的高度不够，在综合作用下沿着沙丘向上滚动，不断补充沙丘上部，从而形成稳定的沙丘。由于钻杆的旋转，这种沙丘沿截面不对称分布，靠近井壁的岩屑颗粒相对静止，仅钻杆附近的岩屑受到扰动。因此，岩屑在旋转工况下的运动相对复杂，包含了悬浮、滚动、固定 3 种运动形式。

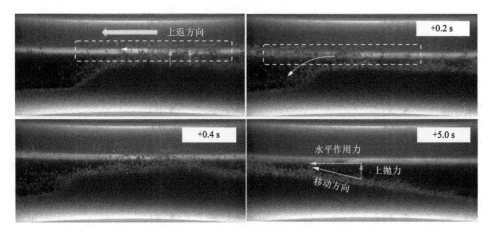

图 2-124　钻杆旋转工况下岩屑运移情况（$e=0$，转速为 150 r/min）

　　钻杆的旋转还会导致一种独特的岩屑颗粒运动形式，即螺旋运动。岩屑颗粒在钻杆旋转作用和轴向水力综合作用下，在钻杆壁面附近沿螺旋线轨迹运动。图 2-125 展示了钻杆在同心和偏心工况下的岩屑颗粒螺旋运动轨迹，可以观察到偏心工况下的岩屑螺旋运动轨迹距离更长，这也进一步表明在偏心工况下，钻杆旋转对改善岩屑运移情况有更好的效果。对比图 2-124 中的同心工况，可进一步验证 2.4.3 节中转速为 100 r/min 时的异常情况。转速为 100 r/min 时岩屑在钻杆带动下更多呈整体上抛趋势，悬浮颗粒较少，而转速为 150 r/min 时环空悬浮颗粒更多，更有利于缓减岩屑床堆积。

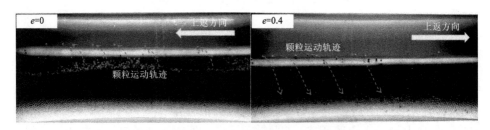

图 2-125　岩屑颗粒螺旋运动轨迹图（转速 100 r/min）

　　图 2-126 所示为偏心工况下钻杆旋转对于岩屑运移形式的影响情况。钻杆旋转对岩屑运移的影响较为规律，周期为 0.6 s。岩屑床在钻杆旋转作用下被上抛至一定高度后（距离井壁上部距离为 h）开始下降，形成较大的悬浮区，之后岩

屑颗粒在综合作用下向前移动(悬浮区颗粒明显减少),固定岩屑床继续下降至最低位,在钻杆的重新带动下完成再一次上抛,如此循环运动。这也进一步表明,在偏心工况下钻杆旋转对于岩屑运动的影响较大,钻柱更容易将岩屑上抛至环空。

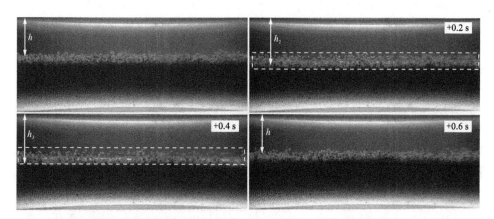

图 2-126 偏心工况下钻杆旋转对岩屑运移形式的影响($e=0.8$,转速 100 r/min,$h_3>h_2>h$)

3. 钻速对岩屑运移模式的影响

根据试验结果,筛选了一组较为典型的岩屑运移情况图片,如图 2-127 所示。可以观察到,在钻速较低时,岩屑的运动形式以悬浮和滚动为主。随着钻速的增加,环空中呈悬浮态的岩屑数量逐渐增多,岩屑床高度也有所增加。以上结果表明,在一定条件下,随着钻速的增加,越来越多的岩屑进入环空,逐渐沉积形成稳定的岩屑床,后续进入的岩屑更容易发生碰撞跳跃。同时由于环空截面积

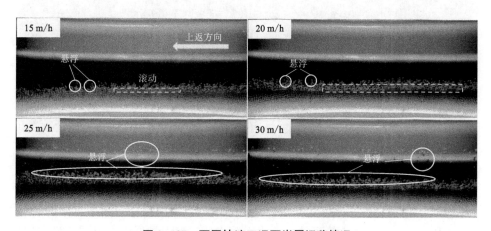

图 2-127 不同钻速工况下岩屑运移情况

减小，上部流速有所增加，岩屑床表面的岩屑更容易被悬浮起来，但岩屑床下部的岩屑仍以固定床形式保持静止。尽管随着钻速的增加，岩屑更容易被悬浮起来，但这是以牺牲环空截面积为代价的，并不利于环空岩屑的清洁。

4. 井斜角对岩屑运移形式的影响

井斜角对于环空岩屑运移形式的影响一直是相关课题的研究重点。基于小尺寸环空模拟试验装置，测试了五组井斜角工况下的岩屑运移试验，试验结果如图 2-128 所示。当井斜角较小(井身接近垂直)时，堆积在环空下部的岩屑床存在下滑趋势，当环空流量无法满足维持岩屑固定或者上返的动量需求时，岩屑床向下滑动。本次试验在井斜角小于 60° 时，均出现了这种下滑趋势。井斜角为 30° 和 45° 时的岩屑运移情况同其他井斜角的有较大的差异，环空中的岩屑分布区域大致可以分为上返区、滑移区、碰撞区，下滑的颗粒同上返的颗粒发生碰撞，颗粒被冲击至更高的环空，在上部高速环空流体携带下呈扩散状继续向上运动，表现为弧状的浪花状沙丘。井斜角为 60° 时，仅在沙丘的前缘有小部分颗粒下滑，上部颗粒仍然以滚动和悬浮模式继续向前运动。而井斜角达到 75° 以上，环空中的岩屑床则较为稳定(固定床)，上部的颗粒运动形式也主要为滚动和悬浮。

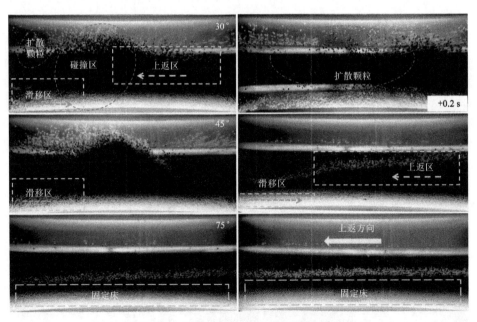

图 2-128　不同井斜角条件下的岩屑运移形式

因此，在井斜角小于 75° 时，需要注意岩屑的下滑问题，否则会导致较为严重的井下压力波动，甚至卡管事故。近垂直井内的岩屑不易形成大范围的稳定岩屑床，在同等条件下，提供足够的动量更容易将岩屑携带至地面。此外，随着井斜角的增大，岩屑的运移形式逐渐从沙丘和悬浮形式向固定床和滚动形式转换。

2.5　井眼净化理论与技术

2.5.1　井眼净化理论

井眼净化机理研究的基本条件即钻井液流经井眼时处于层流状态，且几乎无紊流形态[31]。随着井斜角的变化，岩屑的运移形式也会产生较大变化，且根据井斜角分别在 $0° \sim 30°$、$30° \sim 65°$、$65°$ 以上，分为小斜度、中等斜度、大斜度三种井型。对井斜角为 $0°$、$45°$、$90°$ 的 3 种井型分别进行井眼净化机理分析。

1. 直井段

单一岩屑在直井段向上运移时，只受到自身重力作用以及钻井液对其向上的推力作用。在初始阶段，岩屑所受重力小于环空中上流的钻井液对岩屑向上的推力，这时岩屑速度将由 0 逐渐升高，即处于加速状态。随着钻井液的能量不断消耗与转换，钻井液对岩屑的推力会不断减小，且逐渐接近岩屑所受重力，此时岩屑速度达到最大。当钻井液对岩屑的推力小于其自身重力时，两力合力的方向向下，产生与岩屑速度方向相反的加速度，使岩屑速度开始降低且最终以一定速度返出井口。如果存在大量岩屑颗粒，岩屑在井筒中除了受自身重力及钻井液对其产生的推力外，还会受到岩屑颗粒之间的相互作用。岩屑颗粒之间的相互作用会导致一部分的能量消耗。

2. 斜井段

在中等斜度井筒的返出过程中，钻井液对岩屑颗粒作用力的方向是沿着井筒方向的，岩屑颗粒所受的重力垂直向下，而岩屑颗粒在井筒底部沉积所受的力为重力的一个分力。岩屑到井筒底部的距离以及井斜角对岩屑在井筒上的沉积时间会产生影响，岩屑与下部井筒之间的距离越小，沉积时间越短，因此距离井筒底部越近的岩屑越容易沉积。井筒的倾斜角度越大，岩屑所受重力的分力越大，岩屑沉积时间也越短。

随着中等斜度井筒中岩屑的不断沉积，大量岩屑堆积在井筒的某个部位，岩屑床容易发生"雪崩"现象。岩屑床的"雪崩"是由于岩屑床太厚从而被外界因素诱导产生的，并不会自发产生。

3. 水平井

水平井是井斜角为 $90°$ 的一种大斜度井，即大斜度井的一种极端情况。水平井中的岩屑所受重力完全垂直于井筒底部，且相对于中等斜度井，岩屑沉积速度更快，岩屑床厚度更大。当大斜度的井筒很长时，钻井液在层流环境下不可能完全将岩屑直接带到地面。

岩屑从井筒向外运移的过程可以分为两部分,一部分是岩屑沿着井筒方向的水平运动,另一部分则是垂直于井筒方向的运动。岩屑如果能冲出大斜度井段,则说明岩屑到达垂直井筒方向的时间小于落到井筒底部的时间。

2.5.2 井眼净化技术

1. 钻井液

钻井液具有能够携带岩屑的特点,是水平井和斜井井眼清洁过程中的关键因素之一。钻井液的黏度及屈服点等流变特性对其携带岩屑的能力有决定性作用。虽然流速和钻杆转速等其他参数有助于增强悬浮岩屑的作用,但设计性能更优的钻井液可提升对井眼的清洁效率。目前,在直井井眼的清洁上,常规钻井液已实现成功应用。然而在斜井和水平井的钻井作业中,由于受到井斜的影响,钻井液清洁效率较低。随着斜井井斜角的增加,岩屑会发生横向沉降,导致其积聚并沉积在井眼底部。下面主要对水基钻井液、油基钻井液和泡沫基钻井液及其处理剂对井眼清洁的研究现状进行介绍。

1)水基钻井液

通过应用一些处理剂可以调节水基钻井液的流变性,进而可以增强水基钻井液携带岩屑的能力,提高岩屑清除效率。目前,已成功应用的处理剂如不同密度的聚乙烯(PE)和聚丙烯(PP)、纤维和生物基添加剂以及纳米材料等。

聚合物珠:通过添加聚合物珠(如 PE 和 PP)可以提高水基钻井液的阻力系数,有效改善其流动阻力。聚合物珠与岩屑之间发生碰撞使岩屑的沉降速度降低,从而能够更有效地悬浮岩屑。表 2-10 列举了不同类型聚合物珠在不同井斜角下的岩屑清除效率。PE 珠熔点为 450℃,具有高的热稳定性,且不与水发生相互作用。PE 珠密度较低,因此可在一定程度上降低钻井液密度。PP 珠相较于PE 珠的密度更低,用于水基钻井液中对岩屑的清除率更高。水基钻井液中的聚合物珠在水平井中的岩屑清除效率与在直井和斜井中相比较低,此外,悬浮岩屑的能力还取决于岩屑尺寸,较小尺寸的岩屑更容易被悬浮。

表 2-10 聚合物对岩屑清除效率的影响

添加剂	ρ /(g·cm^{-3})	岩屑清除效率/%			岩屑粒径 /mm	研究人员
		直井	斜井	水平井		
1%~5% LDPE	0.920	15.0	10	2	1.18~2.00	Yi 等[32]
1%~5% HDPE	0.960	10.5	8	1	1.18~2.00	

续表2-10

添加剂	ρ /(g·cm⁻³)	岩屑清除效率/%			岩屑粒径 /mm	研究人员
		直井	斜井	水平井		
1%~5% HDPE	0.920	16.5	13	2	1.18~2.00	Yeu 等[33]
1%~5% PE	0.952			10	0.50~4.00	Hakim 等[34]
1%~5% PP	0.844			15	0.50~4.00	
1% PP		7.0	4	4	0.50~3.34	Boyou 等[35]
1.5% PP	0.860	10.0			1.00~1.20	Onuoha 等[36]

　　分散在水基钻井液中的纤维由于缠结能够形成稳定的网络结构，这种网络结构又会与岩屑颗粒发生缠绕接触，对流体动力产生干扰，阻止岩屑沉降，因此纤维可提高水基钻井液对岩屑的承载能力，如合成单丝纤维、聚丙烯单丝纤维、纤维素纳米纤维及水合罗勒种子（HBS）等不同类型的纤维已应用于水基钻井液中以增强岩屑清除效率。表 2-11 总结了含有纤维的水基钻井液对岩屑运移的研究结果。研究结果表明，在水基钻井液中加入纤维，可以有效阻碍岩屑颗粒的沉降。同时当纤维浓度增加时，岩屑的沉降速度平稳下降。这是因为纤维形成的网络结构提供了额外的支撑，作用在岩屑沉降颗粒上的净阻力增强，岩屑的沉积速率随着纤维浓度的增加而降低。

表 2-11　纤维流体的井眼清洁性能

基液	纤维类型	长度/直径	研究结果	研究人员
0.75%CMC	0.02%~0.10% 单丝合成纤维	3.175 mm	纤维导致 CMC 流体行为发生微小变化，并阻碍了岩屑颗粒的沉降速度	Qingling 等[37]
0.47%XG	0.04% 合成单丝纤维	10 mm/100 μm	纤维增强了 XG 的清洁性能，降低了层流下的压力损失	Ahmed 等[38]
0.5%PAM	0.50% HBS		低浓度 HBS 可防止岩屑在静态和动态条件下沉降且不影响流体流变性	Movahedi 等[39]
1%~6% 膨润土浆	0.05%~0.30% CNF/CNC	CNC 宽（6.9± 2.3）nm，长为（290±3）nm	纤维素纳米颗粒降低了钻井液黏度和凝胶强度	Song 等[40]

续表2-11

基液	纤维类型	长度/直径	研究结果	研究人员
水/油基钻井液〔含聚阴离子纤维素(PAC)〕	0~0.08%合成单丝纤维	10 mm/100 μm	纤维降低了球形岩屑颗粒(2~8 mm)的沉降速度	Elgaddafi 等[41]
含重晶石的0.5%XG	0.05%合成单丝纤维		纤维流体增强了水平段的岩屑清除	Majidi 等[38]

生物基添加剂：有研究发现，指甲花叶提取物可以使水基钻井液清除直径为 1 mm 的岩屑颗粒[42]。此外，水基钻井液在添加指甲花叶提取物后，其流变性、滤失性及岩屑清除性能均得到提升；含指甲花叶提取物的水基钻井液相较于普通水基钻井液在垂直、倾斜和水平井中的平均岩屑清除效率均匀提高，且分别提高了 8.6%、6.7% 和 8.1%。在另一项研究中，在水基钻井液中添加从 HBS 中提取的环境友好型纤维可以提升岩屑的清除效率[39]。

纳米材料：添加纳米材料后，水基钻井液的流变性能、滤失性能和热稳定性均可得到改善。此外，如二氧化硅、氧化铝和碳纳米管等纳米材料添加剂，在改善钻头冷却、减少摩阻和扭矩等方面也显示出巨大潜力[43]。

通过研究发现，水基钻井液中的纳米颗粒可以有效封堵页岩的纳米级孔隙，阻止页岩地层的孔隙压力传递；纳米颗粒还可以减弱水基钻井液中自由水向地层的渗透作用，降低页岩的水化分散，进而增强井壁的稳定性[44]。在水平井中，岩屑的运移可以通过纳米材料的胶体相互作用得到增强。此外，由于纳米材料与膨润土之间会产生静电斥力，使水基钻井液中形成稳定的胶体结构，提升其悬浮岩屑的能力而不改变流变性。

还有研究表明，纳米二氧化硅可以提升水基钻井液在水平井中清除大尺寸岩屑的效率以及在垂直井中清除小尺寸岩屑的效率[45]。由于纳米二氧化硅颗粒的重量极小且比表面积和体积比较高，能够有效降低水基钻井液(特别是高密度水基钻井液)的表观黏度和塑性黏度等流变特性，从而在水基钻井液中有效增加对岩屑的悬浮作用并提升其下沉阻力。

2) 油基钻井液

油基钻井液具有高热稳定性和与页岩地层相容的优点。为了最大限度地减少油基钻井液对环境的污染，目前已开发出许多环保型添加剂。然而，在钻井作业的现场使用中，油基钻井液依然受到环保问题的限制[46]。表 2-12 总结了油基钻井液清除岩屑的研究成果。

表 2-12　油基钻井液清除岩屑分析

配方	研究结果	研究人员
乙缩醛二乙醇反相乳液基钻井液	举升在小井眼中占主导地位,滚动是大井眼的控制机制,而两者在中等直径中都是关键	Gao 等[47]
植物酯基油	与其他类型的油,如矿物油相比,压力和温度对钻井液流变性影响有限	Kenny[48]
含有机土和增黏剂的油包水乳液基流体	与盐水钻井液相比,岩屑去除效果更好	Werner 等[49]
合成单丝纤维	添加 0.08%纤维后,岩屑沉降速度降低	Elgaddafi 等[41]

在一项研究中,为减少油基钻井液对环境的影响,将从蔬菜中提取的天然酯油替代油基钻井液中的矿物油[48]。高温高压条件下,油基钻井液的流速和流变性将决定井眼清洁性能。酯基钻井液的流变性相较于矿物油和柴油基钻井液受压力和温度升高的影响较小,且酯基钻井液在低温下显示出更高的屈服应力和稠度指数。

油基钻井液的携岩性能与钻杆转速也有很大的关系。钻杆转速对岩屑运移的影响存在一个最佳点,并且在达到临界值后开始减小。钻井液的屈服应力在低转速下使岩屑保持悬浮状态,当钻杆以 50 r/min 的速度旋转时,在低黏度油基钻井液协同作用下可以有效清除岩屑,且钻杆转速的增加对岩屑浓度的影响较小[50]。

3)泡沫基钻井液

在欠平衡钻井作业中,为尽量减少对地层的损害,经常使用泡沫基钻井液。此外,对于钻遇水敏感页岩地层,油基泡沫钻井液已取代水基钻井液[51]。在现场作业中制造泡沫主要使用氮气、空气和二氧化碳。随着泡沫质量(气体体积分数)的增加,泡沫黏度增加。表 2-13 总结了泡沫质量和泡沫速度对水平段岩屑运移的影响。

表 2-13　泡沫基钻井液对水平井井眼清洁的影响

泡沫质量/%	泡沫速度	研究结果	研究人员
84~96	—	在层流条件下,增加泡沫质量可增强岩屑运移效率	Herzhaft 等[52]
84~96	—	岩屑运移取决于泡沫与钻井液的体积比	Saintpere 等[53]
70~90	0.6~5.5 m/s	高质量泡沫增强岩屑运移效率	Ozbayoglu 等[54]
6~95	—	泡沫在欠平衡钻井中的性能取决于泡沫稳定性	Martins 等[55]
70~90	100~200 gal/min	钻杆旋转可在低流速下使用低质量泡沫增强井眼清洁效率	Xu 等[56]

续表2-13

泡沫质量/%	泡沫速度	研究结果	研究人员
80~90	0.55~1.53 m/s	对于高质量泡沫，泡沫速度增加会降低岩屑运移效率，而钻杆旋转可以增强井眼清洁效率	Gumati 等[57]
70~90	0.61~1.83 m/s	对于高质量泡沫，岩屑运移的速度可增大至1.5 m/s，而低质量泡沫需要更高的速度	Chen 等[58]
70~90	0.61~1.83 m/s	使用聚合物和增加气体和液体注入速率可增强泡沫基钻井液对岩屑的运移效率	Prasun 等[59]
60~90	0.61~1.52 m/s	使用低质量泡沫，钻杆旋转可增强岩屑清除效率	Duan 等[51]
气/水	—	当气体速度增加时，由于局部速度增加，液相对岩屑去除具有显著影响	Ozbayoglu 等[60]
气基	—	岩屑运移取决于钻井液流型	Naganawa 等[61]

泡沫基钻井液的岩屑运移会在不同的井斜角下受许多钻井参数影响。为了更好地清洁井眼，环空中泡沫速度的垂直分量必须大于岩屑的沉积速度。随着泡沫质量的增加，岩屑运移速度会增加，但存在一个临界速度，泡沫质量在超过该临界速度后不再对岩屑运移速度产生影响[62]。

国内外学者研究考虑，通过在岩屑上附着气泡或油滴增强井眼的清洁效率[63]。有研究发现，在岩屑表面附着表面活性剂可改变岩屑的润湿性，且将其改变为两亲性可以提升在水平井中的岩屑清除效率[64]。

还有研究表明，泡沫基钻井液的流型会在井斜角增加时发生变化，从而导致气、液相的分离。岩屑清除效率在泡沫速度大于临界值时，会随泡沫质量的增大而提升，但泡沫质量对井眼清洁的影响在泡沫速度小于临界速度时较小。此外，在高压高温条件下，泡沫基钻井液的流变性、滤失性以及携岩性能均受到显著影响。

2. 井眼清洁工具

国外研究的井眼清洁工具主要有如下几种。

VAM 公司研发了 Hydroclean 机械井眼清洁钻杆[65]。Hydroclean 井眼清洁钻杆的结构及其作用原理分别如图 2-129 和图 2-130 所

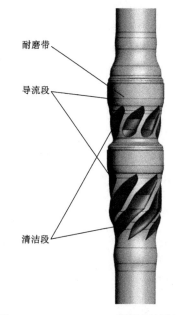

耐磨带

导流段

清洁段

图 2-129 Hydro clean 井眼清洁钻杆

示。Hydroclean 井眼清洁钻杆主要由三部分组成，即耐磨带（阻碍刀翼与井壁摩擦）、清洁段和导流段。其作用原理为：通过扇形刀翼的高速旋转搅动岩屑床，岩屑被卷入环空中并被循环至环空高速流区，之后岩屑随钻井液在水力运输作用下进一步循环至地面，达到井眼清洁目的。相较于常规产品，Hydroclean 井眼清洁钻杆的井眼清洁效率提升了 60%，且摩阻降低了 30%。目前 Hydroclean 井眼清洁钻杆已在全球范围内应用了 500 余井次，不但提升了井眼清洁的效果，还缩短了钻井生产的周期[66]。

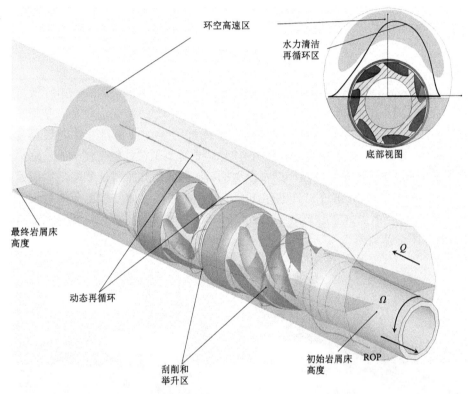

图 2-130　Hydro clean 井眼清洁钻杆作用原理

OILSCO 公司发展了利用射流方式清除岩屑床的理念，提出了 Hole Clean Tool（HCT）井眼清洁工具并在 Illah 油田进行了测试[67]。HCT 井眼清洁工具的主要作用原理为控制钻井液排量。通过装置外部的喷嘴将钻井液高速喷出，以冲洗岩屑床并增强岩屑的运移能力，达到井眼清洁目的。HCT 井眼清洁工具如图 2-131 所示，其特点是通常可安装在钻具组合上部，螺杆和 MWD 等设备的工作参数在冲洗岩屑床时不会改变钻井液的排量，因此在钻井作业现场，可通过增大钻井液排量和水力参数来增强井眼清洁效率。然而，由于 HCT 井眼清洁工具无法改变钻井液流型，岩屑随钻井液循环上返至地面仍然存在一定的难度。此外，HCT 井眼清洁工具通过喷嘴高速喷出钻井液，其在冲洗岩屑床时可能会对井壁的稳定性产生不利影响，因而限制了其在钻井现场的全面应用。

图 2-131　HCT 井筒清洁工具

Halliburton 公司于 20 世纪末开发研究了 Cuttings Bed Impeller(CBI)清洗工具[68]。CBI 清洗工具如图 2-132 所示，其主体由本体、过渡剖面段和人字形槽道三部分构成。CBI 清洗工具清洁井眼的示意图如图 2-133 所示。伴随钻具的旋转，CBI 清洗工具的人字形槽道在钻井作业时搅动堆积在井壁上的岩屑，之后运移的岩屑被钻井液举升并被循环携带至地面，从而实现井眼清洁和降低摩阻及扭矩的目的。然而，CBI 清洗工具也存在一些缺点，如其主体结构部分未设置耐磨带，长时间与岩屑及井壁摩擦时，人字形槽道极易受损导致强度降低，从而大幅度影响井眼清洁效率。

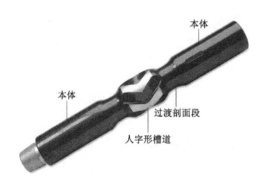

图 2-132　CBI 清洗工具

图 2-133　CBI 清洁井眼示意

国内井眼清洁工具研究现状如下：

相较于国外，国内井眼清洁工具的研发稍晚。目前，国内具有代表性的井眼清洁工具有中石油、中石化及中海油分别设计研发的 BH-HCT、岩屑床清除器及岩屑床破坏器。

图 2-134 为中石油渤
海钻探所设计研发的 2 代
BH-HCT 井眼清洁工具。
其主要结构由硬质合金
齿、上螺旋棱、下螺旋棱、
导流槽和叶轮构成。目前

图 2-134　BH-HCT 井眼清洁工具

该工具在国内多个地区现场已应用了 30 余井次。BH-HCT 井眼清洁工具较常规
井眼清洁工具，地面返砂量提高了 20%，且摩阻降低了 25%。其井眼清洁的作用
机理为：在钻井过程中，BH-HCT 的上下螺旋棱会刮削堆积在井壁上的岩屑床使
岩屑再次运移，同时导流槽和叶轮会使钻井液发生湍流，大幅度提升运移的岩屑
随钻井液循环上返至地面的能力，从而达到井眼清洁目的[66]。

图 2-135 所示为中石化研究院设计研发的岩屑床清除器，其主要结构有本
体、凹槽及 V 形扶正棱。其作用原理为：较大直径的 V 形扶正棱可以提高钻井液
的环空流速并使其形成湍流，同时增强其冲洗堆积在井壁的岩屑床的能力以及悬
浮岩屑的能力；此外，V 形扶正棱可以有效切削井壁低边的岩屑床使岩屑运移，
通过两方面的协同作用实现岩屑床的清除。目前，该岩屑床清除器已在国内胜利
油田等多个油田成功应用。

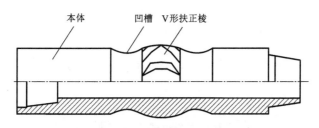

图 2-135　岩屑床清除器示意

图 2-136 所示为中海油设计研发的岩屑床破坏器，其主要由耐磨带、本体和
螺旋结构组成。其作用机理为：一方面，通过岩屑破坏器上的螺旋结构刮削沉积
在井壁上的岩屑床，将岩屑从井壁低边区域运移至井筒高流速区域；另一方面，
通过螺旋结构使钻井液形成湍流，大幅度提升其携岩能力[69]。

图 2-136　岩屑床破坏器

参考文献

［1］ 孙晓峰, 闫铁, 王克林, 等. 复杂结构井井眼清洁技术研究进展［J］. 断块油气田, 2013, 20(1): 1-5.

［2］ 杨柳, 石富坤, 赵逸清. 复杂结构井在页岩气开发中的应用进展［J］. 科学技术与工程, 2019, 19(27): 12-20.

［3］ 刘双亮. 大位移大斜度井井眼净化研究［D］. 荆州: 长江大学, 2012.

［4］ 孙晓峰. 大斜度井段岩屑运移试验研究与清洁工具优化设计［D］. 大庆: 东北石油大学, 2014.

［5］ 王馨雪. 基于CFD-DEM方法对井筒内岩屑运移规律的研究［D］. 大庆: 东北石油大学, 2018.

［6］ DI RENZO A, DI MAIO F P. Comparison of contact-force models for the simulation of collisions in DEM-based granular flow codes［J］. Chemical Engineering Science, 2004, 59 (3): 525-541.

［7］ PANG B X, WANG S Y, LU C L, et al. Investigation of cuttings transport in directional and horizontal drilling wellbores injected with pulsed drilling fluid using CFD approach［J］. Tunnelling and Underground Space Technology, 2019, 90: 183-193.

［8］ KELESSIDIS V C, MAGLIONE R, TSAMANTAKI C, et al. Optimal determination of rheological parameters for Herschel-Bulkley drilling fluids and impact on pressure drop, velocity profiles and penetration rates during drilling［J］. Journal of Petroleum Science and Engineering, 2006, 53(3): 203-224.

［9］ BIKMUKHAMETOV T. CFD Simulations of multiphase flows with particles［D］. Trondheim: NTNU, 2016.

［10］ FLUENT A. Ansys Fluent User's Guide［Z］. U.S.A, Ansys Inc. 2021

［11］ EPELLE E I, GEROGIORGIS D I. A multiparametric CFD analysis of multiphase annular flows for oil and gas drilling applications［J］. Computers & Chemical Engineering, 2017, 106: 645-661.

［12］ LIU Y. Two-fluid modeling of gas-solid and gas-liquid flows: solver development and application［D］. Technische Universität München, 2014.

［13］ PANG B X, WANG S Y, LIU G D, et al. Numerical prediction of flow behavior of cuttings carried by Herschel-Bulkley fluids in horizontal well using kinetic theory of granular flow［J］. Powder Technology, 2018, 329: 386-398.

［14］ SHAH M T, UTIKAR R P, PAREEK V K, et al. Effect of closure models on Eulerian-Eulerian gas-solid flow predictions in riser［J］. Powder Technology, 2015, 269: 247-258.

［15］ SCHAEFFER D G. Instability in the evolution equations describing incompressible granular flow ［J］. Journal of Differential Equations, 1987, 66(1): 19-50.

［16］ LUN C KK, SAVAGE S B, JEFFREY D J, et al. Kinetic theories for granular flow: inelastic particles in Couette flow and slightly inelastic particles in a general flow field[J]. Journal of Fluid Mechanics, 1984, 140: 223-256.

[17] GIDASPOW D. Multiphase flow and fluidization: continuum and kinetic theory descriptions [M]. Bostons: Academic press, 1994.

[18] BAKSHI A, ALTANTZIS C, BATES R, et al. Estimating the specularity coefficient for the accurate simulation of fluidized beds of different surface-to-volume ratios[J]. Massachusetts Institute of Technology, Mechanical Engineering Retrieved March, 2014, 15: 2016.

[19] REDDY R K, JOSHI J B. CFD modeling of solid-liquid fluidized beds of mono and binary particle mixtures[J]. Chemical Engineering Science, 2009, 64(16): 3641-3658.

[20] HAN S M, HWANG Y K, WOO N S, et al. Solid-liquid hydrodynamics in a slim hole drilling annulus[J]. Journal of Petroleum Science and Engineering, 2010, 70(3/4): 308-319.

[21] ZHU X H, SHEN K Y, LI B, et al. Cuttings transport using pulsed drilling fluid in the horizontal section of the slim-hole: an experimental and numerical simulation study[J]. Energies, 2019, 12(20): 3939.

[22] ALOBAID F. Numerical simulation for next generation thermal power plants[M]. Cham: Springer, 2018.

[23] WANG Z K, LIU M B. Semi-resolved CFD-DEM for thermal particulate flows with applications to fluidized beds[J]. International Journal of Heat and Mass Transfer, 2020, 159: 120150.

[24] TOMREN P H, IYOHO A W, AZAR J J. Experimental Study of Cuttings Transport in Directional Wells[J]. SPE-20422-PA, 1986, 1(1): 43-56.

[25] ERGE O, OZBAYOGLU E M, MISKA S Z, et al. Equivalent circulating density modeling of Yield Power Law fluids validated with CFD approach[J]. Journal of Petroleum Science and Engineering, 2016, 140: 16-27.

[26] YTREHUS J D, LUND B, TAGHIPOUR A, et al. Hydraulic behavior in cased and open hole sections in highly deviated wellbores[J]. Journal of Energy Resources Technology, 2021, 143(3): 033008.

[27] KAMYAB M, RASOULI V. Experimental and numerical simulation of cuttings transportation in coiled tubing drilling[J]. Journal of Natural Gas Science and Engineering, 2016, 29: 284-302.

[28] 常腾腾, 邹俊, 王瑜, 等. 基于涡轮-转阀驱动的小直径水力振荡减阻器设计研究 [J]. 地质与勘探, 2020, 56(4): 832-837.

[29] 裴学良, 张辉, 赵传伟. 水力脉冲轴向振荡减摩钻井技术分析[J]. 石油矿场机械, 2020, 49(5): 42-48.

[30] 张璀, 张金成, 王甲昌. AG-Itator 水力振荡器及其在我国的试验应用[J]. 探矿工程 (岩土钻掘工程), 2015, 42(7): 54-57.

[31] 李世昌. 大斜度井的井眼清洁机理及影响因素分析[J]. 中国煤炭地质, 2020, 31(S1): 97-100.

[32] TAHA N M, LEE S. Nano graphene application improving drilling fluids performance [R]. Doha: International Petroleum Technology Conference, 2015.

[33] YEU W J, KATENDE A, SAGALA F, et al. Improving hole cleaning using low density polyethylene beads at different mud circulation rates in different hole angles[J]. Journal of Natural Gas Science and Engineering, 2019, 61: 333-343.

[34] AFTAB A, ALI M, ARIF M, et al. Influence of tailor-made TiO_2/API bentonite nanocomposite on drilling mud performance: towards enhanced drilling operations[J]. Applied Clay Science, 2020, 199: 105862.

[35] AFTAB A, ISMAIL A R, KHOKHAR S, et al. Novel zinc oxide nanoparticles deposited acrylamide composite used for enhancing the performance of water-based drilling fluids at elevated temperature conditions[J]. Journal of Petroleum Science and Engineering, 2016, 146: 1142-1157.

[36] MA L K, LAI J Q, ZHANG X X, et al. Comprehensive insight into cuttings motion characteristics in deviated and horizontal wells considering various factors via CFD simulation [J]. Journal of Petroleum Science and Engineering, 2022, 208: 109490.

[37] LIU Q L, TIAN S C, SHEN Z H, et al. A new equation for predicting settling velocity of solid spheres in fiber containing power-law fluids[J]. Powder Technology: An International Journal on the Science and Technology of Wet and Dry Particulate Systems, 2018, 329: 270-281.

[38] MAJIDI R, TAKACH N, TULSA U O, et al. Fiber sweeps improve hole cleaning[J]. American Association of Drilling Engineers, 2015, 12: 342-356.

[39] MOVAHEDI H, FARAHANI M V, JAMSHIDI S. Application of hydrated basil seeds (HBS) as the herbal fiber on hole cleaning and filtration control[J]. Journal of Petroleum Science and Engineering, 2017, 152: 212-228.

[40] SONG K L, WU Q L, LI M C, et al. Performance of low solid bentonite drilling fluids modified by cellulose nanoparticles[J]. Journal of Natural Gas Science & Engineering, 2016, 34: 1403-1411.

[41] ELGADDAFI R, AHMED R, GEORGE M, et al. Settling behavior of spherical particles in fiber-containing drilling fluids[J]. Journal of Petroleum Science & Engineering, 2012, 84/85: 20-28.

[42] OSEH J O, NORRDIN M N A M, FAROOQI F, et al. Experimental investigation of the effect of henna leaf extracts on cuttings transportation in highly deviated and horizontal wells[J]. Journal of Petroleum Exploration & Production Technologies, 2019, 9(3): 2387-2404.

[43] 袁野, 蔡记华, 王济君, 等. 纳米二氧化硅改善钻井液滤失性能的实验研究[J]. 石油钻采工艺, 2013, 35(3): 30-33, 41.

[44] 刘凡, 蒋官澄, 王凯, 等. 新型纳米材料在页岩气水基钻井液中的应用研究[J]. 钻井液与完井液, 2018, 35(1): 27-33.

[45] GBADAMOSI A O, JUNIN R, ABDALLA Y, et al. Experimental investigation of the effects of silica nanoparticle on hole cleaning efficiency of water-based drilling mud[J]. Journal of

Petroleum Science & Engineering, 2019, 172: 1226-1234.

[46] 闫丽丽, 李丛俊, 张志磊, 等. 基于页岩气"水替油"的高性能水基钻井液技术[J]. 钻井液与完井液, 2015, 32(5): 1-6.

[47] GAO E H, YOUNG A C. Hole cleaning in extended reach wells: field experience and theoretical analysis using a pseudo-oil (acetal) based mud[J]. Journal of Petroleumence & Engineering, 1995, 12: 105-121.

[48] KENNY P, HEMPHILL T. Hole-cleaning capabilities of an ester-based drilling fluid system [J]. SPE Drilling & Completion, 1996, 11(1): 3-10.

[49] WERNER B, MYRSETH V, SAASEN A. Viscoelastic properties of drilling fluids and their influence on cuttings transport[J]. Journal of Petroleum Science & Engineering, 2017, 156: 845-851.

[50] YTREHUS J D, LUND B, TAGHIPOUR A, et al. Cuttings bed removal in deviated wells [C]//Proceedings of the ASME 2018 37th International Conference on Ocean, Offshore and Arctic Engineering, 2018.

[51] DUAN M Q, MISKA S, YU M J, et al. Experimental study and modeling of cuttings transport using foam with drillpipe rotation[J]. SPE Drilling & Completion, 2010, 25(3): 352-362.

[52] HERZHAFT B, TOURE A, BRUNI F, et al. Aqueous foams for underbalanced drilling: The question of solids[C]// Proceedings of the SPE Annual Technical Conference and Exhibition, SPE-62898-MS, 2000.

[53] SAINTPERE S, MARCILLAT Y, BRUNI F, et al. Hole cleaning capabilities of drilling foams compared to conventional fluids [C]// Proceedings of the SPE Annual Technical Conference and Exhibition, SPE-63049-MS, 2000.

[54] OZBAYOGLU E M, MISKA S Z, REED T, et al. Cuttings transport with foam in horizontal & highly-inclined wellbores[C]// Proceedings of the SPE/IADC Drilling Conference, SPE-79856-MS, 2003.

[55] MARTINS A L, LOURENÇO A M F, DE SÁ C H M. Foam property requirements for proper hole cleaning while drilling horizontal wells in underbalanced conditions[J]. SPE Drilling & Completion, 2001, 16(4): 195-200.

[56] XU J, OZBAYOGLU E, MISKA S, et al. Cuttings transport with foam in highly inclined wells at simulated downhole conditions[J]. Archives of Mining Sciences, 2013, 58(2): 481-494.

[57] GUMATI A, TAKAHASHI H, GIWELLI AA. Effect of drillpipe rotation on cuttings transport during horizontal foam drilling[J]. Journal of the Japan Petroleum Institute, 2013, 56(4): 230-235.

[58] CHEN Z, AHMED R M, MISKA S Z, et al. Experimental study on cuttings transport with foam under simulated horizontal downhole conditions[J]. SPE Drilling & Completion, 2007, 22 (4): 304-312.

[59] PRASUN S, GHALAMBOR A. Transient cuttings transport with foam in horizontal wells - a numerical simulation study for applications in depleted reservoirs[C]// Proceedings of the

SPE International Conference and Exhibition on Formation Damage Control, SPE, 2018.

[60] OZBAYOGLU E MM, OSGOUEI R E E, OZBAYOGLU A M M, et al. Hole‐cleaning performance of gasified drilling fluids in horizontal well sections[J]. SPE Journal, 2012, 17(3): 912-923.

[61] SHIGEMI N, ATSUSHI O, YOSHIHIRO M, et al. Cuttings transport in directional and horizontal wells while aerated mud drilling[C]// Proceedings of theIadc/spe Asia Pacific Drilling Technology, 2002.

[62] 秦国鲲, 耿宏章, 刘延明, 等. 泡沫钻井液动密度随井深变化关系模拟研究[J]. 石油钻探技术, 2004, 32(5): 22-24.

[63] YU M J, MELCHER D, TAKACH N, et al. A new approach to improve cuttings transport in horizontal and inclined wells[C]// Proceedings of the SPE Annual Technical Conference and Exhibition, SPE-90529-MS, 2004.

[64] LI Y Y, JIANG G C, LI L, et al. A novel approach of cuttings transport with bubbles in horizontal wells[J]. Advanced Materials Research, 2012, 524: 1314-1317.

[65] PUYMBROECK L V. Increasing drilling performance using hydro‐mechanical hole cleaning devices[C]. SPE Middle East Unconventional Resources Conference and Exhibition, 2013.

[66] 王建龙, 郑锋, 刘学松, 等. 井眼清洁工具研究进展及展望[J]. 石油机械, 2018, 46(9): 18-23.

[67] NWAGU C, AWOBADEJO T, GASKIN K. Application of mechanical cleaning device: hole cleaning tubulars to improve hole cleaning[C]. SPE Nigeria Annual International Conference and Exhibition, 2014.

[68] SWIETLIK G. Cutting bed impeller: US6223840[P]. 2001-05-01.

[69] 孙晓峰, 闫铁, 崔世铭, 唐生, 王克林. 钻杆旋转影响大斜度井段岩屑分布的数值模拟[J]. 断块油气田, 2014, 21(1): 92-96.

第 3 章　复杂结构井降摩减阻理论与技术

扫码查看本章彩图

随着深部资源探测与评价、非常规能源勘探开发与利用的开展，钻井类型已从常规的直井发展为水平井、大位移井、多分支井等复杂结构井[1-4]。在大位移井水平、倾斜和弯曲井段钻进过程中，受重力的影响，钻杆紧贴井壁，岩屑运移困难[6-8]，显著增加了摩阻力和扭矩，造成荷载传递效率和机械钻速显著降低等难题[9-11]，甚至导致钻柱正弦或螺旋屈曲，造成钻具损坏、卡钻等井下事故[12-14]，严重降低钻井效率，对钻井优化设计与安全控制形成巨大挑战。

3.1　降摩技术概述

3.1.1　摩阻影响因素分析

1. 钻柱与井壁之间的摩擦系数和法向压力[15]

钻柱与井壁之间的总摩擦阻力和法向压力可由式（3-1）计算而得。摩擦力 F_{fric} 与摩擦系数 μ 与法向压力 F_N 成正比关系，扭矩 T 不仅与摩擦系数与法向压力有关，也与钻具外径 D_o 成正比。可通过减小摩擦系数、法向压力及钻具外径来达到降摩减扭的效果。

$$\begin{cases} F_{fric} = \mu \cdot F_N \\ T = \mu \cdot F_N \cdot D_o / 2 \end{cases} \qquad (3-1)$$

式中：F_{fric} 为钻柱与井壁之间的总摩擦阻力，kN；T 为总扭矩，kN·m；μ 为钻柱与井壁之间的摩擦系数；F_N 为总的法向压力，kN；D_o 为钻柱外径，mm。

2. 井眼水平长度和单位长度钻柱质量[16]

井眼水平长度和单位长度钻柱质量产生的法向压力可由式（3-2）计算而得。井眼水平长度越大，钻柱质量产生的正压力就越大，结合式（3-1），钻具产生的摩擦力就越大。此外，井斜角也会对摩擦力产生影响。

$$\begin{cases} S = \int_0^L \sin\alpha \cdot \mathrm{d}s \\ F_{钻柱} = \int_0^L q(s) \cdot \sin\alpha \cdot \mathrm{d}s \end{cases} \tag{3-2}$$

式中：S 为井眼水平长度，m；$F_{钻柱}$ 为钻柱质量产生的法向压力，kN；L 为井深，m；α 为井斜角，(°)；q 为单位长度的钻柱重力，kN。

3. 井眼轨迹弯曲角与管柱轴向力[17]

弯曲钻柱产生的法向压力可由式(3-3)计算而得。井眼轨迹弯曲角和管柱轴向力与弯曲井眼中钻柱产生的正压力呈正相关，因此井眼轨迹弯曲角与管柱轴向力越大，摩擦力越大。

$$N = 2T\sin\left(\frac{\gamma}{2}\right) \tag{3-3}$$

式中：N 为井眼弯曲钻柱产生的法向压力，kN；T 为钻柱轴向力，kN；γ 为弯曲角，(°)。

4. 井眼曲率与钻柱刚度[18]

钻柱与井壁之间总法向压力与井眼曲率和钻杆刚度的关系如式(3-4)和式(3-5)所示。井眼曲率与钻柱刚度越大，摩擦阻力和扭矩越大。因此，大位移井中摩擦阻力大于垂直井，面临的技术难度更高，对减摩工具的需求也更高。

$$F_N = 96EI\left[\frac{1-\cos(\kappa \cdot L)}{\kappa} - (D_w - D_o)\right] \cdot L^{-3} \tag{3-4}$$

$$L = \sqrt{\frac{24(D_w - D_o)}{\kappa}} \tag{3-5}$$

式中：L 为井深，m；EI 为钻柱刚度，kN/mm；κ 为井眼曲率，m^{-1}；D_w 为井眼直径，mm；$D_w - D_o$ 为井眼直径与钻柱直径之差，mm。

5. 钻井液与井眼清洁

钻井液可以发挥润滑剂的作用，减小钻杆与井壁间的摩擦[9]。据报道，基于纳米颗粒的钻井泥浆可以增强传统钻井液的润滑性[19]。Taha[20]指出，使用基于纳米石墨烯的钻井液比使用水基盐聚合物泥浆钻井液减少了 70%～80% 的扭矩，并将钻进速率提高了 125%。TiO$_2$ 纳米颗粒–膨润土钻井泥浆使泥浆的润滑性提高了 35%，而添加新型氧化锌纳米颗粒沉积的丙烯酰胺复合材料在 150 ℉的条件下使钻井液的润滑性提高了 25%[21-22]。

井眼中的岩屑也会影响钻柱与井壁间的摩擦，在钻井作业中，当钻井液循环速度不高时，岩屑会堆积在钻具与井壁的环空处并形成岩屑床[23]。沉积的岩屑床会引起高阻力、高扭矩、卡钻等问题。使用振动减阻工具时，引起的工具振动也会减少岩屑床的堆积,对钻井作业起到积极作用。

3.1.2　降摩减阻方案

目前,降摩减阻方案主要包括减小法向压力、减小摩擦系数、增加动态与静态摩擦条件 3 种[15]。

1. 减小法向压力

法向压力是垂直于井眼的侧向荷载的反力。假定钻柱在井眼中居中,且井眼与钻柱之间无接触,则垂直截面上的法向压力接近于零。然而,没有任何钻柱会位于井眼中心,钻柱的一部分点会接触到井眼,尽管垂直段的法向压力或侧向荷载可能很小,但它永远不会为零。图 3-1 显示了钻柱不同截面的侧向载荷。最大限度地减少法向压力将导致更少的阻力和更有效的重量转移。降低法向压力的方法包括精心设计井眼轨迹,并在水平井段使用重量较轻的钻柱组件等。

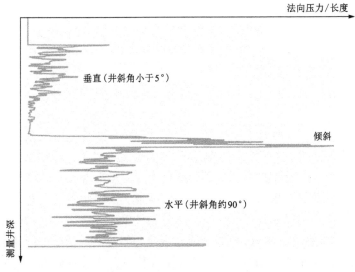

图 3-1　各井段法向压力分布趋势

1)井眼轨迹设计

井眼轨迹设计决定了钻井成败。设计井眼路径是为了满足特定的钻井要求、避开或到达目标地层。井眼轨迹设计是减小井内扭矩和阻力的最佳方法之一。

常见的井径有几种:垂直井眼轨迹、S 形井眼轨迹、复杂井眼轨迹和悬链线井眼轨迹等。随着复杂结构井越来越普遍,井眼轨迹设计显示出了降摩减阻潜力。井眼轨迹设计可以使压力更均匀地分布在整个井眼中,而不是集中在某一特定段。好的井眼轨迹的狗腿度可以大大降低,从而减少作业风险和时间。

2）使用低重量钻柱组件

钻柱组件的重量可以显著改变井内的扭矩和阻力。铝合金钻杆的平均密度为 2800 kg/m³，钢钻杆的密度为 7850 kg/m³，铝合金钻杆比相同尺寸的钢钻杆轻了 1/2 以上。在水平段选择较轻的铝合金钻杆可以减小产生的法向压力，而法向压力又会影响井内的扭矩和阻力。铝合金钻杆首次应用于科拉超深钻井，该钻井钻柱的铝合金钻杆比例超过 90%。

2. 减小摩擦系数

摩擦系数是衡量两个元件相互滑动时对运动的阻力程度。在钻井作业中，钻柱与套管或裸眼井之间的金属与金属或金属与岩石的接触均需考虑摩擦系数。

1）润滑剂

润滑剂是泥浆系统的添加剂，长期以来一直用于减小扭矩和阻力。在石油行业，润滑剂通常与钻井泥浆一起使用，以冷却钻头和润滑钻柱。多年来，人们尝试和测试了许多不同的添加剂，通过最大限度地减小摩擦系数来优化润滑性能。润滑剂可以使摩擦系数减小 30%~40%。实验室测试表明，摩擦系数降低 80%，通常会导致扭矩或阻力降低 5%~15%。钻井润滑剂主要有三类，分别是水基润滑剂、油基润滑剂和合成基润滑剂。应根据钻井液类型的不同，添加特定的润滑剂以达到最佳效果。然而，使用油基润滑剂和合成基润滑剂会对环境造成污染，而且润滑剂在裸眼钻井、很低或很高的 pH、高温、高钙和高镁等环境中的作用效果不理想。

2）井眼清洁

井眼清洁是复杂结构井钻进难题之一。井眼中的岩屑会降低钻柱旋转和移动速度，增加井下工具的磨损率。岩屑最有可能在大造斜率井段积聚，这使得去除岩屑极其困难。为了确保良好的井眼清洁效果，需要重点考虑钻杆旋转参数。增加钻杆旋转速度通常会增加将岩屑带出井眼的能力，增加泥浆流速可使岩屑悬浮并向井外移动。石油行业已经开发出机械井眼清洁工具，其可以在钻井时通过岩屑铲在大斜度井段的高流速区域尽可能地进行井眼清洁。机械井眼清洁工具可以提高清洁效率、节省时间、提高操作安全性以及提高井眼质量和稳定性。该工具具有专门设计的凹槽，当钻柱旋转时，这些凹槽将岩屑向上抛，通过增加岩屑的再循环，从而更有效地清除岩屑。

3）共聚物珠粒

使用珠粒是一种降低摩擦系数的机械方法。在钻柱和井眼之间插入共聚物珠粒，既可以降低摩擦系数，又不会影响泥浆体系的化学特性。在钻进过程中，钻柱在珠上滚动，并沿着井眼向下滑动。当珠粒沿着钻柱和井眼之间的环空段向下移动时，会沉降在环空较低一侧成为钻柱的壁饼，从而进一步降低钻柱与井壁间的摩擦系数。然而，珠粒必须通过循环钻井液进行回收，否则会导致严重的井下固体堆积。

4）机械减阻工具

另一种降低摩擦系数的方法是使用机械减阻工具。研究表明，与润滑剂相比，机械减阻工具可以提供更好的降低摩阻和扭矩的效果，但它们通常也更昂贵。

此外，与工具接头相比，机械减阻工具短节与井眼的接触面积更小，因此在裸眼井中使用时，机械减阻工具短节也减少了差动卡钻的概率。这些短节可以放置在裸眼或套管井中，最适合放置在高阻力和高扭矩的位置，通常在倾斜段。

3. 增加动态与静态摩擦条件

动摩擦小于静摩擦，使用多种方法增加动摩擦与静摩擦条件，可有效降摩减阻。

1）压力脉冲减阻工具

压力脉冲减阻工具是机械减阻工具的一种，它将振动引入钻柱中以打破静摩擦。压力脉冲减阻工具通过振动和激励钻柱来减少摩擦，又通过向钻头提供更有效的动力传输来提高钻速，可以显著地改善重量转移，减少井下作业过程中的摩擦，提高机械钻速，并防止旋转导向系统和马达失速。在非旋转情况下，如滑动钻井中，压力脉冲减阻工具尤其有用。

2）旋转接头

旋转接头通常用于大斜度井完井或衬管。当起、下钻时，旋转接头允许衬管或筛管上方的钻杆独立旋转。自由旋转的上部心轴能够使工具减小扭矩和阻力，在井下传递更多的重量。通过施加压差将工具的两个芯轴锁在一起，可以激活旋转接头，从而使扭矩通过工具传递。

3.2 钻柱力学行为特征与轴力传递规律

3.2.1 摩擦力模型和特性

实际与理论的动、静摩擦系数并不完全相等，且滑动摩擦系数受接触面之间的相对运动速度影响，因此描述两个固体接触表面之间的摩擦受力情况较为困难。目前已有较多接触表面间的摩擦力计算数学模型，根据接触摩擦现象是否可以用微分方程进行表示，可把摩擦力模型分成静态摩擦力模型和动态摩擦力模型。

1）摩擦力特性

Stribeck 等人根据观察到的摩擦现象，将摩擦力作为速度的函数，把物体从静止到加速运动过程分成了四个基本阶段[24]。摩擦行为的共同特点是：①和相对速度有关；②具有时滞或临界滑动位移的记忆效应；③零相对速度区域具有多值性；④静摩擦力与驻留时间有关。

摩擦力的有关特性包括：

Stribeck 效应[25]：当系统处于滑动状态且相对速度较低时，相对速度增大，摩擦力会下降。摩擦力–速度曲线的负斜率称为负黏性阻尼项。

可变的最大静摩擦力[26]：Johannes 分析滑动开始前的摩擦力–位移曲线，得到了最大静摩擦力可变结论，并且最大静摩擦力和外力的施加速率或驻留时间有密切的联系。

预滑动位移[27]：物体从静止状态到相对滑动状态，当切向力比最大静摩擦力小时，物体通过产生极小的预位移来达到一个新的静止状态。因为整个宏观物体的柔性可能小于金属接触突点的柔性，所以在接触面开始发生滑移之前的弹性变形阶段，摩擦力与位移不一定是线性函数关系。

摩擦滞后效应[28]：不同物体接触表面的相对速度改变时，位移和速度先发生变化，摩擦力延迟一会儿才会发生改变。若物体单一方向上的速度改变，滞后现象会导致摩擦力–速度曲线的形态近似为一个封闭的滞迟环。

2) 静态摩擦力模型

在库仑模型中，库仑摩擦力大小不变，方向与相对速度方向相反。库仑模型只对动摩擦力进行了描述，忽略了最大静摩擦力和动摩擦力之间的差值，因此很少应用于发生反转或者黏滞状态的机械系统中[27]。

Stribeck 模型考虑了克服静摩擦后，摩擦力在低速条件下随着速度的增大反而减小的现象，可以借助指数模型进行描述[29]。

Karnopp 模型有两种系统状态，对应两组不同的系统运动方程。该模型是一种简化模型，它介于静态模型和动态模型之间，具有计算精度高和稳定性好等优点，所以常用来进行实时控制仿真。然而该模型计算静摩擦力时需要依据外力实时计算，构造模型和选用算法需要考虑系统特点。

Armstrong 将参数模型划分为四个阶段。该模型将不同阶段的摩擦表现的依赖时间的不同特性进行集成[30]。虽然该模型可以相对完善和系统描述摩擦力特性，但很难识别各参数。

3) 动态摩擦力模型

Dahl 在 1968 年考虑了摩擦力滞后于相对速度变化，采用一阶微分方程描述两者之间的函数关系。在 Dahl 模型里，摩擦力和位移的大小、相对速度的方向有一定关系[31]。Dahl 模型确定的最大摩擦力值不会超过动摩擦力值，可用来表示流体相对速度和润滑阻力之间的关系。Dahl 模型首次使用状态变量描述接触峰的平均变形，但未考虑 Stribeck 效应和静摩擦力，因此无法用于分析黏滑运动。Dupont 模型在 Dahl 模型的基础上改进而来[32]，Dupont 模型在较大的法向压力条件下精度比 Dahl 模型更高。

Bliman 模型的本质是一个二阶达尔模型[27]，可以看作两个一阶达尔模型的并联形式。该模型考虑了 Stribeck 效应与静摩擦特性，但不考虑摩擦力与沿路径运行速度，只是路径的函数。

滞迟摩擦力模型：干摩擦系统接触面切线方向上的弹性是变化的，可以描述为弹簧和理想库伦摩擦副的串联。施加外力时，交接面会首先沿着切线方向发生弹性形变，等外力增加到阈值后，接触面才发生相对滑移[33]；Iwan 等人在 1961 年提出了双线性滞迟恢复力模型[34]，他们认为两个固体接触面之间形变状态的改变不是瞬间完成的，而是存在圆滑过渡过程，因此双线性滞迟恢复力模型可用于近似描述实际接触；Wen 在 Bouce 基础上提出了光滑滞迟模型[35]，光滑滞迟模型用一阶微分方程描述滞迟恢复力，大小不等、形状不同的滞后环线通过改变模型中的四个参数来表示，具有计算精度高和适用性广的优点。然而它不能直观表示各参数间的关系，物理意义不清晰，难以用于分析弹性力和阻尼力。

Badrakhan 在 1987 年提出了著名的迹法模型。该模型最常见的处理方法是将滞迟环作为阻尼处理，以及基架线作为非线性弹簧。该模型基于平均和等效原理进行求解，它的滞迟恢复力与振动参数密切相关[36]，具有形式简单、适用性强、易于根据实验结果得到不同形态拟合曲线和参数的优点。然而该模型只将恢复力表示为位移和相对速度的函数，无法阐明滞迟恢复力和振动参数的关系，且当非线性部分阶次较高时，参数辨识较困难。

LuGre 摩擦模型属于一种连续模型，由运用鬃毛模型思想的达尔模型改进而来。它在微观角度把接触区域看作许多鬃毛，基于平均变形建立模型[37]。该模型描述了库仑摩擦、预滑动和可变静摩擦力，不同摩擦状态可以平滑地过渡，但难以进行模型参数识别工作。

无论处于滑动阶段还是静摩擦阶段，干摩擦交接面在切向和法向上都存在变形。静态摩阻模型具有结构简单、参数易识别的优点，缺点是不能描述摩阻的动态特性。动态摩阻模型可以相对系统地对摩擦现象进行描述，缺点是结构较为烦琐，参数识别相对困难，模型选择以符合待解决问题主要特性的简单模型为原则。

3.2.2 钻柱动力学模型

1. 钻柱力学模型基本假设

一般情况下，钻井工况非常复杂，钻柱在井眼中的力学状态受诸多因素影响。进行详细的力学分析需要考虑的因素众多，但存在一部分因素相对于显著因素对于钻柱的力学影响比较弱。所以为了简化力学模型，提高运算速度，可以忽略一些次要因素。模型中的基本假设如下：

（1）井下钻柱的受力和变形处于弹性范围，杨氏模量、剪切模量、泊松比不变，忽略钻柱接头的影响，钻柱横截面形状保持环形不变；

（2）忽略井壁岩石变形，认为井壁刚性支撑钻柱；

（3）忽略井眼环空，钻柱和上井壁或者下井壁接触，钻柱和井眼同心，钻柱曲率和井眼曲率相同；

（4）钻柱截面上只有轴向载荷、扭矩和钻柱与井壁的接触力；

（5）钻柱上的剪力和其他力相比可忽略不计；

（6）钻柱单元所在位置的井眼轨迹曲率为常数；

（7）只考虑钻柱的轴向振动。

2. 钻柱动力学方程

1）Frenet 坐标系

由于实际的井眼轨迹为空间曲线，因此对钻柱进行受力分析和建立钻柱动力学方程需要建立三维空间坐标系。常用的三维空间坐标系有笛卡儿直角坐标系、柱坐标系、球坐标系。但是基于这些坐标系得到的钻柱平衡方程形式复杂，相较而言，基于 Frenet 空间坐标系建立的钻柱力学平衡方程形式简洁明了。因此本节将介绍 Frenet 局部坐标系及其对应的井眼轨迹的具体计算方法。通常以固定的大地为坐标系，其中方向北为 X 轴，东为 Y 轴，垂直向下为 Z 轴。在三维空间中，井眼轨迹细长，可以简化为一条空间曲线，记沿坐标轴的单位矢量为$(O, (i, j, k))$。为了方便公式的表述，令 Frenet 局部坐标系为$(S, (e_t, e_n, e_b))$，其中 e_t 为钻柱弹性变形线的切线方向单位矢量，e_n 为主法线方向的单位矢量，e_b 为副法线方向的单位矢量，如图 3-2 所示。

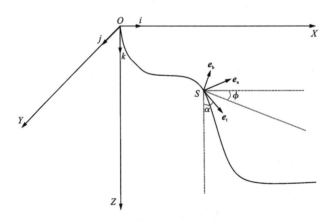

图 3-2 钻柱在空间的坐标系

如图 3-3 所示，井眼轴线上的任意一点$(S, (x, y, z))$在三维空间的几何位置用矢径 r_s 来描述：

$$r_s(s) = x(s)i + y(s)j + z(s)k \tag{3-6}$$

$$\mathrm{d}\boldsymbol{r}_s = \mathrm{d}x(s)\boldsymbol{i} + \mathrm{d}y(s)\boldsymbol{j} + \mathrm{d}z(s)\boldsymbol{k} = \boldsymbol{e}_t\mathrm{d}s \qquad (3\text{-}7)$$

式中：$\boldsymbol{e}_t$ 为过点 S 沿井眼轴线轨迹切线方向的单位矢量；$\boldsymbol{e}_t$ 与 $\boldsymbol{k}$ 之间的夹角 α 称为井斜角，rad；在 OXY 平面上的投影 $\boldsymbol{e}_{t\text{-}XOY}$ 与 $\boldsymbol{i}$ 之间的夹角 φ 称为方位角，rad；s 为井眼弧长，m；则[38]

$$\frac{\mathrm{d}x}{\mathrm{d}s} = \sin\alpha\cos\varphi, \quad \frac{\mathrm{d}y}{\mathrm{d}s} = \sin\alpha\sin\varphi, \quad \frac{\mathrm{d}z}{\mathrm{d}s} = \cos\alpha \qquad (3\text{-}8)$$

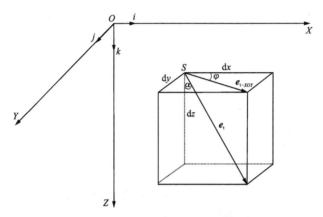

图 3-3 三维曲井轨迹的几何关系

空间曲线轴向的动矢量 $\boldsymbol{e}_t$ 用井斜角和方位角表示如下

$$\boldsymbol{e}_t = \sin\alpha\cos\varphi\boldsymbol{i} + \sin\alpha\sin\varphi\boldsymbol{j} + \cos\alpha\boldsymbol{k} \qquad (3\text{-}9)$$

根据定义得

$$\boldsymbol{e}_t' = k_b\boldsymbol{e}_n \qquad (3\text{-}10)$$

$$\boldsymbol{e}_b' = -k_n\boldsymbol{e}_n \qquad (3\text{-}11)$$

$$\boldsymbol{e}_n = \frac{1}{k_b}\frac{\mathrm{d}\boldsymbol{e}_t}{\mathrm{d}s} = \frac{1}{k_b}\left[\frac{\mathrm{d}}{\mathrm{d}s}(\sin\alpha\cos\varphi)\boldsymbol{i} + \frac{\mathrm{d}}{\mathrm{d}s}(\sin\alpha\sin\alpha\sin\varphi)\boldsymbol{j} + \frac{\mathrm{d}\cos\alpha}{\mathrm{d}s}\boldsymbol{k}\right]$$

$$= \frac{1}{k_b}\left[(k_\alpha\cos\alpha\cos\varphi - k_\varphi\sin\alpha\sin\varphi)\boldsymbol{i} + (k_\alpha\cos\alpha\sin\varphi + k_\varphi\sin\alpha\cos\varphi)\boldsymbol{j} - k_\alpha\sin\alpha\boldsymbol{k}\right]$$

$$(3\text{-}12)$$

$$\boldsymbol{e}_b = \boldsymbol{e}_t \times \boldsymbol{e}_n = -\frac{1}{k_b}\left(\sin\varphi\frac{\mathrm{d}\alpha}{\mathrm{d}s} + \frac{\sin2\alpha}{2}\frac{\mathrm{d}\sin\varphi}{\mathrm{d}s}\right)\boldsymbol{i} +$$

$$\frac{1}{k_b}\left(\cos\varphi\frac{\mathrm{d}\alpha}{\mathrm{d}s} + \frac{\sin2\alpha}{2}\frac{\mathrm{d}\cos\varphi}{\mathrm{d}s}\right)\boldsymbol{j} + \frac{\sin^2\alpha}{k_b}\frac{\mathrm{d}\varphi}{\mathrm{d}s}\boldsymbol{k} \qquad (3\text{-}13)$$

所以

$$\boldsymbol{e}_n' = (\boldsymbol{e}_b \times \boldsymbol{e}_t)' = \boldsymbol{e}_b' \times \boldsymbol{e}_t + \boldsymbol{e}_b \times \boldsymbol{e}_t' = -k_n\boldsymbol{e}_n \times \boldsymbol{e}_t + k_b\boldsymbol{e}_b \times \boldsymbol{e}_n = k_n\boldsymbol{e}_b - k_b\boldsymbol{e}_t \qquad (3\text{-}14)$$

式中：k_b 和 k_n 分别为钻柱弹性变形线点 $\boldsymbol{r}_s$ 的曲率和挠率，可表达如下：

$$k_b^2 = \boldsymbol{r}'' \cdot \boldsymbol{r}'' = (\frac{d\alpha}{ds})^2 + \sin^2\alpha(\frac{d\varphi}{ds})^2 \qquad (3-15)$$

$$k_n = -\boldsymbol{e}_b' \cdot \boldsymbol{e}_n = -(\boldsymbol{e}_t \times \boldsymbol{e}_n)' \cdot \boldsymbol{e}_n = -(\boldsymbol{e}_t \times \boldsymbol{e}_n') \cdot \boldsymbol{e}_n = (\boldsymbol{e}_t, \boldsymbol{e}_n, \boldsymbol{e}_n')$$

$$= \frac{1}{k_b^2}\left\{\left(\frac{d\alpha}{ds}\frac{d^2\varphi}{ds^2} - \frac{d\varphi}{ds}\frac{d^2\alpha}{ds^2}\right)\sin\theta + \left[2\frac{d\varphi}{ds}\left(\frac{d\alpha}{ds}\right)^2 + \sin^2\partial\left(\frac{d\varphi^3}{ds}\right)\right]\cos\alpha\right\}$$

$$(3-16)$$

当 $\alpha(s)$、$\varphi(s)$ 已知时，井眼轨迹曲率 k_b 和挠率 k_n，以及切线、主法线及次法线方向的单位矢量 $\boldsymbol{e}_t$、$\boldsymbol{e}_n$ 和 $\boldsymbol{e}_b$ 便可确定。由微分几何（Frenet 公式）可得

$$\boldsymbol{e}_t' = \boldsymbol{k}_N \times \boldsymbol{e}_t$$
$$\boldsymbol{e}_n' = \boldsymbol{k}_N \times \boldsymbol{e}_n \qquad (3-17)$$
$$\boldsymbol{e}_b' = \boldsymbol{k}_N \times \boldsymbol{e}_b$$

式中：$\boldsymbol{k}_N$ 称为"自然曲率矢量"（从运动学角度，$\boldsymbol{k}_N$ 表示活动标架的转动速度），可表达为：$\boldsymbol{k}_N = k_b\boldsymbol{e}_b + k_n\boldsymbol{e}_t$[39]。

2）钻柱动力学方程

取钻柱微元 ds 如图 3-4 所示，其在井底受连续的重力 G，微元段的密度为 $p(s)$，线浮重为 $\rho_s(s)$，横截面积为 $A(s)$，弹性模量为 $E(s)$，剪切模量为 $G(s)$。根据三维井眼轨迹坐标建立 Frenet 局部坐标系。s 为钻柱某点与钻柱钻头的距离，t 代表时间。$\boldsymbol{T}$、$\boldsymbol{M}$、$\boldsymbol{u}$ 和 $\boldsymbol{\theta}$ 分别代表轴向力、力矩、轴向位移和旋转角度。

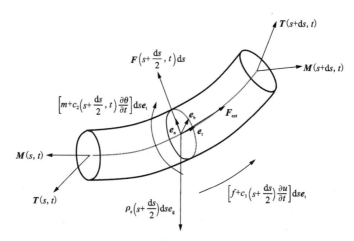

图 3-4 钻柱微元上的作用力和力矩

忽略剪切变形和振动阻尼的影响，根据力的平衡方程和力矩平衡方程可以得到：

$$
\begin{cases}
\boldsymbol{T}+\dfrac{\partial \boldsymbol{T}}{\partial s}\mathrm{d}s-\boldsymbol{T}+\boldsymbol{f}_{总}\ \mathrm{d}s+\boldsymbol{F}_{\mathrm{ext}}-C\dfrac{\partial \boldsymbol{u}}{\partial t}\mathrm{d}s=\rho\dfrac{\partial^2 \boldsymbol{u}}{\partial t^2}\mathrm{d}s \\[3mm]
\dfrac{\mathrm{d}\boldsymbol{M}}{\mathrm{d}s}+\boldsymbol{e}_{\mathrm{t}}\times\boldsymbol{T}+\boldsymbol{m}_{其他}=\rho I_{\mathrm{p}}\dfrac{\partial^2 \boldsymbol{\theta}}{\partial t^2}\mathrm{d}s
\end{cases}
\tag{3-18}
$$

式中：$\boldsymbol{T}$ 为钻柱内力；$\boldsymbol{M}$ 为钻柱内力矩，$\boldsymbol{f}_{总}$ 为单位长度连续外载(重力、浮力、接触力等)；$\boldsymbol{F}_{\mathrm{ext}}$ 为作用在钻柱上的激振力；$\boldsymbol{m}_{其他}$ 为其他外载产生的力矩；ρ 为钻柱线重。

$$
\boldsymbol{f}_{总}=\boldsymbol{F}-\boldsymbol{f}+\rho_{\mathrm{s}}\boldsymbol{e}_{\mathrm{g}}
\tag{3-19}
$$

$$
\boldsymbol{F}_{\mathrm{ext}}=F_{\max}\sin(\omega_{\mathrm{ext}}t+\varphi_{\mathrm{ext}})\,\boldsymbol{e}_{\mathrm{t}}
\tag{3-20}
$$

式中：$\boldsymbol{F}$ 表示钻柱上的分布正压力；$F_{\max}$ 表示激振力幅值；ω_{ext} 表示激振力角速度；φ_{ext} 表示激振力相位；ρ_{s} 为单位长度的线浮重，$\boldsymbol{f}$ 表示摩擦力。

钻柱结构受到重力以及作用相反的泥浆浮力的作用，因此钻柱单元段单位长度的浮重：

$$
\rho_{\mathrm{s}}\boldsymbol{e}_{\mathrm{g}}=\rho A_{\mathrm{s}}g\boldsymbol{e}_{\mathrm{g}}-\rho_{\mathrm{b}}A_{\mathrm{s}}g\boldsymbol{e}_{\mathrm{g}}=\rho A_{\mathrm{s}}\left(1-\dfrac{\rho_{\mathrm{b}}}{\rho}\right)g\boldsymbol{e}_{\mathrm{g}}
\tag{3-21}
$$

式中：$\boldsymbol{e}_{\mathrm{g}}$ 为重力加速度方向的单位矢量；A_{s} 表示钻柱单元段的表面积；ρ 表示钻柱单元段的密度；ρ_{b} 表示泥浆密度。

将式(3-19)、式(3-20)代入式(3-18)，整理得到力的平衡方程的微分形式：

$$
\boldsymbol{T}(s+\mathrm{d}s,\ t)-\boldsymbol{T}(s,\ t)+\boldsymbol{F}\left(s+\dfrac{\mathrm{d}s}{2},\ t\right)\mathrm{d}s-\left[f(s,\ t)+\boldsymbol{F}_{\mathrm{ext}}+\right.
$$

$$
\left.c_1\left(s+\dfrac{\mathrm{d}s}{2},\ t\right)\dfrac{\partial u(s+\mathrm{d}s/2,\ t)}{\partial t}\right]\mathrm{d}s\boldsymbol{e}_{\mathrm{t}}+\rho_{\mathrm{s}}\left(s+\dfrac{\mathrm{d}s}{2}\right)\mathrm{d}s\boldsymbol{e}_{\mathrm{g}}
$$

$$
=\rho\left(s+\dfrac{\mathrm{d}s}{2}\right)A\left(s+\dfrac{\mathrm{d}s}{2}\right)\mathrm{d}s\dfrac{\partial^2 \boldsymbol{u}(s+\mathrm{d}s/2t)}{\partial t^2}
\tag{3-22}
$$

式中：$\boldsymbol{F}$ 代表钻柱上的分布正压力；c_1 代表钻井液的黏滞力系数的轴向分量。

力矩的平衡方程的微分形式：

$$
\boldsymbol{M}(s+\mathrm{d}s,\ t)-\boldsymbol{M}(s,\ t)+\dfrac{\mathrm{d}s}{2}\boldsymbol{e}_{\mathrm{t}}\times\Bigg\{2\boldsymbol{T}(s+\mathrm{d}s,\ t)-
$$

$$
\left[f(s,\ t)+c_1\left(s+\dfrac{\mathrm{d}s}{2},\ t\right)\dfrac{\partial u\left(s+\dfrac{\mathrm{d}s}{2},\ t\right)}{\partial t}\right]\mathrm{d}s\boldsymbol{e}_{\mathrm{t}}+\rho_{\mathrm{s}}\left(s+\dfrac{\mathrm{d}s}{2}\right)\mathrm{d}s\boldsymbol{e}_{\mathrm{g}}+\boldsymbol{F}\left(s+\dfrac{\mathrm{d}s}{2},\ t\right)\mathrm{d}s\Bigg\}-
$$

$$
\left[m(s,\ t)+c_2\left(s+\dfrac{\mathrm{d}s}{2},\ t\right)\dfrac{\partial \theta(s+\mathrm{d}s/2,\ t)}{\partial t}\right]\mathrm{d}s\boldsymbol{e}_{\mathrm{t}}
$$

$$
=\rho\left(s+\dfrac{\mathrm{d}s}{2}\right)I_{\mathrm{p}}\left(s+\dfrac{\mathrm{d}s}{2}\right)\mathrm{d}s\dfrac{\partial^2 \boldsymbol{\theta}(s+\mathrm{d}s/2,\ t)}{\partial t^2}
\tag{3-23}
$$

式中：c_2 表示钻井液的黏滞力系数的切向分量。

将其按泰勒展开式形式展开并忽略高阶项，取一阶项可以将式（3-23）简化为以下形式[40]：

$$\begin{cases} \dfrac{\partial \boldsymbol{T}(s,\ t)}{\partial s} + \boldsymbol{F}(s,\ t) - \left[f(s,\ t) + \dfrac{F_{max}\sin(\omega_{ext}t + \varphi_{ext})}{ds} + \right. \\[2mm] \left. c_1(s,\ t)\dfrac{\partial u(s,\ t)}{\partial t} \right] \boldsymbol{e}_t + \rho_s(s)\boldsymbol{e}_g = \rho(s)A(s)\dfrac{\partial^2 \boldsymbol{u}(s,\ t)}{\partial t^2} \\[3mm] \dfrac{\partial \boldsymbol{M}(s,\ t)}{\partial s} + \boldsymbol{e}_t \times \boldsymbol{T}(s,\ t) - \left[m(s,\ t) + c_2(s,\ t)\dfrac{\partial \theta(s,\ t)}{\partial t} \right] \boldsymbol{e}_t \\[3mm] = \rho(s)I_p(s)\dfrac{\partial^2 \boldsymbol{\theta}(s,\ t)}{\partial t^2} \end{cases} \quad (3-24)$$

其中

$$\boldsymbol{F} = (F_n + \mu_t F_b)\boldsymbol{e}_n + (F_b - \mu_t F_n)\boldsymbol{e}_b \quad (3-25)$$

$$\boldsymbol{f} = \mu_a \boldsymbol{F} \quad (3-26)$$

将 $\boldsymbol{T}$ 和 $\boldsymbol{M}$ 记为：

$$\begin{cases} \boldsymbol{T} = T_t\boldsymbol{e}_t + T_n\boldsymbol{e}_n + T_b\boldsymbol{e}_b \\ \boldsymbol{M} = M_b\boldsymbol{e}_b - M_t\boldsymbol{e}_t \end{cases} \quad (3-27)$$

式中：T_n，T_b 为剪力；T_t 为轴向力；M_b 为弯矩；M_t 为扭矩。

对于圆截面弹性钻柱，假设其抗弯刚度为 EI，抗扭刚度为 GJ，则物理关系为：

$$\begin{cases} \boldsymbol{M} = EI\left(\boldsymbol{e}_t \times \dfrac{\partial \boldsymbol{e}_t}{\partial s} \right) + GJ\dfrac{d\gamma_T}{ds}\boldsymbol{e}_t \\[2mm] M_b = EI \cdot k_b \\[2mm] M_t = -GJ \cdot \dfrac{d\gamma_T}{ds} \end{cases} \quad (3-28)$$

式中：γ_T 表示扭转角；M_b 表示总弯矩；M_t 表示钻柱扭矩；若钻柱顺时针转动（从井口向下观测），则 M_t 取正值，其他符号意义同前。

重力方向的单位矢量在 Frenet 坐标系中的表示形式为：

$$\begin{cases} \boldsymbol{e}_g = \cos\alpha\boldsymbol{e}_t - \dfrac{k_\alpha}{k_b}\sin\alpha\boldsymbol{e}_n + \dfrac{k_\varphi}{k_b}\sin^2\alpha\boldsymbol{e}_b \\[2mm] \boldsymbol{e}_g \cdot \boldsymbol{e}_t = \boldsymbol{k} \cdot \boldsymbol{e}_t = \cos\alpha \\[2mm] \boldsymbol{e}_g \cdot \boldsymbol{e}_n = \boldsymbol{k} \cdot \boldsymbol{e}_n = -\dfrac{k_a}{k_b}\sin\alpha \\[2mm] \boldsymbol{e}_g \cdot \boldsymbol{e}_b = \boldsymbol{k} \cdot \boldsymbol{e}_b = -\dfrac{k_\varphi}{k_b}\sin\alpha \end{cases} \quad (3-29)$$

式中：α、φ 分别表示井斜角、方位角。k_α、k_φ、k_b 分别表示井斜角变化率、方位角变化率和空间曲线的曲率。

将式（3-25）、式（3-29）代入式（3-24），整理得微元钻柱的运动方程在 Frenet 坐标系中的三个分量形式为：

e_t 方向：

$$\left(\frac{\partial T_t}{\partial s}-k_b T_n\right)-F\mu_a-c_1\frac{\partial u_t}{\partial t}+\frac{F_{max}\sin(\omega_{ext}t+\varphi_{ext})}{ds}+\rho_s\cos\bar{\alpha}$$

$$=A\rho\frac{\partial^2 u_t}{\partial t^2}\frac{\partial M_t}{\partial s}-\frac{\mu_t FD_{jo}}{2}-c_2\frac{\partial\theta_t}{\partial t}=\rho I_p\frac{\partial^2\theta_t}{\partial t^2} \qquad (3-30)$$

e_n 方向：

$$\left(\frac{\partial T_n}{\partial s}+k_b T_t-k_n T_b\right)+F_n+\mu_t F_b-\rho_s\frac{k_\alpha}{k_b}\sin\alpha$$

$$=A\rho\frac{\partial^2 u_n}{\partial t^2}-k_b M_t-k_n M_b-T_b-\frac{1}{2}ds(F_b-\mu_t F_n)=\rho I_p\frac{\partial^2\theta_n}{\partial t^2} \qquad (3-31)$$

e_b 方向：

$$\left(\frac{\partial T_b}{\partial s}+k_n T_n\right)+\rho_s\frac{k_\varphi}{k_b}\sin^2\alpha+F_b-\mu_t F_n=A\rho\frac{\partial^2 u_b}{\partial t^2}\frac{\partial M_b}{\partial s}+T_n+\frac{1}{2}ds(F_n+\mu_t F_b)$$

$$=\rho I_p\frac{\partial^2\theta_b}{\partial t^2} \qquad (3-32)$$

式中：μ_t，μ_a 分别表示总摩擦系数的切向分量和轴向分量；$F_{max}\sin(\omega_{ext}t+\varphi_{ext})/ds$ 为激振力项，c_2 为切向的黏滞力系数，D_{jo} 为钻柱的外径。

$$\mu_a=\frac{\mu v_a}{\sqrt{v_a^2+v_t^2}} \qquad (3-33)$$

$$\mu_t=\frac{\mu v_t}{\sqrt{v_a^2+v_t^2}} \qquad (3-34)$$

式中：v_a，v_t 分别表示钻柱与井眼接触点的相对速度的轴向分量和切向分量。

在传统的旋转钻井中钻柱与井壁间的相对滑动速度的切向分量一般比轴向分量大很多，但是在滑动钻井技术中大部分钻柱处于轴向滑动状态，因此在传统旋转钻井技术中可以忽略的轴向摩擦力在滑动钻井中不可忽略。只考虑钻柱的轴向振动状态，同时忽略弯矩振动只考虑钻柱切向方向的扭转振动效应。式（3-30）~（3-32）的简化形式为

e_t 方向：

$$\left(\frac{\partial T_{\mathrm{t}}}{\partial s}-k_{\mathrm{b}}T_{\mathrm{n}}\right)-F\mu_{\mathrm{a}}-c_1\frac{\partial u_{\mathrm{t}}}{\partial t}+\frac{F_{\max}\sin(\omega_{\mathrm{ext}}t+\varphi_{\mathrm{ext}})}{\mathrm{d}s}+\rho_{\mathrm{s}}\cos\alpha$$

$$=A\rho\frac{\partial^2 u_{\mathrm{t}}}{\partial t^2}\frac{\partial M_{\mathrm{t}}}{\partial s}-\frac{\mu_{\mathrm{t}}FD_{jo}}{2}-c_2\frac{\partial\theta_{\mathrm{t}}}{\partial t}$$

$$=\rho I_{\mathrm{p}}\frac{\partial^2\theta_{\mathrm{t}}}{\partial t^2} \tag{3-35}$$

e_{n} 方向：

$$\left(\frac{\partial T_{\mathrm{n}}}{\partial s}+k_{\mathrm{b}}T_{\mathrm{t}}-k_{\mathrm{n}}T_{\mathrm{b}}\right)+F_{\mathrm{n}}+\mu_{\mathrm{t}}F_{\mathrm{b}}-\rho_{\mathrm{s}}\frac{k_{\alpha}}{k_{\mathrm{b}}}\sin\alpha=0 \tag{3-36}$$

e_{b} 方向：

$$\left(\frac{\partial T_{\mathrm{b}}}{\partial s}+k_{\mathrm{n}}T_{\mathrm{n}}\right)+\rho_{\mathrm{s}}\frac{k_{\varphi}}{k_{\mathrm{b}}}\sin^2\alpha+F_{\mathrm{b}}-\mu_{\mathrm{t}}F_{\mathrm{n}}=0 \tag{3-37}$$

由弯矩方程可知

$$T_{\mathrm{n}}=-\frac{\partial M_{\mathrm{b}}}{\partial s} \tag{3-38}$$

$$T_{\mathrm{b}}=M_{\mathrm{b}}k_{\mathrm{n}}+M_{\mathrm{t}}k_{\mathrm{b}} \tag{3-39}$$

将式(3-38)、式(3-39)代入式(3-35)~式(3-37)并整理得：

e_{t} 方向：

$$\left(\frac{\partial T_{\mathrm{t}}}{\partial s}+k_{\mathrm{b}}\frac{\partial M_{\mathrm{b}}}{\partial s}\right)-F\mu_{\mathrm{a}}-c_1\frac{\partial u_{\mathrm{t}}}{\partial t}+\frac{F_{\max}\sin(\omega_{\mathrm{ext}}t+\varphi_{\mathrm{ext}})}{\mathrm{d}s}+\rho_{\mathrm{s}}\cos\alpha$$

$$=A\rho\frac{\partial^2 u_{\mathrm{t}}}{\partial t^2}\frac{\partial M_{\mathrm{t}}}{\partial s}-\frac{\mu_{\mathrm{t}}FD_{jo}}{2}-c_2\frac{\partial\theta_{\mathrm{t}}}{\partial t}=\rho I_{\mathrm{p}}\frac{\partial^2\theta_{\mathrm{t}}}{\partial t^2} \tag{3-40}$$

e_{n} 方向：

$$-\frac{\partial^2 M_{\mathrm{b}}}{\partial s^2}+k_{\mathrm{b}}T_{\mathrm{t}}+k_{\mathrm{n}}(M_{\mathrm{b}}k_{\mathrm{n}}+M_{\mathrm{t}}k_{\mathrm{b}})+F_{\mathrm{n}}+\mu_{\mathrm{t}}F_{\mathrm{b}}-\rho_{\mathrm{s}}\frac{k_{\alpha}}{k_{\mathrm{b}}}\sin\alpha=0 \tag{3-41}$$

e_{b} 方向：

$$-\frac{\partial(M_{\mathrm{b}}k_{\mathrm{n}}+M_{\mathrm{t}}k_{\mathrm{b}})}{\partial s}-k_{\mathrm{n}}\frac{\partial M_{\mathrm{b}}}{\partial s}+\rho_{\mathrm{s}}\frac{k_{\varphi}}{k_{\mathrm{b}}}\sin^2\alpha+F_{\mathrm{b}}-\mu_{\mathrm{t}}F_{\mathrm{n}}=0 \tag{3-42}$$

在式(3-40)中，$k_{\mathrm{b}}\partial M_{\mathrm{b}}/\partial s$ 为副法线方向的弯矩分量产生的轴向力变化，对于曲率很小的钻柱，其在钻柱截面拉力中所占比例很小，可以忽略[40]。

3) 接触力及其引起的摩擦力

钻柱由静止过渡到稳定滑动钻进状态时，受动力钻具组合产生的扭矩影响，钻柱会绕自身轴线旋转，从而产生切向摩擦力，切向摩擦力继而产生摩擦扭矩；

钻柱绕自身轴线旋转时产生的切向
摩擦力如图 3-5 所示, 其中周向摩
擦系数 μ_r 按图示方向旋转时是正的,
反向旋转时是负的, 没有转动时
为零。

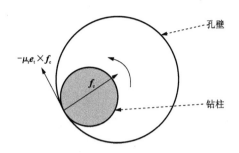

f_c 是钻柱单元和井眼内壁间垂
直接触面的接触力, 钻柱的旋转运动
和轴向运动将分别产生切向摩擦力

图 3-5　钻柱切向摩擦力模型

和轴向摩擦力, 切向摩擦力为 $-\mu_r \boldsymbol{e}_t \times \boldsymbol{f}_c$, 轴向摩擦力为 $\mu_a \parallel \boldsymbol{f}_c \parallel \boldsymbol{e}_t$, 轴向摩擦力在
钻柱向井口方向移动时是正的, 向井底方向移动时是负的。首先根据摩擦模型中
摩擦系数与相对滑动速度的关系确定摩擦系数的大小, 进而根据摩擦系数确定摩
擦力的大小[41]。

周向摩擦系数 μ_r 和轴向摩擦系数 μ_a 的计算公式:

$$\mu_r = \frac{2\pi r_e \omega \mu}{\sqrt{v_t^2 + (2\pi r_e \omega)^2}} \qquad (3-43)$$

$$\mu_a = \frac{v_t \mu}{\sqrt{v_t^2 + (2\pi r_e \omega)^2}} \qquad (3-44)$$

式中: ω 为钻柱转动的速度; v_t 为钻柱推进的速度; μ 为总摩擦系数; r_e 为钻柱
外径。

将垂直于钻柱轴线的法向接触力 $\boldsymbol{f}_c$ 写成在局部坐标系中的分量形式:

$$\boldsymbol{f}_c = f_{cn} \boldsymbol{e}_n + f_{cb} \boldsymbol{e}_b \qquad (3-45)$$

式中: 接触力大小 $f_c = \sqrt{f_{cn}^2 + f_{cb}^2}$; f_{cn} 为接触力沿 $\boldsymbol{e}_n$ 方向的分量; f_{cb} 为接触力沿 $\boldsymbol{e}_b$
方向的分量。

由接触力和摩擦力构成的合外力 $\boldsymbol{F}$ 为,

$$\boldsymbol{F} = \mu_a f_c \boldsymbol{e}_t + (f_{cn} + \mu_r f_{cb}) \boldsymbol{e}_n + (f_{cb} - \mu_r f_{cn}) \boldsymbol{e}_b \qquad (3-46)$$

接触力产生的力矩 $\boldsymbol{C}$ 为,

$$\boldsymbol{C} = \mu_r f_c \boldsymbol{e}_t \qquad (3-47)$$

3.3　降摩减阻工具发展现状

与润滑剂、牵引器等其他常用减阻方式相比, 振动工具运行成本低、尺寸更
灵活并与其他减阻措施兼容[42]。目前市场上主要有三大类具有代表性的轴向振
动工具, 分别是旋转阀脉冲(RVP)工具、射流振荡式(FFM)工具以及其他
工具[43]。

3.3.1　旋转阀脉冲工具

1. 工具结构及原理

由美国国民油井公司研发的水力振荡器（AGT）是具有代表性的 RVP 工具[44]。表 3-1 列出了 AGT 工具的尺寸与规格[45-46]。图 3-6 为 AGT 示意图与工作机理，该工具主要包括三个部分：动力短节、阀门短节和振荡短节[47]。动力短节包括转子与定子，阀门短节包括一个转动阀组件（OVA）和一个固定阀组件（SVA），振荡短节由心轴、活塞、碟簧组、外管组成。当泥浆被泵送通过动力短节时，转子在定子中运动，并带动固定在转子下方的 OVA 在 SVA 上方往复运动，导致两个阀片周期性地相错和重合，使流体流经工具的截面积变化以产生压力脉冲。当压力脉冲峰值传递到振荡短节时，心轴伸长，压力降低后，心轴会在碟簧组作用下返回初始位置，从而实现轴向振动。

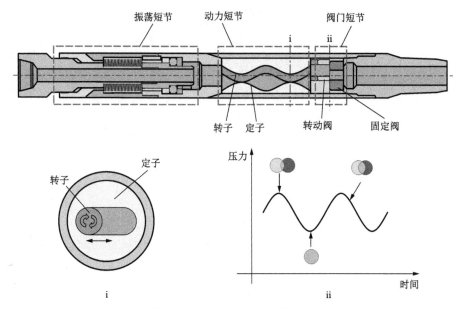

图 3-6　AGT 示意图与工作机理

2. 工程应用

AGT 已经成为世界上最流行的减摩工具之一，并被广泛用于水平井、大位移井和多分支水平井的钻进过程中。其工作性能及特点见表 3-2。

表 3-1　AGT 工具参数

工具尺寸	3~3/4"	4~3/4"(High Flow)	5"(High Torque)	6~1/2"	6~3/4"	8"	9~5/8"
钻压/lbs	240	310	498	900	1000	1600	2000
推荐流量/gpm	90~140	150~270 (250~330)	150~270 (250~330)	375~475	400~600	500~1000	600~1100
温度/℃	150	150	150	150	150	150	150
操作频率/Hz	26 Hz@ 120 gpm	18~19 Hz@ 250 gpm (16~17 Hz@ 250 gpm)	18~19 Hz@ 250 gpm (16~17 Hz@ 250 gpm)	15 Hz @ 400 gpm	16~17 Hz @ 500 gpm	16 Hz @ 900 gpm	12~13 Hz @ 900 gpm
压降/psi	500~700	550~650	550~650	600~700	600~700	600~800	600~800
最大拉力/lbs	230000	260000	500000	570000	570000	930000	1145000

注：1 lbs=0.45 kg，1 gpm=3.79 L/min，1 psi=6.895×10⁻³ MPa。

表 3-2　常见轴向振动工具的工作性能与主要特点

工具类型	工具名称	压力脉冲幅度/psi	频率/Hz	工具长度/ft	进尺增加的幅度/%	机械钻速增加的幅度/%	摩擦系数减小的幅度/%	最高温度/℃	特点
RVP	AGT	600~1300	8	4~8	28~43	19~77	26~50	150	技术成熟，结构简单；性能受限，工具长度长
FFM	FIC	990~2094	6	小于 2	53~93	21~151	14~60	300	少运动件甚至无运动件 长度短 坚固 可靠 对极端恶劣环境耐性强 压降较高 出现了冲蚀现象；有一个运动零部件（活塞）压降较高
FFM	FAOT	NA	10~15	2~3	53~93	21~151	14~60	NA	
FFM	XRV	400~1900	25	0.5	53~93	21~151	14~60	无温度限制	无运动零部件 频率较高
PSM	PSM	550~1600	12.5	NA	18	39	NA	NA	操作简单，性价比高 对颗粒敏感，长度短，工作范围窄

注：1 ft=0.3048 m。NA：信息无法获取或不存在。

　　Rasheed[48]对北海荷兰区使用 AGT 工具的现场结果进行分析。结果表明 AGT 的作业时间在 250 h 以上，其中用于钻井作业的时间为 116 h 左右。此外，AGT 工具可与 MWD/LWD 等敏感的测井设备兼容，并能延长钻头寿命。图 3-7 显示了使用和未使用 AGT 工具时机械钻速（ROP）的情况。结果表明，在未使用 AGT 时，滑动钻进遇到了很大的困难，滑动间隔短，且机械钻速慢。当使用 AGT 时，ROP 得到了很大的提高。

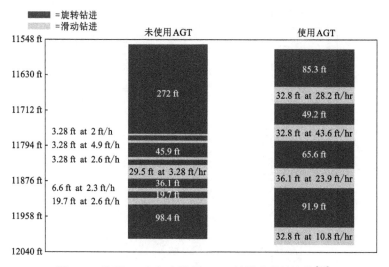

图 3-7　使用 AGT 与未使用 AGT 的钻井性能比较[48]

　　Robertson 等描述了将 AGT 工具与连续油管结合的实例[49]。在挪威的测试表明，AGT 能够使钻压提高 70%~90%，在其中的一次测试中甚至提高了 98%。在阿拉斯加的现场结果显示使用 AGT 可以将摩擦系数从 0.50 减少到 0.31，减少幅度为 38%，证明了轴向振动工具在改善钻压传递、降低摩擦系数等方面具有明显的效果。

3. 优缺点

　　AGT 现已被广泛用于大位移井钻进领域，它可以增加钻压、提高机械钻速、减小摩擦和扭矩，并可以与 MWD/LWD 等敏感测井工具兼容[50-51, 14]。AGT 简单可靠的结构使其易于操作。然而，这也限制了该工具性能的优化。特别是当钻井倾角超过 60°，水平距离超过 3280 ft 时，钻井过程中的 ROP 明显下降[52]。此外，AGT 包含了一些运动部件以及弹性材料，这些部分在高酸、高温、高腐蚀等恶劣工作环境中的寿命较低，导致维修费用昂贵。

3.3.2　射流振荡式工具

射流振荡式工具以 2012 年美国 Thru Tubing Solutions 公司发明的 XRV 工具[53]、同年美国贝克休斯公司提出的流体脉冲发生器(FIG)[54]和 2014 年中石油集团渤海钻探工程技术研究院提出的射流式水力振荡器(FAOT)[16]最具代表性。

1. XRV 工具

XRV 工具结构如图 3-8 所示，一个涡流腔被用来代替活塞与中断阀的作用。与涡流室相连的三信号道的射流振荡器可以认为是 Spyropoulos 单反馈回路振荡器[55]和 Warren 双反馈回路振荡器[56]的组合。涡流腔可以认为由涡流二极管发展而来。射流在两个输出道中周期性地切换，使得流体在涡流腔中的运动方式发生变化从而产生压力脉冲，压力脉冲引起工具轴向振动。除此之外，Thru Tubing Solutions 公司还提出了一系列有多个涡流腔的工具，能够满足不同工程需求。

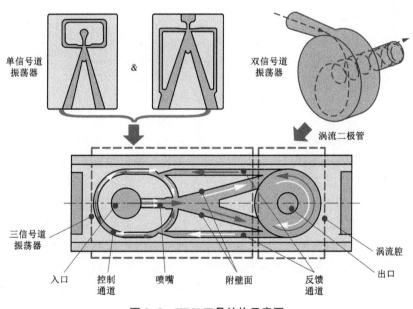

图 3-8　XRV 工具结构示意图

2. 流体脉冲发生器

FIG 工具主要由射流振荡器、活塞和中断阀构成。如图 3-9 所示，它包含两个流道：90%~95%的流体流经的主流道与剩余流体流经的次流道。中断阀的下游部分安装了插塞，限制了主流道流体的流动。活塞是该工具唯一的运动部件。设置在次流道上的射流振荡器有两条对称的输出道，根据 Coanda 效应，射流可以随机地从一侧输出道流出以控制活塞的往复运动。而活塞的运动也通过反馈通道对主射流施加一个横向的压力来控制射流在两个输出道中周期性地切换。活塞的周期性运动使中断阀中的旁路通道重复地打开与关闭，进而产生压力脉冲。

实验室测试表明，这种工具产生的轴向振动力远大于钻柱与井壁的摩擦力，过大的轴向力降低了井下钻井工具寿命。因此，在插塞上设计了一个压力调节通道。主流道的流体可以通过压力调节通道，降低压降并延长工具的寿命[54, 58]。

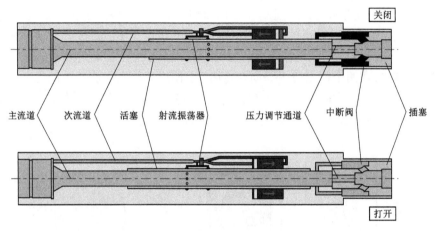

图 3-9　FIG 工具示意图

3. 射流式水力振荡器

通过改进用于冲击式旋转钻井的射流液动锤，中石油集团渤海钻探工程技术研究院提出了 FAOT 工具。如图 3-10 所示，它利用射流振荡器来控制流体交替进入气缸的前腔和后腔，从而控制活塞前、后移动，活塞周期性地经过节流阀的锥孔来堵塞流道进而产生压力脉冲。然而，FAOT 工具并没有按照预先设想的方式工作，因为当活塞高速移动时，大部分流体进入气缸前腔，此时通过节流阀的流体是相当有限的，导致压力脉冲小于预期。Zhang 等[57]通过移除节流阀对这种工具进行了改进，结果表明，在大多数工作条件下，去掉节流阀后的工具性能优于原设计。

4. 工程应用

在过去的十年间，FFM 工具的应用逐渐增多，并在工程项目中取得了良好的效果。Castaneda 将 FIG 工具应用于连续油管并在得克萨斯州沃斯堡东北部进行了现场试验[58]。第一次钻进时未安装 FIG 工具，当钻进效率明显降低时，将连续油管拉出并将 FIG 装入井底钻具组合。如图 3-11 所示，与未使用 FIG 工具时相比，使用 FIG 工具时产生了更大的钻压与更深的进尺。此外，研究还发现 FIG 工具出现了冲蚀现象而影响了工具性能。

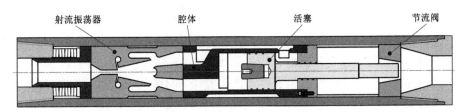

图 3-10 FAOT 工具示意图

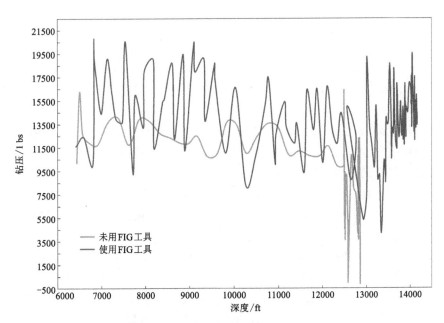

图 3-11 FIG 工具现场应用效果

Parra 等记录了 FIG 工具在滨里海盆地北缘的 Karachaganak 油田的应用情况[59]。第一次钻进未加入 FIG 工具，钻进深度为 20452 ft。钻具被拉出后加入了 FIG 工具，钻进深度达到 20938 ft。在该案例中 FIG 工具使摩擦系数降低了 14%，并且证明了该工具能够在复杂条件下工作 110 h。

与 FIG 工具相比，关于 XRV 工具的现场应用情况相对较少。

McIntosh 等在 Eagle Ford 油田对常用的轴向振动减阻工具的使用效果进行了对比[21]。结果表明使用 XRV 工具时的机械钻速最快、减摩能力最强，而使用径向振动工具时的进尺只比未使用振动工具的井增加了 17 ft。由此可以得出结论，轴向振动工具的效果优于径向振动工具，这与 Newman 等[60]的试验结果一致。

Duthie 等将 XRV 工具应用于沙特阿拉伯的超深井钻探[61]。在钻进其中一口井时，使用 XRV 工具增加了 3515 ft 的钻进深度。使用耐腐蚀材料对 XRV 工具进行改进后，进尺又增加了 53%~93%。该案例展示了 XRV 工具无运动件与弹性部件的优势，且其可以承受如高酸环境等极端恶劣的条件。

柳鹤等[12]通过 CFD 模拟和实验测试研究了 FAOT 工具的振动频率与振动位移随排量变化的规律。结果表明，振动频率随着排量的增加而缓慢增加，并证实该工具对 MWD 的信号传输没有负面影响。现场案例显示，使用 FAOT 工具时的平均机械钻速提高了 151%。

5. 优缺点

基于 Coanda 效应的射流振荡器是 FFM 工具的核心部分。FIG 和 FAOT 工具均通过射流振荡器来控制活塞的运动以达到周期性阻断流道的目的。FIG 工具的长度约为 2 ft，FAOT 工具的长度为 2~3 ft，均短于 AGT 工具的 4~8 ft。但活塞的存在引入了活动部件，增加了工具出现故障的概率。XRV 工具用涡流室取代活塞来产生压力脉冲，因此，XRV 工具没有任何运动部件，长度最短，只有约 0.5 ft。

少移动部件甚至无移动部件的设计是 FFM 工具的主要优势，这使射流振荡器更接近一个整体，工具变得更紧凑、坚固、可靠，对高温、高酸、高腐蚀等极端恶劣的工作条件的抵抗力进一步增强。

FIG 和 FAOT 工具的压力波动曲线是一个可以使轴向力最大化的阶梯函数，但过高的压力也影响了工具的寿命。XRV 工具的压力曲线类似于正弦波函数，这种压力波既能满足工程要求也降低了工具内部压力。

高压降问题是 FFM 工具的缺点之一，并且很多学者在该类工具中发现了冲蚀现象。然而，国内外学者对轴向振动减阻工具的研究主要集中在工程应用方面，与工作机理、结构参数优化相关的数值模拟与室内试验均较少。此外，颗粒参数对工具性能的影响不容忽视，而现有的与射流振荡器内部固液二相流有关的研究也较少。

3.3.3 其他工具

本节介绍的其他工具也属于典型的轴向振动工具。由于种种原因，目前这些工具的实地应用较少。

1. PSM 工具

如图 3-12 所示，PSM 工具包含提升阀等部件，当流体被泵送入工具时，它们周期性地堵塞流道并产生压力脉冲和轴向振动。McIntosh 等[43]提出，PSM 工具提高 ROP 的效果优于 RVP 工具，但劣于 FFM 工具。而且 PSM 工具在降低摩擦系数方面的性能略低于其他两种工具。

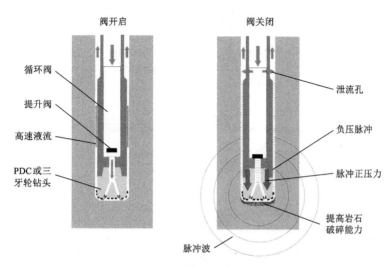

图 3-12　PSM 工具示意图

PSM 工具的结构简单，几乎没有弹性元件，且成本低、长度短，但其操作范围通常很窄，而且工具对颗粒的抵抗性较差。

2. 连续管减摩器工具（FDR）

Sola 和 Lund[62]提出了一种轴向振动工具，即 FDR，如图 3-13 所示。该工具可以看作是一个双作用液压缸。FDR 的外径为 3.5 ft，长度为 1.2 m，设计流量为每分钟 100~900 L。冲程和切换频率分别为 50~100 mm 和 2~8 Hz。在实验室测试中，该工具的摩擦力减少了 90%。

FDR 工具的结构新颖，对井眼的几何形状没有限制，但该工具的工作寿命短、容易磨损，经测试该工具的使用时间只有 26 h[62]。

3. 声波流动脉冲装置和方法

Walter[63]授权的专利包括一个地面声波脉冲发生器（SAPG）和一个多级活塞伸缩工具（MPTT），它们通常结合使用。SAPG 可以安装在泥浆泵和立管之间或水龙头下，MPTT 则安装在钻头上方。SAPG 通过水锤效应产生压力脉冲，并将其传递给 MPTT。压力脉冲控制 MPTT 活塞的往复运动并压缩弹簧以此产生强烈的机械振动，减少钻杆和井壁之间的摩擦。此外，该工具还可通过引起钻井液流量的变化来清洁井眼、增加 ROP。

4. 井下流量脉动装置

该装置类似于一个冲击器，可直接安装在钻头上方，产生的压力脉冲可以实现压力脉冲钻井和冲击钻井，也可以安装在离钻头一定距离的钻杆上，作为井下振动减摩工具[64-65]。

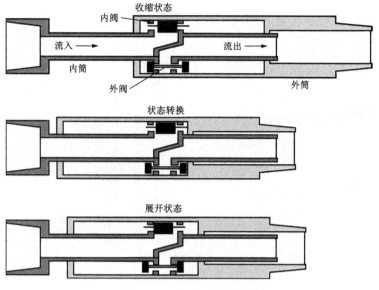

图 3-13　FDR 工具示意图

5. 井下振动部件的装置

Zheng 授权的专利主要部分是一个壳体和一些可沿壳体移动的冲击元件，冲击元件反复冲击壳体以产生轴向振动[66]。然而，对外壳的反复冲击缩短了这种工具的操作寿命，且在温度高的深井中，它还会产生一定的热能。该工具的竞争力低于有较少或没有运动部件的工具。

6. 威德福滚子减阻器

该装置属于机械减阻工具，由本体接头、内衬套筒，以及铸铁外壳组成，如图 3-14 所示。铸铁外壳在威德福滚子减阻器的最外侧，上有突出的滚轮与井壁接触，减少了钻杆与井壁的接触，并将静摩擦转变为动摩擦来达到减阻效果。内衬套筒由表面光滑的复合材料制成，安装在本体接头与铸铁外壳之间，工作时作为"牺牲品"承受转动造成的摩擦。本体接头是与钻杆相连的主体结构，表层镀有高效涂层，方便与内衬套筒配合工作。

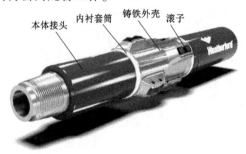

图 3-14　威德福滚子减阻器示意图

3.4　射流式振动减阻工具结构设计与性能分析

3.4.1　射流振荡器理论概述与结构设计

1. 射流振荡器相关理论概述

1）射流的形成和分类

流体在一定压力下从各种形式的路径以束状形态射入同一种或另一种流体，即形成射流[67-68]。射流有不同的分类方式[69]，按射流与周边介质的性质，可分为自由淹没射流和自由伴随射流；按射流的流动形态，可分为层流射流和湍流射流；按射流的流速范围，可分为亚声速射流和超声速射流；按射流压力和环境压力之间的大小关系，可分为欠膨胀射流和过膨胀射流。

2）卷吸效应

高速流体与射流周围的介质互相交换动量，导致射流范围逐渐变宽，这种现象称为射流的卷吸。1935 年，基于频闪观测法，Brown 观测到平面射流的两侧会交替产生漩涡，即拟序结构[70-71]。漩涡向下游运动过程中，会两两合并，称为漩涡配对，这是射流产生卷吸效应的原因，也是射流附壁振荡的基础机制。

3）射流的附壁与切换

当射流在两侧壁面之间流动时，由于壁面的限制，射出的流体与周围介质不能无限地进行动量交换，且射流元件几何结构微小的不对称性及射流本身存在的紊乱，导致射流两侧的流体因体积不同而产生不同的动量，造成了射流两侧的压力差，驱使射流向流体体积小的一侧偏转，最终附着在这一侧的壁面上，这就是著名的 Coanda 附壁效应[72]。

射流的切换是指当稳定附壁在一侧壁面上的射流被外界流体破坏平衡时，射流向另外一侧发生偏转并最终在另一侧壁面上附着的现象。一般认为射流的切换是干扰流的冲击使压力和动量发生改变的结果[73-74]。

2. 设计思路

射流振荡器能够在两个输出道之间周期性地产生自激振荡射流[75-76]。由于不含可移动零部件，该装置坚固、紧凑、可靠、成本低，引起了广泛关注[77-79]。图 3-15(a)是具备一个反馈通道的控制道加载式射流振荡器，图 3-15(b)是双反馈通道版本，被称为负反馈式射流振荡器[76, 78]，这两个工具均为经典的附壁式射流振荡器，其特点是工具的切换频率随流速线性增加，它们已被广泛应用于流量计、混合器、传感器以及存储和控制装置等领域[80-84]。图 3-15(c)和图 3-15(d)分别为垂直输出道射流振荡器(V-FO)和弧形输出道射流振荡器(C-FO)[85]，它们在负反馈式射流振荡器的基础上引入了排空道而降低了射流切换频率[86]，因此，射流的切换可以与活塞运动时产生的水锤压力相耦合，这使其成功地应用于一种高效的碎岩工具——射流液动锤[87]。逆反馈式射流振荡器也被认为是一种降低振荡频率的基础设计，它将一侧的反馈通道引入另一侧的控制端口，增加了流动距离，降低了切换敏感性。这类工具被应用在常见的轴向振动减阻工具FIG中[10, 42]。FIG工具在实际应用中取得了较好的效果，但FIG工具中的逆反馈式射流振荡器需要与活塞连接以产生压力脉冲(如图3-9所示)。活塞的存在增加了工具长度，降低了造斜率与工具寿命。XRV工具作为另一种常见的轴向振动减阻工具，引入了涡流腔替换常用的活塞来产生压力脉冲(如图3-8所示)。涡流腔使工具，无任何运动零部件，缩短了工具长度，使得工具更加坚固耐用。因此逆反馈式射流振荡器与涡流腔相结合的形式被认为具有更好的工程应用效果，但关于类似工具的研究很罕见。这是由于该类型的工具工作机理复杂、研制难度高，且存在压降过高的问题。本书在经过大量尝试后，将弧形逆反馈控制通道与涡流腔相结合，研制了逆反馈式振荡射流压力脉冲减阻工具。

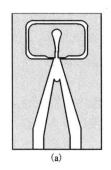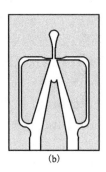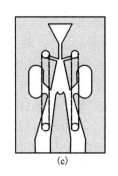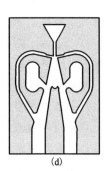

(a)　　　　　　(b)　　　　　　(c)　　　　　　(d)

图3-15　不同类型射流振荡器示意图

3. 结构设计

图3-16为逆反馈式振荡射流压力脉冲减阻工具(RFOT)示意图，应用对象为75 mm直径的连续油管。该工具由两部分组成，即基体和盖板。将RFOT插入外管后，通过上下接头与钻具相连，即为轴向振动工具。图3-16(b)是该工具的横截面图。工具的内部流道主要设置在基板，由入口、喷嘴、控制通道、反馈通道、涡流腔、出口组成。盖板设置有反馈通道与出口。基板与盖板可以通过螺栓连接，也可以通过3D打印等其他方式加工成一个整体。图中箭头代表流体运动的方向，当流体从入口流入后，根据科恩达效应，随机附着在一侧的壁面，该部分流体通过涡流腔与反馈通道流至控制通道，对主射流施加横向的推动力，使得射流切换至另一侧，完成一次振荡周期。射流会以同样的方式在两侧周期性地切换以产生压力脉冲，进而产生轴向振动。

通过实验和数值模拟，发现 RFOT 的压降符合预期，但切换频率略高。因此，对 RFOT 进行了优化，增加两个涡流腔并设计了双出口型和六出口型工具，结构如图 3-17 所示，优化后的工具被命名为多腔逆反馈式振荡射流压力脉冲减阻工具(MRFOT)。

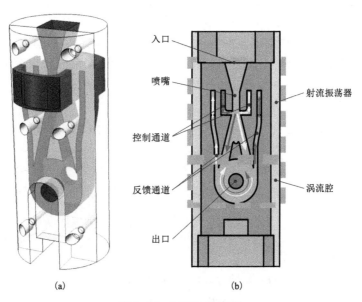

图 3-16　RFOT 示意图

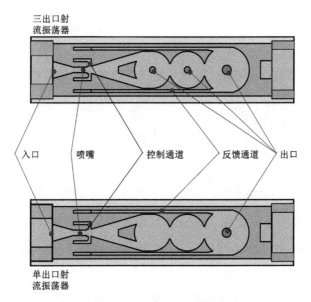

图 3-17　MRFOT 示意图

3.4.2 流场动态演化规律研究与性能分析

1. 数值模拟仿真研究方法

1) 数值模拟(CFD)技术的选取

射流振荡器内部流道精度高,导致加工成本和实验成本高,且实验过程中只能收集某些特定位置的压力和速度数据,难以观察到结构内部的详细流场信息。而使用 CFD 技术可以详细地监测到射流振荡器内部的流场演化规律,并能准确计算工具的压降与频率。因此,使用 CFD 技术对射流振荡器进行模拟是一种高效、低成本的方法。CFD 技术已被广泛用于射流振荡器的流场模拟中[88]。

2) 流场控制方程

流体的流动需要遵循以下三个基本原则:质量守恒、动量守恒和能量守恒。其衍生的数学描述即为基本控制方程。

质量守恒方程定义为微元体在单位时间内增加的质量等于同一时间内流入该微元体的质量。单位时间单位体积的流体在空间直角坐标系中可表示为[82-83]:

$$\frac{\partial \rho}{\partial t}+\frac{\partial (\rho u_x)}{\partial x}+\frac{\partial (\rho u_y)}{\partial y}+\frac{\partial (\rho u_z)}{\partial z}=0 \tag{3-48}$$

在圆柱坐标系中表示为:

$$\frac{\partial (\rho v_r)}{\partial r}+\frac{\partial (\rho v_\theta)}{\partial \theta}+\frac{\partial (\rho v_z)}{\partial z}+\frac{\partial_\rho}{\partial t}+\frac{\rho v_r}{r}=0 \tag{3-49}$$

向量形式为:

$$\frac{\partial \rho}{\partial t}+\nabla \cdot (\rho u)=0 \tag{3-50}$$

式中:ρ 为密度,kg/m^3;u 为速度,m/s。

动量守恒方程基于牛顿第二定律,定义为微元体中流体的动量相对于时间的变化率等于该微元体上所受的作用力,其表达式如下:

$$\sum F=\left(\frac{\mathrm{d}mv}{\mathrm{d}t}\right) \tag{3-51}$$

积分形式的动量守恒方程为:

$$\sum F=\int_{cs}^{0} \rho v(v \cdot n)\mathrm{d}A+\frac{\mathrm{d}}{dt} \iiint_{v}^{1} \rho v \mathrm{d}V \tag{3-52}$$

式中:F 为力,kN;ρ 为密度,kg/m^3;v 为速度,m/s;$\rho v(v \cdot n)$ 为动量通量,$kg/m/s^2$;$\int_{cs}^{1} \rho v(v \cdot n)\mathrm{d}A$ 为从控制体内流出流体的动量,$kg \cdot m/s$;$\iiint_{v}^{1} \rho v \mathrm{d}V$ 为控制体内流体的动量,$kg \cdot m/s$。

能量守恒方程是分析计算热量传递过程的基本方程之一,其本质是热力学第一定律。由于本研究的内部流场不需考虑热交换，限于篇幅不对该方程做详细介绍。

湍流方程中的 κ-ε 模型可靠、收敛性好、内存需求低，适用于可压/不可压流动问题，特别适用于复杂几何的外部流动问题。

Standard κ-ε 湍流模型应用广泛，但模拟曲率较大或压力梯度较强等复杂旋流、绕流时效果欠佳，适用于完全湍流，表达式为：

$$\frac{\partial}{\partial t}(\rho k)+\frac{\partial}{\partial x_i}(\rho k u_i)=\frac{\partial}{\partial x_j}\left[\left(\mu+\frac{\mu_t}{\sigma_k}\right)\frac{\partial k}{\partial x_j}\right]+G_k+G_b-\rho\varepsilon-Y_M+S_k \tag{3-53}$$

$$\frac{\partial}{\partial t}(\rho\varepsilon)+\frac{\partial}{\partial x_i}(\rho\varepsilon u_i)=\frac{\partial}{\partial x_j}\left[\left(\mu+\frac{\mu_t}{\sigma_\varepsilon}\right)\frac{\partial\varepsilon}{\partial x_j}\right]+C_{1\varepsilon}\frac{\varepsilon}{k}(G_k+C_{3\varepsilon}G_b)-C_{2\varepsilon}\rho\frac{\varepsilon^2}{k}+S_\varepsilon$$
$$\tag{3-54}$$

式中：$C_{1\varepsilon}$、$C_{2\varepsilon}$ 与 $C_{3\varepsilon}$ 为计算常数；G_b 为由于浮力而产生的湍流动能，J；σ_k 与 σ_ε 分别为湍动能和耗散率的普朗特数；Y_M 为可压缩湍流中的波动膨胀对总体耗散率的贡献；G_k 为雷诺平均后速度梯度引起的湍动能产生项；S_k 与 S_ε 为用户自定义源项。

RNG-based κ-ε 对 Standard κ-ε 模型中的 e 方程进行了改善，能模拟射流撞击、分离流、二次流和旋流等中等复杂流动，但该模型受到涡旋黏性同性假设限制，在模拟强旋流过程中效果欠佳，表达式为：

$$\frac{\partial}{\partial t}(\rho k)+\frac{\partial}{\partial x_i}(\rho k u_i)=\frac{\partial}{\partial x_j}\left(\alpha_k\mu_{\text{eff}}\frac{\partial k}{\partial x_j}\right)+G_k+G_b-\rho\varepsilon-Y_M+S_k \tag{3-55}$$

$$\frac{\partial}{\partial t}(\rho\varepsilon)+\frac{\partial}{\partial x_i}(\rho\varepsilon u_i)=\frac{\partial}{\partial x_j}\left(\alpha_v\mu_{\text{eff}}\frac{\partial\varepsilon}{\partial x_j}\right)+C_{1\varepsilon}\frac{\varepsilon}{k}(G_k+C_{3c}G_b)-C_{2v}\rho\frac{\varepsilon^2}{k}-R_\varepsilon+S_\varepsilon$$
$$\tag{3-56}$$

Realizable κ-ε 提供旋流修正，对旋转流动、强逆压梯度的边界层流动、流动分离有很好的表现。但是由于该模型考虑了平均旋度的影响，在计算旋转和静态流动区域时不能提供自然的湍流黏度，表达式为：

$$\frac{\partial}{\partial t}(\rho k)+\frac{\partial}{\partial x_j}(\rho k u_j)=\frac{\partial}{\partial x_j}\left[\left(\mu+\frac{\mu_t}{\sigma_k}\right)\frac{\partial k}{\partial x_j}\right]+G_k+G_b-\rho\varepsilon-Y_M+S_k \tag{3-10}$$

$$\frac{\partial}{\partial t}(\rho\varepsilon)+\frac{\partial}{\partial x_j}(\rho\varepsilon u_j)\&=\frac{\partial}{\partial x_j}\left[\left(\mu+\frac{\mu_t}{\sigma_x}\right)\frac{\partial\varepsilon}{\partial x_j}\right]+\rho C_i S\varepsilon-\rho C_2\frac{\varepsilon^2}{k+\sqrt{v\varepsilon}}+C_{1\varepsilon}\frac{\varepsilon}{k}C_{3\varepsilon}G_b+S_\varepsilon$$
$$\tag{3-57}$$

3）计算域与初始边界条件

图 3-18 所示为 RFOT 的计算域模型。为验证网格的数量对计算的影响，对三种不同密度的网格进行了计算，考虑到计算成本和精度，选择了具有 12896 个

网格的中等密度网格。同样，有 2 个出口和 6 个出口的 MRFOT 的网格数分别为 61002 和 61584。如图 3-18 所示，入口处的边界条件采用速度入口，两个出口采用压力出口，且压力被设置为大气压力(另一个出口由于角度原因没有显示)。此外，所有壁面都使用了无滑移边界条件。

4) 三维动态流场设置

三维动态流场数值模拟设置情况见表 3-3。

湍流模型的选取与验证：射流振荡器的结构看似简单，但其运行机制复杂，涉及流体的附壁、涡流的发展与消散等复杂湍流问题[89]。因此，湍流模型的选择对计算结果的精度影响很大。为了验证最适合本模拟的湍流模型，将 1 L/s 流量下使用各种湍流模型得到的压降与流量结果与实

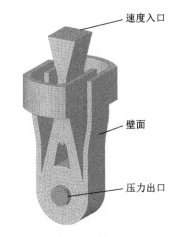

图 3-18　RFOT 计算域的
三维网格模型与边界条件示意图

验结果进行了对比。如图 3-19(a) 所示，standard κ-ε 模型得到的压降最小值与实验结果接近，但最大压降与实验值相比误差较大。RNG-based κ-ε 模型模拟的最大压降值与实验结果接近，但最小值仍有一些误差。由 realizable κ-ε 模型得到的压降值与实验结果非常接近。对得到的时间-压力数据进行快速傅里叶变换(FFT)，水平坐标对应的第一个波峰为切换频率[90]。如图 3-19(b) 所示，通过实验得到的切换频率为 12.21 Hz，而 realizable κ-ε 模型的模拟结果为 12.01 Hz，两者最为接近。Standard κ-ε 模型和 RNG-based κ-ε 模型的结果虽然也与实验结果较为接近，但误差略大于 realizable κ-ε 模型。

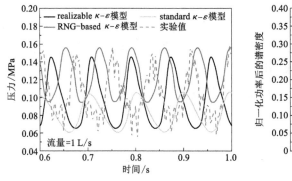
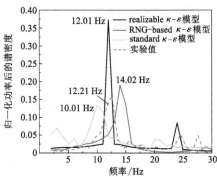

图 3-19　使用不同湍流模型的数值模拟与实验得到的压力和频率对比

表 3-3 数值模拟设置情况表

模拟设置参数	设置情况
多相流模型	Euler-Lagrangian 模型
湍流模型	realizable κ-ε 模型
时间步	1×10^{-4} s
速度-压力耦合算法	PISO
压力离散格式	PRESTO
动量、动能和湍流消散率的离散化方案	QUICK
入口边界条件	Velocity inlet
出口边界条件	Pressure outline

速度-压力耦合算法与欠松弛因子的选取：常用的速度-压力耦合算法有三种：SIMPLE、SIMPLEC、PISO。其中 SIMPLE 与 SIMPLEC 算法相似，属于压力修正算法。通过计算压力场求解动量方程得到速度场后，用速度场修正压力场，再用修正的压力场计算速度场，重复迭代。SIMPLEC 算法与 SIMPLE 算法相比，改进了通量修正，收敛速度更快，且稳定性更好，计算时可以使用较大的欠松弛因子。SIMPLE 与 SIMPLEC 一般应用于定常状态。PISO 可用于非定常计算也可用于定常计算，可以更好地解决网格质量差时收敛难度大的问题。本研究中射流振荡器内部流体周期性地在两个输出道之间切换，属于非定常问题，因此采用 PISO格式。

松弛因子可控制收敛的速度并改善收敛状况。一般松弛因子小于 1 的为欠松弛因子，该因子可以缩减当前迭代步数的结果与上一步结果的差值，防止差值过大导致的发散。一般当收敛情况不好时采用较小的松弛因子，而网格质量较高时，可适当采用较大的欠松弛因子，以提高收敛速度。

离散格式、时间步与多相流模型的选取：常见的离散格式有三种，即一阶迎风（first-order）、二阶迎风（second-order）与 QUICK。一阶迎风格式的收敛性一般强于二阶迎风，但离散误差稍大。然而在模型简单的结构网格的计算中，二者精度区别不大。而 QUICK 在结构网格条件下计算旋转流场与涡流的准确性更好，适用于逆反馈式射流振荡器的模拟，因此动量方程、湍流动能和湍流耗散率的离散格式选用 QUICK 格式。

为了更有效地模拟射流的附壁和切换过程，采用了瞬态计算。根据之前学者对射流振荡器的模拟研究，1×10^{-4} s 的时间步长对于捕捉射流切换的详细过程是一个合适的值，且时间成本也可以接受[87]。在采用该步长的模拟中，射流振荡器内部流体稳定后每个周期的压降值若相同,则能证明模拟的准确性。

常用的多相流模型有两种:欧拉-欧拉方法与欧拉-拉格朗日方法。其中欧拉-欧拉方法将计算域内不同的相假设为互相贯穿的连续介质。欧拉-拉格朗日方法则将流体相处理为连续相,使用纳维-斯托克斯方程求解,将颗粒等粒子处理为离散相。流体相与离散相之间存在着动量与能量的交换。本研究中,在劈尖、涡流腔、控制端口等位置出现了颗粒堆积的情况,对射流振荡器的性能造成了影响。因此,采用欧拉-欧拉方法将颗粒处理为流体相不精确,本研究最终采用欧拉-拉格朗日方法。

2. 压力脉冲产生机制及射流切换机理

如图 3-20 所示为工具入口与右侧控制端口(控制通道靠近喷嘴的部位)的压降与流量变化图。当入口压力最大时(a 时刻),射流在涡流腔内的发展最充分、流速最快、离心力最大、流体难以从出口流出,导致憋压严重。此时主射流向右侧偏转,流体的流动路径大,沿程损失高,也造成了压降的增加。与此同时,流体从右侧反馈通道流向左侧控制端口,对主射流施加向右的横向力,施加的力达到临界值后,主射流切换到右侧(如 b、c 时刻所示)。c 时刻入口压降最小,此时流体刚切换至右侧,流体直接流向出口,在涡流腔内没有形成高速涡流。随着射流在涡流腔内不断发展,流速最大时,入口压降也达到了最大。随后流体以相同的方式切换回左侧(如 d、e、f 时刻所示),完成一次切换周期。

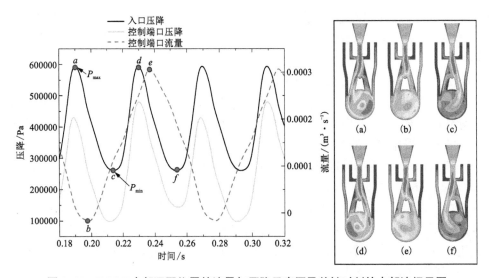

图 3-20 RFOT 内部不同位置的流量与压降示意图及关键时刻的内部流场云图

从图 3-20 看出,入口与右侧控制端口的压降变化几乎同步,但右侧控制端口每个周期的压降峰值不一致。a 时刻压降是小波峰,因为此时射流振荡器内整体压降大,带动该处压降也处于峰值。d 时刻,右侧控制端口压降为大波峰,这是由于此时不仅射流振荡器内整体压降大,而且流体从左侧反馈通道流向右侧控制端口,导致了压降进一步增大。

右侧控制端口的流量到达峰值的时间慢于压降变化(如 b、e 时刻所示),这是由于射流振荡器内部的延迟作用。当涡流腔内流速最大时(d 时刻),涡流腔内的高速流体未进入反馈通道,射流发展一段时间后,该部分高速流体流回右侧端口(e 时刻),此时右侧端口的流量最多。而涡流腔内的高速流体通过右侧反馈通道流向左侧时(a、b 时刻),右侧端口流量最小。

如图 3-21 所示为一个振荡周期内的射流元件内部流场流线图,图 3-21(a)所示是入口压降最低的时刻,射流附壁在左侧。劈尖上方有一个驻涡,可以

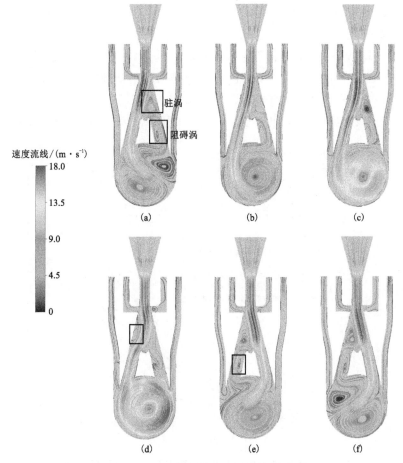

图 3-21　RFOT 内部流线(扫码查看彩图)

加强主射流的附壁效果,输出道有一个阻碍涡,阻碍主射流流入右侧输出道进而加强主射流的附壁。因主射流大部分流入左侧输出道,流入右侧输出道的分流逐渐减小,导致二者的相互作用减弱,驻涡与阻碍涡逐渐消失[如图 3-21(b)所示]。随着射流在涡流腔内的不断发展,较多的流体流回左侧控制端口,给主射流施加向右的横向推动力,射流向右切换,逐渐有流体流向右侧输出道,使得驻涡再次出现并变大[如图 3-21(c)所示],此时的驻涡仍起到加强附壁和阻止切换的作用。当射流切换到一定地步时,右侧驻涡被破坏,左侧出现一个新的驻涡,这个驻涡对射流切换起到促进作用。随着射流的切换,驻涡越来越大,并且左侧输出道开始出现阻碍涡,阻止射流流入左侧输出道进而起到促进切换的作用。最后,射流将切换到右侧。由此可以看出,射流振荡器的工作机理由射流的附壁、涡流的发展与消散等复杂流体行为共同作用组成。

3. 流体参数对工作性能的影响

1)流量对压力脉冲的影响

使用 CFD 技术,研究了 6 组流量,即 1 L/s、1.5 L/s、2 L/s、4 L/s、6 L/s 和 8 L/s,对平均压降、压力脉冲振幅和切换频率的影响。如图 3-22 所示,随着流量的增加,三种工具的平均压降和压力脉冲振幅均呈指数级增长,拟合方程为 $y = y_0 + A \times \exp(R_0 \times x)$。这是由于随着流量的增加,涡流腔内的速度也会增加,离心力更大,流体更难从出口流出,导致了更高的压降。六出口型 MRFOT 的平均压

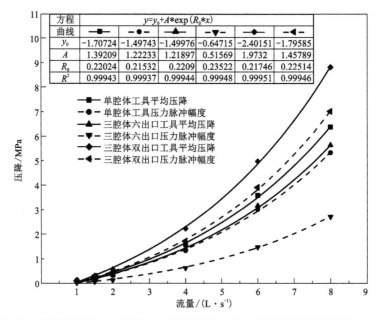

图 3-22 流量对 RFOT 与 MRFOT 平均压降、压力脉冲幅度的影响及拟合方程

降和压力脉冲幅度最小,双出口型的 MRFOT 的压降和压力脉冲幅度最大。这是因为涡流腔数量的增加,将流体加速至更高的速度,使得憋压能力更强,导致更高的压降。对于六出口型 MRFOT,出口数量的增加使得更多流体从出口流走,阻止了更高速度的涡流的形成,所以压降变低。随着流量的增加,三种工具间压降的差距也变大。在流量为 1 L/s 时,RFOT、六出口型、双出口型工具的平均压降分别为 0.14 MPa、0.10 MPa、0.19 MPa,在流量为 8 L/s 时,压降分别增长至 9.47 MPa、7.16 MPa、12.32 MPa。

　　2)流量对振荡频率的影响及多腔体工具降频机制

　　如图 3-23 所示,三种工具的频率均与流量成正比,单腔体工具的切换频率高于三腔体工具。RFOT 在 1~8 L/s 的流量下,频率分别为 12.01 Hz、18.97 Hz、24.96 Hz、54.01 Hz、82 Hz、108.97 Hz,三腔体双出口型工具的频率分别为 4.01 Hz、5.99 Hz、9 Hz、19 Hz、28.99 Hz、37.99 Hz,三腔体六出口型工具的频率分别为 3.03 Hz、5.02 Hz、7.04 Hz、14.03 Hz、23.02 Hz、31.02 Hz。图 3-24 以三腔

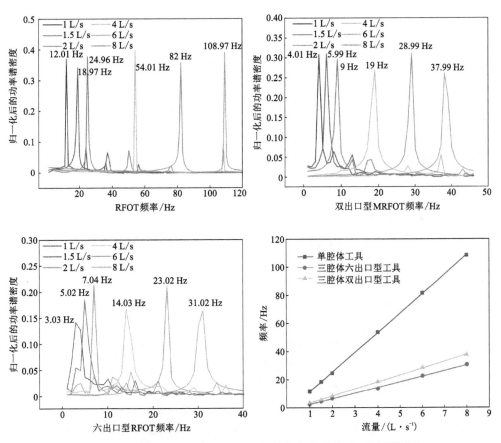

图 3-23　流量对 RFOT 与 MRFOT 切换频率的影响(扫码查看彩图)

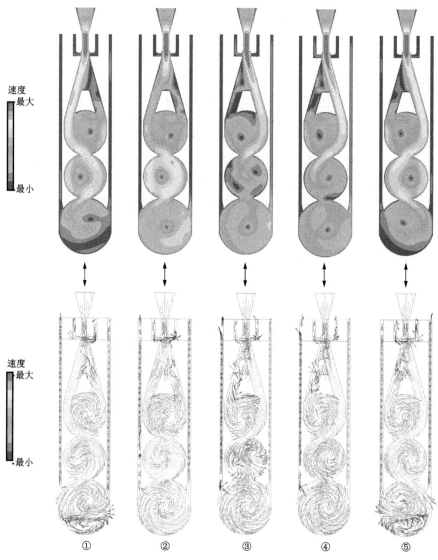

图 3-24　MRFOT 频率降低机制示意图(扫码查看彩图)

体六出口型工具为例,解释了多腔体工具降低频率机制。切换过程①和过程②与单腔体工具相似,附着在左侧输出通道的流体速度不断增加,通过右侧反馈通道进入左侧控制端口的流体越来越多,对主射流施加向右的横向力,推动主射流切换至另一侧,此时第三个涡流腔内的流体运动方向为逆时针方向。如过程③所示,当主射流切换到另一侧时,最下方涡流腔中的流体旋转方向仍然是逆时针。

当切换到右侧的主射流发展一段时间后，第三个涡流腔内的逆时针流体变为顺时针流动（如过程④和过程⑤所示）。该涡流腔的延迟效果阻碍了上方流体的流入，降低了切换敏感性。此外，随着工具长度的增加，反馈通道的长度变大，流体返回控制通道的时间变长，也导致了切换时间增加。因此多腔体工具的振荡频率均小于单腔体工具。其中三腔体六出口型工具有更多的流体从出口流出，导致通过反馈通道流回控制端口的流体减少，施加的横向推动力减弱，所以切换时间进一步变长。

在 8 L/s 的流量下，将 RFOT 与 XRV 工具的性能进行对比，如表 3-4 所示，RFOT 工具的压降最小值与压降最大值均小于 XRV 工具，平均压力降降低了 42.4%，有效地解决了射流振荡式轴向振动减阻工具压降高的问题。RFOT 工具的切换频率略高，六出口型与双出口型 MRFOT 工具能够优化振荡频率，且将压降值保持在能满足工作需求的范围内。

表 3-4　8 L/s 流量下 RFOT 与 XRV 的性能对比

工具名称	压降最小值 /MPa	压降最大值 /MPa	平均压力降 /MPa	压力脉冲幅度 /MPa	频率 /Hz
RFOT	4.14	9.47	6.38	5.32	108
六出口型 RFOT	4.43	7.15	5.61	2.73	31.02
双出口型 RFOT	5.31	12.32	8.81	7.01	37.99
XRV	6.17	16.01	11.09	9.84	53.67

3）钻井液密度的影响

常用钻井液密度为 1000～1600 kg/m³，因此，选用流量为 2 L/s，钻井液密度为 1000 kg/m³、1200 kg/m³、1400 kg/m³、1600 kg/m³、1600 kg/m³ 的变量来探究该因素对射流振荡器工作性能的影响。如图 3-25 所示，随着钻井液密度的增加，平均压降与压力脉冲幅度都线性增加。这是由于同体积的液体质量线性增加，导致工具内部憋压能力增强，压力升高。当钻井液密度从 1000 kg/m³ 增加至 1600

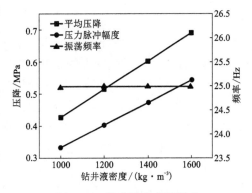

图 3-25　钻井液密度的影响

kg/m³ 时，平均压降增加了 61.9%，压力脉冲幅度增加了 84.8%，由此可见，钻井液密度对压力脉冲的影响较大。图 3-25 显示钻井液密度对振荡频率的影响不大，说明在一定范围内，钻井液密度增加不会影响工具内部流体的流速，振荡频率保持稳定。

4. 颗粒参数对工作性能的影响

1）流量对工作性能的影响

钻井液中不可避免地会携带固体颗粒，因此本书研究了固体颗粒对压力脉冲与振荡频率的影响。选用颗粒固相含量为 0.005、颗粒粒径为 2 μm，探究不同流量（2 L/s、4 L/s、6 L/s、8 L/s）对工作性能的影响。如图 3-26 所示，加入颗粒后，平均压降、压力脉冲幅度、振荡频率均降低。这是由于固体颗粒堆积在涡流腔、反馈通道、控制端口等位置，阻碍了内部流体的流动，导致压力脉冲与振荡频率

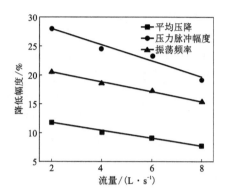

图 3-26　加入颗粒后流量对平均压降、压力脉冲幅度及振荡频率的影响

降低。随着流量增加，流体的流速增加，堆积的颗粒被流体携带冲走，颗粒对流体的阻碍作用减弱，压力脉冲与振荡频率的降低幅度减小。在流量为 2 L/s 时，平均压降、压力脉冲幅度、振荡频率的降低幅度分别为 11.8%、28.6%、20.6%，在流量为 8 L/s 时，平均压降、压力脉冲幅度、振荡频率的降低幅度分别为 7.8%、19.1%、15.4%。由此可见，颗粒对性能的影响较为明显。

2）颗粒粒径对工作性能的影响

选用颗粒固相含量为 0.005、流量为 4 L/s，探究不同颗粒粒径的影响，粒径分别为 2 μm、4 μm、6 μm、8 μm、20 μm。如图 3-27 所示，在 2~8 μm 范围内，随着粒径的增加，压力脉冲与振荡频率以较快的速度降低，而在 8~20 μm 范围内，压力脉冲与振荡频率降低的速度较慢，基本趋于稳定。这是由于较小的颗粒容易堆积，加入颗粒后，小直径的颗粒堆积在射流振荡器内部，阻碍了流体的流动，造成了性能参数的降低。而大直径的颗粒则不易堆积而被钻井液冲走，因此，在粒径大于一定值后，性能参数趋于稳定。

3）固相含量对工作性能的影响

选用颗粒粒径为 2 μm、流量为 4 L/s，探究不同固相含量对工作性能的影响，固相含量分别为 0.005、0.01、0.015、0.02。增加固相含量导致大量的小粒径颗粒在射流振荡器内聚集，使得涡流腔、反馈通道等位置体积变小，相当于在流量相同的条件下，对小尺寸的射流振荡器进行数值模拟。如图 3-28 所示，频率与平均压降随着固相含量的增加而增加，压力脉冲幅度随着固相含量的增加而降低。

5.关键结构优化分析

射流振荡器的结构参数对工作性能有很大影响,其中重要的结构参数是出口尺寸、流道深度与劈尖距(劈尖上部到反馈通道上部的垂直距离)。在工程应用中,可以改变结构参数以适应不同的工作条件,因此有必要厘清不同结构参数对工具性能的影响。在本节,流量采用 2 L/s,出口尺寸分别采用 8 mm、10 mm、12 mm、14 mm、16 mm,劈尖距分别采用 24 mm、25 mm、26 mm、27 mm、28 mm,流道厚度分别采用 18 mm、19 mm、20 mm、21 mm、22 mm。

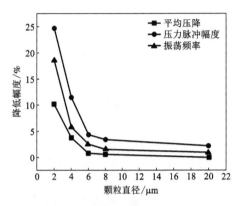

图 3-27 颗粒直径对平均压降、
压力脉冲幅度及振荡频率的影响

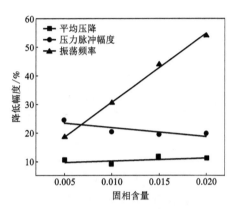

图 3-28 固相含量对平均压降、
压力脉冲幅度及振荡频率的影响

1)出口尺寸

如图 3-29 所示,随着出口尺寸的增加,压力脉冲幅度从 0.48 MPa 线性降低到 0.19 MPa。平均压降和振荡频率分别从 0.8 MPa 与 26 Hz 下降到 0.26 MPa 与 21 Hz。这是因为在一定范围内,出口尺寸的增加使更多流体从出口流出,降低了压力脉冲与振荡频率。图中结果显示振荡频率的下降速度增加,而平均压降的下降速度变慢。这是因为振荡频率主要与流回控制端口的流量有关,出口

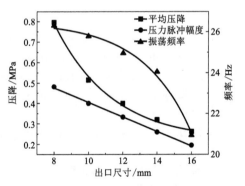

图 3-29 出口尺寸对平均压降、
压力脉冲幅度及振荡频率的影响

尺寸的增加导致流回控制口的流体减少,因此施加在主射流上的动量变低,使得振荡频率下降的速度变快。射流振荡器的压降与涡流腔内流体的流速有关,当出口尺寸增加到一定程度时,涡流室中的流动空间变小,更容易形成高速涡流,减

慢了压降的降低速度。

2) 劈尖距与内部流道厚度

如图 3-30 所示,平均压降和压力脉冲幅度随着劈尖距的增加分别从 0.38 MPa 与 0.31 MPa 增加至 0.43 MPa 与 0.38 MPa,这是由于大的劈尖距更有利于形成涡流腔内的高速射流,使憋压效应更加明显。振荡频率从 26 Hz 降低到 20.4 Hz 是因为增加的流动距离,延迟了流体的运动。此外,如图 3-31 所示,在一定范围内,流道厚度对平均压降、压力脉冲幅度和频率的影响较小。

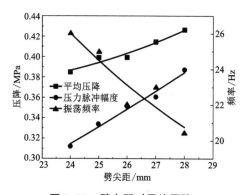

图 3-30 劈尖距对平均压降、
压力脉冲幅度及振荡频率的影响

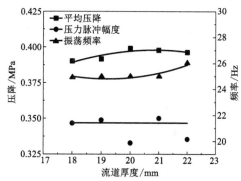

图 3-31 流道厚度对平均压降、
压力脉冲幅度及振荡频率的影响

参考文献

[1] YE H Y, WU X Z, LI D Y. Numerical simulation of natural gas hydrate exploitation in complex structure wells: Productivity improvement analysis[J]. Mathematics, 2021, 9(18): 2184.

[2] HUANG G S, HU X Y, MA H L, et al. Optimized geothermal energy extraction from hot dry rocks using a horizontal well with different exploitation schemes[J]. Geothermal Energy, 2023, 11(1): 5.

[3] 张海山. 中国海洋石油大位移井钻井技术现状及展望[J]. 石油钻采工艺, 2023, 45(1): 1-11.

[4] 汪海阁, 黄洪春, 纪国栋, 等. 中国石油深井、超深井和水平井钻完井技术进展与挑战[J]. 中国石油勘探, 2023, 28(3): 1-11.

[5] SUN Y C, CHEN S W, LI Y F, et al. Shale rocks brittleness index prediction method using extended elastic impedance inversion[J]. Journal of Applied Geophysics, 2021, 188: 104314.

[6] NAZARI T, HARELAND G, AZAR J J. Review of cuttings transport in directional well

drilling: systematic approach [C]//. Proceedings of SPE Western Regional Meeting. OnePetro, 2010: SPE-132372-MS.

[7] MA L K, LAI J Q, ZHANG X X, et al. Comprehensive insight into cuttings motion characteristics in deviated and horizontal wells considering various factors via CFD simulation [J]. Journal of Petroleum Science and Engineering, 2022, 208: 109490.

[8] BUSCH A, JOHANSEN S T. Cuttings transport: on the effect of drill pipe rotation and lateral motion on the cuttings bed[J]. Journal of Petroleum Science and Engineering, 2020, 191: 107136.

[9] LIVESCU S, CRAIG S. A critical review of the coiled tubing friction-reducing technologies in extended-reach wells. Part 1: Lubricants[J]. Journal of Petroleum Science and Engineering, 2017, 157: 747-759.

[10] LIVESCU S, CRAIG S. A critical review of the coiled tubing friction-reducing technologies in extended-reach wells. Part 2: vibratory tools and tractors[J]. Journal of Petroleum Science and Engineering, 2018, 166: 44-54.

[11] 高德利, 黄文君. 井下管柱力学与控制方法若干研究进展[J]. 力学进展, 2021, 51(3): 620-647.

[12] 柳鹤, 冯强, 周俊然, 等. 射流式水力振荡器振动频率分析与现场应用[J]. 石油机械, 2016, 44(1): 20-24.

[13] 孔令镕, 王瑜, 邹俊等. 水力振荡减阻钻进技术发展现状与展望[J]. 石油钻采工艺, 2019, 41(1): 23-30.

[14] MCCARTHY J P, STANES B H, CLARK K W, et al. A step change in drilling efficiency: quantifying the effects of adding an axial oscillation tool within challenging wellbore environments [C]//SPE/IADC Drilling Conference and Exhibition. SPE, 2009: SPE-119958-MS.

[15] MCCORMICK J E, EVANS C D, LE J, et al. The practice and evolution of torque and drag reduction: theory and field results [R]. Bangkok: International Petroleum Technology Conference, 2011.

[16] 柳鹤. 射流式水力振荡器理论分析与试验研究[D]. 长春: 吉林大学, 2014.

[17] 杨应林. 射流式减摩阻工具工作机理研究[D]. 成都: 西南石油大学, 2018.

[18] 范光第, 黄根炉, 李绪锋, 等. 水平井管柱摩阻扭矩的计算模型[J]. 钻采工艺, 2013, 36(5): 22-25, 11.

[19] RAFATI R, SMITH S R, SHARIFI HADDAD A, et al. Effect of nanoparticles on the modifications of drilling fluids properties: a review of recent advances[J]. Journal of Petroleum Science and Engineering, 2018, 161: 61-76.

[20] TAHA N M, LEE S. Nano graphene application improving drilling fluids performance [R]. Doha: International Petroleum Technology Conference, 2015.

[21] AFTAB A, ALI M, ARIF M, et al. Influence of tailor-made TiO_2/API bentonite nanocomposite on drilling mud performance: towards enhanced drilling operations[J]. Applied

Clay Science, 2020, 199: 105862.

[22] AFTAB A, ISMAIL A R, KHOKHAR S, et al. Novel zinc oxide nanoparticles deposited acrylamide composite used for enhancing the performance of water-based drilling fluids at elevated temperature conditions[J]. Journal of Petroleum Science and Engineering, 2016, 146: 1142-1157.

[23] MA L K, LAI J Q, ZHANG X X, et al. Comprehensive insight into cuttings motion characteristics in deviated and horizontal wells considering various factors via CFD simulation [J]. Journal of Petroleum Science and Engineering, 2022, 208: 109490.

[24] 崔宗伟. 气缸低速摩擦力特性的研究及其建模与仿真[D]. 哈尔滨: 哈尔滨工业大学, 2008.

[25] STRIBECK R, SCHRÖTER M. Die wesentlichen Eigenschaften der Gleit-und Rollenlager: Untersuchung einer Tandem-Verbundmaschine von 1000 PS[M]. Springer, 1903.

[26] JOHANNES V I, GREEN M A, BROCKLEY C A. The role of the rate of application of the tangential force in determining the static friction coefficient[J]. Wear, 1973, 24(3): 381 -385.

[27] 丁千, 翟红梅. 机械系统摩擦动力学研究进展[J]. 力学进展, 2013, 43(1): 112-131.

[28] HESS D P, SOOM A. Friction at a lubricated line contact operating at oscillating sliding velocities[J]. Journal of tribology, 1990, 112(1): 147-152.

[29] BO L C, PAVELESCU D. The friction-speed relation and its influence on the critical velocity of stick-slip motion[J]. Wear, 1982, 82(3): 277-289.

[30] 杨帆. 基于 LuGre 摩擦模型的伺服系统自适应鲁棒控制研究[D]. 南京: 南京理工大学, 2012.

[31] DAHL P. Solid friction model[R]. El Segundo, CA, 1968.

[32] DUPONT P, ARMSTRONG B, HEYWARD V. Elasto-plastic model contact compliance and stiction[C]. Proceedings of the American Control Conference, AACC, Chicago, 2000: 1072-1077.

[33] 周传勇. Bouc-Wen 滞回模型的参数辨识及其在电梯振动建模中的应用[D]. 上海: 上海交通大学, 2008.

[34] IWAN W D. The Dynamic Response of Bilinear Hysteretic Systerms[D]. California: California Institute of Technology, 1961.

[35] WEN Y K. Method for random vibration of hysteretic systems [J]. Journal of the Engineering Mechanics Division, 1976, 102(2): 249-263.

[36] 余建新. 迟滞非线性系统的动力学分析及其应用[D]. 哈尔滨: 哈尔滨工业大学, 2009.

[37] HAESSIG D A, Friedland B. On the modeling and simulation of friction[J]. Journal of Dynamic Systems, Measurement, and Control, 1991, 113(3): 354-362.

[38] 王文昌. 三维曲井抽油杆柱动力学特性分析方法研究与应用[D]. 上海: 上海大学, 2011.

[39] 高德利. 油气井管柱力学与工程[M]. 东营: 中国石油大学出版社, 2006.

[40] WANG X Y, NI H J, WANG R H, et al. Modeling and analyzing the movement of drill string while being rocked on the ground[J]. Journal of Natural Gas Science and Engineering, 2017, 39: 28-43.

[41] 覃江. 三维钻柱力学算法及其软件开发[D]. 荆州: 长江大学, 2015.

[42] TANG L B, ZHANG S H, ZHANG X X, et al. A review of axial vibration tool development and application for friction-reduction in extended reach wells[J]. Journal of Petroleum Science and Engineering, 2021, 199: 108348.

[43] MCINTOSH T, BAROS K J, GERVAIS J G, et al. A vibratory tool study on extended reach horizontals during coiled tubing drillout in the eagle ford shale[R]. Houston: Society of Petroleum Engineers, 2016.

[44] BENSON A, ELFAR T, SEW B, et al. Coiled tubing excitation technology leads to greater reach in the wellbore[R]. Kuala Lumpur: Offshore Technology Conference, 2016.

[45] ALALI A, BARTON S P. Unique axial oscillation tool enhances performance of directional tools in extended reach applications[C]. SPE Brasil offshore. SPE, 2011: SPE-143216-MS.

[46] AZIKE-AKUBUE V, BARTON S P, GEE R. Agitation tools enables significant reduction in mechanical specific energy[R]. Perth: Society of Petroleum Engineers, 2012.

[47] TANG L B, ZHANG S H, ZHANG X X, et al. A review of axial vibration tool development and application for friction-reduction in extended reach wells[J]. Journal of Petroleum Science and Engineering, 2021, 199: 108348.

[48] RASHEED W. Extending the reach and capability of non rotating BHAs by reducing axial friction[R]. Houston: Society of Petroleum Engineers, 2001.

[49] ROBERTSON L, MASON C J, SHERWOOD A S, et al. Dynamic excitation tool: developmental testing and ctd field case histories[R]. Houston: Society of Petroleum Engineers, 2004.

[50] TONGS T, HINRICHS A, SPICKETT R, et al. Ultradeep extended - reach stimulations [R]. Woodlands: Society of Petroleum Engineers, 2007.

[51] BARTON S, BAEZ F, ALALI A. Drilling performance improvements in gas shale plays using a novel drilling agitator device[R]. The Woodlands: Society of Petroleum Engineers, 2011.

[52] 明瑞卿, 张时中, 王海涛, 等. 国内外水力振荡器的研究现状及展望[J]. 石油钻探技术, 2015, 43(5): 116-122.

[53] SCHULTZ R L, CONNELL M L, FERGUSON A M. Vortex controlled variable flow resistance device and related tools and methods: 2012/0292018 A1[P]. 2012.

[54] STANDEN R, BRUNSKILL D J. Fluidic impulse generator: 2012/0312156 A1[P]. 2012.

[55] WARREN R W. Negative feedback oscillator: US3158166[P]. 1964-11-24.

[56] ZHANG X X, PENG J M, LIU H, et al. Performance analysis of a fluidic axial oscillation tool for friction reduction with the absence of a throttling plate[J]. Applied Sciences, 2017, 7(4): 360.

[57] CASTANEDA J C, SCHNEIDER C E, BRUNSKILL D. Coiled tubing milling operations:

successful application of an innovative variable water hammer extended-reach bha to improve end load efficiencies of a PDM in horizontal wells[R]. The Woodlands: Society of Petroleum Engineers, 2011.

[58] PARRA D, SAADA T, ADELEKE J, et al. Fluid hammer tool aided 1 3/4-in coiled tubing reach total depth in 6-in openhole horizontal well [R]. Astana: Society of Petroleum Engineers, 2014.

[59] NEWMAN K R. Vibration and rotation considerations in extending coiled-tubing reach [R]. Woodlands: Society of Petroleum Engineers, 2007.

[60] DUTHIE L, NAMLAH S ABDULGHANI A, et al. Mega reach case study, saudi arabia: the application of fluidic oscillation vibratory tools in tackling a challenging coiled tubing well intervention[R]. Houston: Society of Petroleum Engineers, 2017.

[61] SOLA K I, LUND B. New downhole tool for coiled tubing extended reach[C]. SPE/ICOTA Well Intervention Conference and Exhibition. SPE, 2000: SPE-60701-MS.

[62] WALTER B. Acoustic flow pulsing apparatus and method for drill string: US6910542[P]. 2005-06-28.

[63] EDDISON A M, HARDIE R. Downhole flow pulsing apparatus: US6279670[P]. 2001-08-28.

[64] EDDISON A M, HARDIE R. Downhole apparatus and method of use: US6508317[P]. 2003-01-21.

[65] ZHENG S F, JEFFRYES B P, THOMEER H V, et al. Method and apparatus to vibrate a downhole component: US7219726[P]. 2007-05-22.

[66] 赵承庆, 姜毅. 气体射流动力学[M]. 北京: 北京理工大学出版社, 1998.

[67] 赵钰. 钻井用射流振荡器的结构设计与仿真[D]. 荆州: 长江大学, 2018.

[68] 程蛟. 射流外激励切换附壁振荡特性与优化研究[D]. 大连: 大连理工大学, 2016.

[69] BURNISTON BROWN G. On vortex motion in gaseous jets and the origin of their sensitivity to sound[J]. Proceedings of the Physical Society, 1935, 47(4): 703-732.

[70] CROW S C, CHAMPAGNE F H. Orderly structure in jet turbulence [J]. Journal of Fluid Mechanics, 1971, 48: 547-591.

[71] RICOU F P, SPALDING D B. Measurements of entrainment by axisymmetrical turbulent jets [J]. Journal of Fluid Mechanics, 1961, 11: 21-32.

[72] HENRI C. Device for deflecting a stream of elastic fluid projected into an elastic fluid: US2052869[P]. 1936-09-01.

[73] TESAŘ V, HUNG C H, ZIMMERMAN W B. No-moving-part hybrid-synthetic jet actuator [J]. Sensors and Actuators A: physical, 2006, 125(2): 159-169.

[74] NAKAYAMA A, KUWAHARA F, KAMIYA Y. A two-dimensional numerical procedure for a three dimensional internal flow through a complex passage with a small depth (its application to numerical analysis of fluidic oscillators)[J]. International Journal of Numerical Methods for Heat & Fluid Flow, 2005, 15(8): 863-871.

［75］ GHANAMI S, FARHADI M. Fluidic oscillators' applications, structures and mechanisms－a review［J］. Transp Phenom Nano Micro Scales, 2019, 7(1): 9-27.

［76］ SARWAR W, BERGADÀ J M, MELLIBOVSKY F. Onset of temporal dynamics within a low reynolds－number laminar fluidic oscillator［J］. Applied Mathematical Modelling, 2021, 95: 219-235.

［77］ TESAŘ V. Taxonomic trees of fluidic oscillators［J］. European Physical Journal Conferences, 2017, 143: 02128.

［78］ RAGHU S. Feedback－free fluidic oscillator and method: US6253782［P］. 2001-07-03.

［79］ WRIGHT P H. The Coanda meter－a fluidic digital gas flowmeter［J］. Journal of Physics E Scientific Instruments, 1980, 13(4): 433-436.

［80］ JEON M K, KIM J H, NOH J, et al. Design and characterization of a passive recycle micromixer［J］. Journal of Micromechanics & Microengineering, 2004.

［81］ LEE G B, KUO T Y, WU W Y. A novel micromachined flow sensor using periodic flapping motion of a planar jet impinging on a V－shaped plate［J］. Experimental Thermal and Fluid Science, 2002, 26(5): 435-444.

［82］ GROISMAN A, ENZELBERGER M. Microfluidic memory and control devices［J］. Science, 2003, 300(5621): 955-958.

［83］ TESAR V. Fluidic oscillator with bistable jet－type amplifier［C］. Colloguium Fluid Dynamics Prague, Czech Republic, 2014.

［84］ TANG L B, ZHANG S H, ZHANG X X, et al. Numerical investigation of the dynamic erosion behavior in fluidic oscillators with a periodic oscillating jet［J］. Powder Technology, 2021, 395: 634-644.

［85］ ZHANG X X, PENG J M, GE D, et al. Performance study of a fluidic hammer controlled by an output－fed bistable fluidic oscillator［J］. Applied Sciences, 2016, 6(10): 305.

［86］ PENG J M, ZHANG Q, LI G L, et al. Effect of geometric parameters of the bistable fluidic amplifier in the liquid－jet hammer on its threshold flow velocity［J］. Computers & Fluids, 2013, 82: 38-49.

［87］ PENG J M, YIN Q L, LI G L, et al. The effect of actuator parameters on the critical flow velocity of a fluidic amplifier［J］. Applied Mathematical Modelling, 2013, 37(14): 7741 -7751.

［88］ MACDONALD R, JENNINGS B, VECSERI G. Investigation of low－frequency water hammer for extended－reach applications［R］. Woodlands: Society of Petroleum Engineers, 2013.

［89］ TESAR V, JILEK M. Integral fluidic generator of microbubbles［C］. Colloquium Fluid Dynamics, Prague, Czech Republic, 2013.

第4章　液动冲击回转钻进技术

冲击回转钻进就是把冲击式钻进和回转式钻进相结合的一种钻进方法。其是在回转钻进的基础上，在钻头或岩芯管上加一个冲击器(也称潜孔锤)，以提高钻进效率。钻进中在给钻具一定的轴向压力和回转动力的同时，冲击器给钻具施加一定频率的冲击能量，在孔底以冲击和回转切削共同作用破碎岩石，进行钻进[1, 2]。

该钻进方法用于复杂结构井钻进时同样具有降摩减阻的效果。第3章所介绍的降摩减阻技术着眼于利用降摩减阻措施来降低远离钻头区域的摩阻、提高井口轴力向井底传递的效率，最终实现向钻头稳定、准确施加钻压。而冲击回转钻进技术属于近钻头降摩减阻技术，侧重于通过减小钻头附近区域的摩阻来直接向钻头施压[3]。

冲击回转钻进之所以能够提高钻进效率，归纳起来有下列几个原因[4, 5]。

(1)冲击力是一种加载速度很大的动载荷，其明显特征是作用时间极短，岩石中的接触应力瞬时可达很大值。冲击载荷这种瞬时作用和应力集中的特性，有利于岩石中裂隙扩展而形成大体积破碎，从而提高碎岩速度。此外，坚硬岩石一般由硬度较高的矿物颗粒和胶结物质组成，就其物理力学性质而言，它的抗压强度高，但脆性大，表现在冲击载荷作用下，受较小的冲击功即可破碎。另外，冲击速度愈大，岩石脆性越大，在冲击载荷作用下越容易破碎。因此，尽管岩石的动硬度比静硬度大，但冲击载荷可以以较小的冲击功产生很大的破碎应力，这是以冲击方式破碎坚硬岩石的突出优点。

(2)用硬合金钻头回转钻进坚硬岩石时，切削刃必须在较高的轴向压力下才能切入岩石，然而较高的轴向压力将使钻刃被磨钝加剧而失去刻取岩石的能力，其结果是回次长度和钻头寿命都相应缩短。冲击回转钻进时的情况则相反：冲击回转钻进所需的轴向压力较小，转速也很低，与回转钻进相比，由于有冲击载荷作用，岩石破碎主要表现为体积破碎形式，使钻速加快。同时，破碎同量岩石，切削具摩擦路程缩短，故其磨损也减小，因而可以获得较高的回次进尺和钻头寿命，即延长了纯钻进时间。

（3）冲击回转钻进时，加有一定的轴向压力，因此改善了冲击功的传递条件，加强了冲击效果。试验表明：在一定的预压力下冲击破碎岩石，岩石强度要降低50%~80%，所以，冲击回转钻进比无预压的钢丝绳冲击钻进效率高 3~5 倍。又由于冲击器安装在孔底，冲击能量定接施加在钻头或粗径钻具之上，能量损失少，因此，冲击回转钻进又比把冲击器安放在孔外的钻进效率高。

（4）冲击器连续不断地对岩石施加冲击载荷，在碎岩过程中裂隙扩展可同时从很多薄弱的地方开始。这样有助于压碎和剪切体的产生，容易形成均匀坑穴，而两次冲击间形成的凸扇形体中的裂隙，给回转作用提供了良好的剪切条件，这是单纯回转钻进中不可能有的。室内试验证明：在花岗岩中，冲击回转钻进比单纯回转钻进效率提高了 5~15 倍。

（5）冲击回转钻进时，岩石受高频脉冲冲击作用迫使岩石内部分子振荡，从而产生疲劳破碎和降低岩石强度。

（6）液动冲击器和风动冲击器工作排出的流体体积流量大、流速高，使孔底不容易积存岩屑，这就造成不发生或少发生岩石的重复破碎。

（7）在冲击中又有连续不断的回转切削作用，改变了冲击载荷的传递方向，同时发挥了冲击碎岩和切削碎岩的效果。

4.1　液动冲击回转钻进技术主要发展概况

19 世纪中期，一些潜孔式液动冲击器开始出现，代替了原有的钻杆冲击钻。1887 年，德国人沃·布什曼发明了一种新的钻井方法，即利用泵供给的液能驱动液动冲击器对回转着的钻头进行连续冲击，但未达到实用程度[6]。1900—1905 年，俄国工程师 B. 沃尔斯基设计了石油钻井用的液动冲击器，并开展了液动冲击器的理论研究工作[7]。直到 20 世纪 50 年代，美国、加拿大和苏联才研制出了具有实用意义的液动冲击器[8]。20 世纪五六十年代，苏联地矿部门主要推广的正作用液动冲击器有 Γ-7、Γ-9、ΓB-5、ΓB-6 四种型号的冲击器，许多学者对这四种冲击器的性能参数和泥浆泵供给流量间的关系进行了较为详细的研究，得到了流量、活阀行程、弹簧预压量等参数对冲击器的冲击频率和冲击功的影响关系，对 ΓB-5、ΓB-6 型冲击器配合金刚石钻头和硬质合金钻头在不同硬度级别岩石中的钻进效果进行了对比研究，这些研究结果对早期液动冲击回转钻探技术的理论发展起到巨大的推动作用[9]。1981 年，苏联地矿部门统一生产了 Γ-76 和 Γ-59 两种型号的冲击器，以代替早期四种冲击器，Γ-76 型和 Γ-59 型冲击器的结构方案基本相同，不同之处是更换了个别零件。此外，苏联还研制了一些双作用液动冲击器，如 ГМД–2 型、Р–3М 型、Р–3МГ 型等，这些冲击器适用的钻孔直径均为 96~115 mm，但由于技术上的原因，这些冲击器未能在实际生产中得到有效的应用。

20 世纪 70 年代，日本利根公司研制出了一种液气混合用的 WH–120 型双作用冲击器，这种冲击器的单次冲击功为 98~147 J，冲击频率为 10~15 Hz。该类型冲击器的优点是在供给钻井液的时候，可以注入压缩空气来提高冲击功[10]。1972 年，匈牙利研制出多种双作用液动冲击器，其中 C–80 型冲击器工作时的冲洗液耗量为 120~150 L/min，冲击功为 58.8~78.5 J，冲击频率为 10~14 Hz。美国泛美石油公司曾研究开发了一种石油钻井用双作用液动冲击器，冲击器直径为 177.8 mm 和 279.4 mm，工作泵压范围是 27.5~41 MPa，这种双作用冲击器曾在 15 口井中的 30~2400 m 深度做过试验，其在石灰岩地层中的钻进速度比普通钻进方法提高了 96%~350%[11]。美国 Smith Tool 公司联合德国、英国等国共同研制出了一种阀式无簧双作用冲击器，此类冲击器通过采用小的活塞面积和大质量的冲锤，在较小的流量和较高的压力作用下获得了大于 1000 J 的单次冲击功。现场试验表明，这种冲击器只能在井深为 3000 m 以上的井中使用，当井深超过 3000 m 时，该冲击器无法正常工作，需作进一步的改进。1993 年，德国克劳斯塔尔工业大学深钻研究所为德国 KTB 科学钻探工程研制出了一套 ϕ140 mm 的阀式双作用冲击器，试验结果表明，当流量约为 1000 L/min、泵压为 3~4 MPa 时，其冲击功可至 800~900 J。由于其性能不稳定，在高压情况下失效，因而在 KTB 超深科学钻探中未得到应用[12]。1996 年 6 月，为解决常规钻进在洋脊处的板块缝合小倾角(达 30°)破碎层中易发生断钻事故的问题，大洋钻探委员会委托美国 Perth 公司设计研制了一种直径为 152.4 mm 的液动冲击器，以满足水深 5000 m 以下的海洋钻探要求。1998 年，美国 Andergauge 公司研发了一种液动冲击器。该冲击器在周期性变化的液体压力作用下工作，冲击器内置的碟形弹簧可以产生两个轴向的弹簧力，对活塞往复运动起到重要作用[13]。

我国是液动冲击器技术比较发达的国家，有较高的研究水平。早在 20 世纪 50 年代我国就仿照苏联开始研究液动冲击器。在 1966 年以前，勘探技术研究所曾设计研制了 YZ–1 型和 YZ–2 型正作用液动冲击器。1983 年，勘探技术研究所研制了 YZ–54 II 型等 YZ 系列正作用冲击器。该系列冲击器可用于硬质合金钻进和金刚石钻进中。其中 YZ–54 II 型的工作流量范围为 72~125 L/min，单次冲击功为 4.9~13.7 J，冲击频率在 16 Hz 至 34 Hz 之间。1982 年，冶金工业部第一冶金地质勘探公司探矿技术研究所研制出了 TK–56 型正作用冲击器，这种冲击器在结构方面与 YZ–54 II 型冲击器相似，只是没有减耗阀装置。TK–56 型冲击器的工作流量为 50~120 L/min，工作泵压为 2~3.5 MPa，单次冲击功为 3.9~34 J，冲击频率为 28~51.6 Hz。该型号冲击器通过调整活阀行程实现对冲击功和冲击频率的调节。1982 年，河北省地矿局综合研究地质大队设计研制的 ZF-56 型正作用液动冲击器通过鉴定并投入使用。该型号冲击器的特点是高频率、小冲击功，其技术参数为：工作流量为 40~60 L/min，工作泵压的范围为 0.49~3.4 MPa，单次冲击功为 7.5~23 J，冲击频率为 20~45 Hz。1984 年，河北地矿局研制出 ZG-56 型冲击器，该冲击器是在 ZF-56 型冲击器的基础上，提高了有效作用系数，适当降低了单次冲击功，提高了冲击频率。室内试验结果显示，ZG-56 型冲击器的钻进时效比 ZF-56 型冲击器高了 10%~30%。1985 年，勘探技术研究所研制的 YS-74 型等 YS 系列双作用液动冲击器开始投入生产使用。此类型冲击器中没有复位弹簧件，可以设计较大的强度，结构中采用过水断面较大的活阀和冲锤，需要的泵压较低，而且工作泵压及泵量范围较大，适用性强。其中 YS-74 型冲击器的工作流量为 50~120 L/min，工作泵压为 0.6~4.0 MPa，单次冲击功为 5~40 J，冲击频率为 25~50 Hz。1995 年，地矿部河北科技开发总公司研制了一种 DC 型无簧式双作用液动冲击器。该类型冲击器针对水文水井和工程地质大口径钻探而研制，增加了下配水阀结构，下配水阀在冲锤回程时截流，在冲锤冲程时打开排水通道泄流，减小了冲锤阻力。下配水阀靠面积差来完成运动，因此比节流环式配水机构耗能小，比有簧下阀简单。这种冲击器已经有直径 108 mm、127 mm、146 mm、219 mm 四种型号，其中 DC-108 型冲击器的工作泵量为 200~250 L/min，工作泵压为 1.5~2.0 MPa，单次冲击功为 50~120 J，冲击频率为 20~28 Hz。1998 年，中国石油大学针对石油钻井研制了 SYZJ 型双作用冲击器。这种冲击器与 DC 型双作用冲击器结构特点相似，取消了节流环装置，增加了下配水阀机构。流体通道改到了冲锤活塞的周围。下配水阀机构的设计使得冲锤的下行冲程和上行回程都靠高压液流驱动，水阻力小、冲击强度大、参数调整简单[14]。1999 年，大庆石油钻井研究所研制了 XC 型液动双作用冲击器，这种冲击器针对深井硬地层钻进而研制，为节流环式双作用冲击器。XC-82 型冲击器经过室内实验测试得到的性能参数是，在泵量为 100~350 L/min 的条件下，冲击频率为 10~18 Hz，单次冲击能为 11.5~132 J，与同类型冲击器相比，冲击能较大。1997 年，勘探技术研究所研制了 YZX 型双作用液动冲击器。与传统的节流环式双作用冲击器相比，YZX 型双作用液动冲击器去除了节流环装置，增加了可活动的心阀，心阀装置可以在冲锤回程上升过程中节流增压，在冲锤冲程过程中泄流减压，降低阻力，提高了能量利用率。其中，YZX-127 型冲击器在大陆科学钻探的先导孔中钻进耐磨性较强的片麻岩地层时，配合使用 ϕ158 mm 的固定式硬质合金球齿钻头和 ϕ152 mm 的三牙轮钻头，平均钻速可以达到 2.55 m/h，高于普通回转钻进。YZX-127 型冲击器的工作泵量为 250~700 L/min，工作泵压为 0.8~3.5 MPa，单次冲击功为 80~200 J，冲击频率为 5~12 Hz[15]。

2007 年，中国地质大学(北京)地质超深钻探国家专业实验室与中原油田合作，研制了一种适用于石油钻井的转阀配流式液动冲击器，这也是我国在液动冲击器研究方面的一项自主创新。该冲击器利用配流转阀来交替性地向冲锤活塞的上、下腔输送高压液流，推动冲锤上、下往复运动，输出冲击能量。此冲击器与射流式液动冲击器相比，将易损射流元件变成了受冲击器上方涡轮钻具驱动的配流转阀，工作寿命延长，工作性能稳定。在现场钻进实践中，冲击器工作超过60 h，活塞、转阀等构件基本完好，钻进过程中的最高机械钻速达到 2.8 m/h，远大于普通牙轮的钻进效率。

4.2 阀式"单作用"液动冲击器

液动冲击器是液动冲击回转钻进的一个关键器具。目前，世界上出现的性能良好、具有特色的液动冲击器已达数十种。其以钻进的泥浆泵所输送的高压液流作为动力介质，按结构原理的不同可分为"单作用"和"双作用"两大类，其中"单作用"又分为"正作用"和"反作用"两种形式。

4.2.1 阀式"正作用"液动冲击器

"正作用"液动冲击器以液体压力推动冲击锤下行进行冲击，用弹簧恢复其原位。其工作原理如图 4-1 所示。

冲锤活塞(6)在锤簧(7)的作用下处于上位。当其中心孔被活阀(5)盖住时，液流瞬时被阻，液压急剧增高而产生水锤(也称水击)，活塞和活阀在高压作用下一同下行，压缩阀簧与锤簧。这阶段称为闭阀启动加速运行阶段。

当活阀下行到一定位置时，活阀(5)被活阀座限制，活阀停止运行并与活塞脱开。此时冲洗液可以自由地流经冲击器而至孔底，液压下降。此后，活阀在阀簧作用下返回原位，冲锤活塞(6)在动能作用下继续运行。这一阶段称为自由行程阶段。

在冲程末了，冲锤冲击铁砧(8)，冲击能量经铁砧、岩芯管接头、岩芯

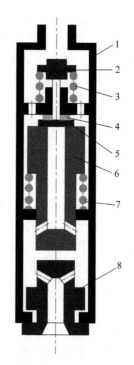

1—外壳；2—活阀垫；3—阀簧；
4—缓冲垫圈；5—活阀；6—冲锤活塞；
7—锤簧；8—铁砧。

图4-1 "正作用"液动冲击器工作原理示意图

管等传至钻头。这一阶段称为冲击阶段。

冲击之后，冲锤在锤簧(7)的作用下弹回。这一阶段称为回返行程阶段。

当活塞与活阀再次接触时，液流又被阻止，又产生液压水击，上述各工作阶段又周而复始。

从结构方面分析，"正作用"液动冲击器的主要优点是：冲锤向下做功时，可利用高压室中巨大的水锤能量。而其最主要的缺点是：回动弹簧的反作用力对冲击力存在较大的抵消作用，且当冲击锤对铁砧发生冲击时回动弹簧的反作用力最大。

通过权衡优缺点，发现"正作用"液动冲击器在合理利用有效作用力方面的效果还是比较显著的。加之其结构简单、技术较为成熟，故仍是使用较多的一种冲击器。

国外"正作用"液动冲击器最具代表性的是苏联的ГВ-5型、ГВ-6型、ГВ-7型、ГВ-9型以及后续替代上述四种型号的所谓统一型Г-76y、Г-76B、Г-59y、Г-59B四种型号。国内比较典型的是YZ-54Ⅱ型和TK-56A型，两者在结构上的主要区别是后者没有设置减耗阀。各型号冲击器性能参数如表4-1所示[16]。

表 4-1　国内外"正作用"液动冲击器参数指标

型号	$\dfrac{\text{ГВ-5}}{\text{Г-76B}}$	$\dfrac{\text{Г-7}}{\text{Г-76y}}$	YZ-54Ⅱ	TK-56A
钻孔直径/mm	$\dfrac{76}{76}$	$\dfrac{76}{76}$	56/59	57/60
冲击器外径/mm	$\dfrac{73}{70}$	$\dfrac{70}{70}$	54	56
长度/mm	$\dfrac{1280}{1850}$	$\dfrac{2000}{1850}$	2010	1672
质量/kg	$\dfrac{30}{39}$	$\dfrac{50}{39}$	27	25
冲锤质量/kg	$\dfrac{8}{-}$	$\dfrac{11}{-}$	10	—
液耗量/(m³·min⁻¹)	$\dfrac{0.13\sim0.16}{0.10\sim0.13}$	$\dfrac{0.18\sim0.22}{0.18\sim0.20}$	$0.07\sim0.13$	$0.05\sim0.12$
冲击功/J	$\dfrac{15}{20\sim25}$	$\dfrac{60\sim80}{60\sim80}$	—	—
冲击频率/Hz	$\dfrac{47\sim60}{33\sim42}$	$\dfrac{17\sim20}{23}$	$16.7\sim33.3$	$28\sim51.6$
压力降/MPa	$\dfrac{1.5\sim2.0}{1.0\sim1.5}$	$\dfrac{2.0\sim3.5}{1.2\sim1.5}$	$1\sim2$	$0.98\sim2.42$

4.2.2　阀式"反作用"液动冲击器

"反作用"液动冲击器的工作原理(图4-2)与"正作用"液动冲击器相反，它是利用高压液流的压力推动活塞冲锤(3)上行，并压缩工作弹簧(1)储存能量，再经释能而做功[17]。

高压液流进入冲击器后，作用于活塞冲锤的下部，当液流的作用使活塞上、下端压力差超过工作弹簧(1)的压缩力和活塞冲锤本身的重量时，迫使活塞冲锤上行，同时压缩工作弹簧(1)使其储存能量。与此同时，铁砧(4)的水路被逐步打开，高压液流开始流向孔底。此时活塞冲锤仍以惯性作用继续上升。

当活塞冲锤(3)上行到上死点时，活塞冲锤下部的液流已畅通流向孔底，则工作室压力降低。活塞冲锤自身重量和工作弹簧(1)释放的储存能量同时作用，驱动活塞冲锤急速向下运动而产生冲击。

在产生冲击作用的同时，活塞冲锤与铁砧(4)相接触而又封闭了液流通向孔底的通路。此后，高压液流再次作用于活塞冲锤(3)的下部而进行第二次的重复动作。

此种类型冲击器的特点是：①对冲洗液的适应能力较强；②由于被压缩弹簧释放出来的能量与活塞冲锤本身重量同时向下作用，故可获得较大的单次冲击功；③冲击器内部的压力损失较小，故效率较高。

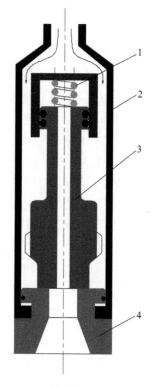

1—工作弹簧；2—外壳；
3—活塞冲锤；4—铁砧。

**图4-2　"反作用"液动冲击器
工作原理示意图**

"反作用"液动冲击器的主要缺点是需用刚度较大的弹簧。由于工作弹簧经常受冲洗液的磨损和化学腐蚀。弹簧必须经严格设计，还必须有特殊的制造工艺。即使这样，弹簧的工作寿命也只有40~100 h。

"反作用"液动冲击器比较具有代表性的是苏联的ГBMC-5M、BBO-5A 等型号，美国海湾石油公司研制的锤阀分离式的冲击器和我国煤田地质勘探部门研制的79-3 型冲击器，均属于"反作用"型冲击器。其技术性能参数如表4-2所列。

表 4-2　部分"反作用"液动冲击器技术性能

型号	BBO-5A	ГВМС-5M	ГМⅡ-2	79-3
钻孔直径/mm	145	115	115~135	91
长度/mm	6500~7600		1853	
重量/kg	500~600		—	—
冲锤重量/kg	—	—	10	20
冲锤行程/mm			25	25
流体介质	清水		清水	
泵量/(m³·min⁻¹)	0.72~1.00	0.30~0.36	0.20	0.20
泵压力降/MPa	0.5~0.8	0.8~1.0	2.0~2.5	1.0-1.5
冲击功/J	100~120	80~120	70~80	40-80
冲击频率/Hz	60	20~25	23	16~20
使用寿命/h	300		—	—

4.3　"双作用"液动冲击器

"双作用"液动冲击器的主要特点是：冲锤的正冲程与反冲程均由液压推动，因而整个结构中弹簧零件较少(或者没有)。而在冲击器中弹簧是一个最易受疲劳损坏的零件。

国内外曾研究设计出许多阀式"双作用"液动冲击器，它们在结构上可能有所不同，但基本作用原理是一致的，如图 4-3 所示。在外壳中有带孔的活阀座(1)，活阀(2)处于其中，它是个异径柱状活塞，小径部分在阀座腔内，阀座腔有通孔 a 与钻具外部相通。活阀(2)下有支撑座(4)，它是限制活阀下行的装置，使活阀具有一定的运动行程。塔形冲锤活塞(5)的小径端套在支撑座(4)内，并由导向密封件(6)控制。冲锤活塞的大径部分沿外套(3)内的导向密封件(6)上、下运动。在导向密封件(6)及冲锤活塞、外套之间形成工作空间，该空间由通道 b 与钻具外部相通。砧子(8)的下端与粗径钻具连接。砧子能沿轴向活动，当冲锤冲击砧子时，外套不受冲击作用。砧子(8)内有通水孔，孔内有一节流环(7)起限流作用，用来确保在冲击器内腔与钻具外套周围建立必要的启动压力差(如果钻头通道也能够建立这个压力差，则不一定要设节流环)[18]。

阀式"双作用"液动冲击器结构特点：①该类液动冲击器的冲锤活塞，其正冲程及反冲程都是由高压液流驱动的；②该类冲击器活塞下部承压面积一般都大于

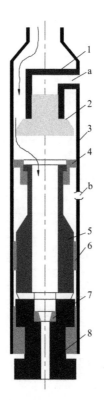

1—带孔的活阀座；2—活阀；3—外套；4—支撑座；
5—塔形冲锤活塞；6—导向密封件；7—节流环；8—砧子。

图4-3 "双作用"液动冲击器工作原理示意图

上部，故是一种差动运动方式，因此，必须有既可滑动又可隔压的密封件；③为了使冲击器内部形成一个压力差，一般在砧子部位都设有"节流环""下阀"，或"弹性冲尾体"等；④冲锤活塞中间部位一般设有"呼吸道"；⑤从理论上说，该冲击器的液流功率恢复较高，工作性能比较稳定可靠。

"双作用"液动冲击器种类繁多，国外典型的有苏联无弹簧"双作用"液动冲击器、美国泛美石油公司"双作用"液动冲击器、日本利根公司WH-120N"双作用"液动冲击器、匈牙利C-80"双作用"液动冲击器等。国内常见种类包括SC系列射流式冲击器、YF73-Ⅰ型液动冲击器、YS型无弹簧阀式"双作用"液动冲击器以及SX-54Ⅲ射吸式液动冲击器。各冲击器主要技术参数如表4-3所示。

表4-3 国内外"双作用"液动冲击器主要技术参数

类型	苏联	美国	WH-120N	YS-74	SC-89	YF73- I	SX-54 III
外径/mm	130	177.8	120	74	89	73	54
冲锤质量/kg	80~100	38	65	8	14	22	6
泵量/(m³·min⁻¹)	0.72~0.90	0.9~1.6	0.35~0.50	0.05~0.12	0.18~0.25	0.15	0.08~0.14
冲击功/J	19.6 J	—	98~147	5~40	39~79	39.2~58	4.9~19.6
长度/m	3.3~3.9	1.9	1.0	1.2	1.5	2.3	1.3
泵压/MPa	—	2.8~4.1	2.0~2.5	0.6~4.0	0.98~4.4	1.47~2.45	0.98~2.9
总质量/kg	—	225	—	32	50~60	51	18
频率/Hz	—	—	10~15	5~70	13.3~25	12.5~18.3	33.3~66.6

4.4 射吸式液动冲击器

射吸式液动冲击器由云南地矿局研制,其工作原理独特、结构简单,是我国首创的一种新型液动冲击器。该冲击器由喷嘴、阀、活塞(包括冲锤)、外壳和砧子等组件构成,其结构如图4-4所示。

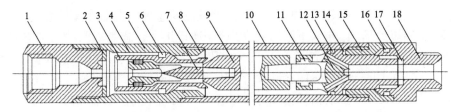

1—上接头;2—阀行程调节垫;3—活阀;4—密封圈;5—阀室;6—密封圈;
7—冲锤上活塞;8—阀座;9—冲锤;10—外管;11—轴衬;12—砧座;
13—密封圈;14—砧座垫圈;15—砧座套;16—密封圈;17—调节垫圈;18—下接头。

图4-4 射吸式液动冲击器

　　工作原理见图4-5。该冲击器系利用高压液流喷射时的卷吸作用，使阀(4)与活塞(3)、冲锤(5)的上下腔产生交变压力差，从而推动冲锤、活塞往复运动。

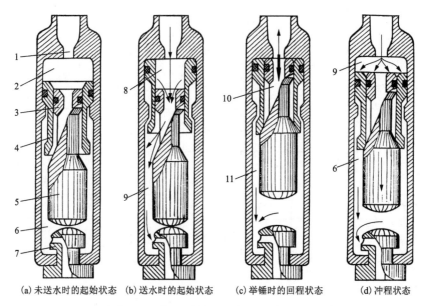

(a)未送水时的起始状态　　(b)送水时的起始状态　　(c)举锤时的回程状态　　(d)冲程状态

1—喷嘴；2—上腔；3—活塞；4—阀；5—冲锤；6—下腔；
7—砧子；8—低压腔；9—高压腔；10—产生水击区；11—降压区。

图4-5　射吸式液动冲击器工作原理图

　　阀与活塞的回程与冲程均由液压推动。

　　启动前，冲击器的阀与冲锤、活塞均处于行程下限，液流通道畅通[图4-5(a)]。启动时，工作液体从喷嘴喷出，高速液流的卷吸作用将活塞上腔介质抽往下腔，上腔迅速降压；进入下腔的液流，由于通道扩大，流速减慢，加上冲击器砧子里节流孔的增压作用，使活塞下腔压力升高。于是，上、下腔形成压差，使位于行程下限的阀与活塞同时上行；由于阀的质量较轻，运动速度快，先抵达行程上限[图4-5(b)]，随后活塞也抵达行程上限，至此回程结束[图4-5(c)]。

　　当活塞上升到上限时，与活塞连成一体的冲锤顶部锥体(阀座)与阀闭合[图4-5(c)]。高速液流被迅速切断而产生水击，上腔压力猛增；与此同时，活塞下腔的压力急剧下降。故上、下腔间压力差推动活塞迅速向下运动[图4-5(d)]。阀抵达行程下限后，活塞因惯性继续向下运动(自由行程)直至冲击砧子为止。此时，阀门完全打开，液流畅通，阀与活塞又进入下一循环的回程。如此周而复始地产生冲击。

射吸式冲击器的主要特点：

(1)无弹簧装置、运动部件及易损零件少；

(2)结构简单，便于操作使用；

(3)液流在腔体内畅通性较好；

(4)对密封性能要求较低；

(5)易于缩小口径。

该冲击器存在的主要问题是液流功率恢复较低。

4.5　扭力冲击器

聚晶金刚石复合片钻头(PDC 钻头)应用在深井、超深井时，因为油气资源处于深部硬地层，地质条件复杂，温度高、压强大、岩石研磨性强，种种问题使得钻头面临着各种极大的挑战。复杂的地质环境导致钻头损耗增多、寿命变短、机械钻速降低、井壁质量差、钻井成本升高、钻井周期拉长等一系列问题[19]。

深部地层的复杂地质条件，加上井段深、钻柱长，导致 PDC 钻头经常缺乏足够的扭矩来破碎岩石，于是导致钻头憋停，产生黏滑现象。此时地面转盘虽然正常工作，但是钻柱开始积累扭转能量，发生扭曲，等到钻柱中积累的能量足够时，钻头重新转动，瞬间转速甚至会达到正常转速的 2 倍，使钻柱与钻头一起产生剧烈振动，钻头突然加速转动，造成钻头损坏，降低井壁质量，导致钻杆断裂失效。

辅助破岩工具——扭力冲击器可以通过输出高频低幅冲击力降低反冲扭力，减轻钻头-钻柱上的扭转振荡，消除黏滑现象，从而提高钻头切削岩石效率、延长 PDC 钻头寿命、缩短钻井周期、减少钻井成本。

为提高超硬地层破岩速度、延长钻头寿命、减少起下钻时间，国内外已就扭力冲击器进行了大量研究与试验[20]。其中包括 Ulterra 公司研发的 TorkBuster 扭力冲击器和涡轮式扭力发生器、Halliburton 公司研发的旋转冲击装置。与国外相比，国内扭力冲击器的研究起步相对较晚，其中中石化胜利钻井研究院联合中国石油大学(华东)研制的 SLTIDT 型扭冲工具、中国石油大学(北京)研制的复合冲击钻具较为典型。

4.5.1　涡轮式扭力冲击器

Ulterra 公司研发的涡轮式扭力冲击器在作业时，泥浆经过滤分流器，驱动上下涡轮动力机构，从而使非平衡动力机构高速运动，再由动力轴将非平衡动力机构上聚集的动能传递给冲击器牙嵌结构，牙嵌结构将均匀、高频扭击传递给钻头，实现扭力冲击钻井。该扭力冲击器可通过调整非平衡动力机构质量，调节输出的高频扭击力，结构形式如图 4-6 所示。

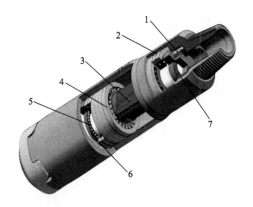

1—泥浆过滤分流器；2—上部涡轮机构；3—非平衡动力机构；
4—下部涡轮机构；5—动力轴；6—下轴承；7—上轴承。

图 4-6 涡轮式扭力冲击器结构

4.5.2 TorkBuster 扭力冲击器

Ulterra 研发的 TorkBuster 扭力冲击器，通过可调流量喷嘴(节流机构)产生压耗，泥浆进入换向腔后，使冲击机构内部形成高压区和低压区，冲击锤高频、均匀、稳定撞击冲击面，冲击面将冲击力传递到牙嵌结构上，牙嵌结构与钻头相连，从而在钻头上形成高频扭转冲击，结构如图 4-7 所示。

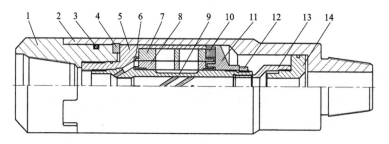

1—钻头轴；2—外管；3—密封圈；4—支撑环；5—冲击轴；6—铜套；7—锤子；
8—定位套；9—筛管；10—铜套；11—端盖；12—锁母；13—配流座；14—顶盖。

图 4-7 TorkBuster 扭力冲击器结构

4.5.3 旋转冲击装置

Halliburton 旋转冲击装置由砧座、叶轮、冲击块和涡轮头等部件构成。在正常钻进时，砧座与叶轮之间的缝隙很大，泥浆可全部由中心孔流走；当出现钻头遇阻现象时，砧座与叶轮之间的缝隙迅速减小，泥浆流入涡轮头，冲击机构高速往复旋转，冲击砧座，砧座将高频转矩传递到钻头上，装置结构如图 4-8 所示。由于旋转冲击装置的冲击机构为分体，无法保证同步旋转冲击，输出的冲击波可能存在紊乱现象，导致机械钻速降低，因此 Halliburton 旋转冲击装置未能规模化应用。

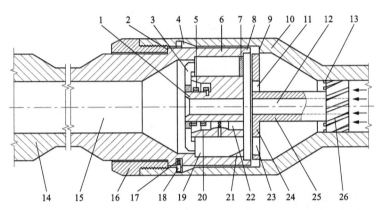

1—心轴；2—台阶；3—连杆；4—环槽；5—弹簧；6—铁砧；7—锤；8—法兰；
9—台阶；10—外壳；11—旁通；12—中心孔；13—支撑；14—钻头；15—通道；
16—衬套；17—弹簧；18—柱塞；19—锤；20—文丘里表面；21—腔室；
22—旁通腔室；23—窗口；24—圆盘；25—传动轴；26—叶轮。

图 4-8 旋转冲击装置结构

4.5.4 SLTIDT 型扭冲工具

胜利钻井院联合中国石油大学(华东)研制的 SLTIDT 型扭冲工具，钻铤短节与钻具组合中的钻铤连接，钻头座与钻头直接连接。泥浆流经喷嘴时，会截留部分泥浆进入扭冲工具内部冲击锤与导向机构中，泥浆推动冲击锤敲击钻头座，由此将力传递给钻头，完成一次扭击；换向机构在泥浆的推动下实现换向，泥浆再推动冲击锤反向敲击钻头座，再完成一次反向扭击。PDC 钻头在接收钻柱传递转矩的同时，可接收来自扭冲 12~40 Hz 的周向冲击能量。

4.5.5 复合式扭力冲击器

中国石油大学(北京)研制的复合冲击钻具，泥浆在流经喷嘴时会产生压耗，有一部分泥浆通过换向轴进入径向扭击腔和轴向振击腔。其中径向扭击腔与SLTIDT 型扭冲工具工作原理相同，通过流道变化，可以输出径向扭击，轴向振击腔在换向轴的往复转动中，高、低压腔轮流切换，轴向冲击锤上下锤击工具本体，再传递到钻头座上，复合冲击钻具的轴向冲击由轴向冲锤的轴向运动来实现，往复扭转冲击由摆锤的轴向往复转动来实现，结构如图4-9所示[21]。

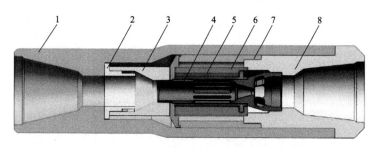

1—外壳接头；2—T形内衬管；3—V形内衬管；4—内分流器；
5—启动器；6—液动锤；7—液动锤外壳；8—传动短接。

图4-9　复合式扭力冲击器结构

4.6　射流式液动冲击器

射流式液动冲击器于20世纪70年代末研制成功，为我国独创，是一种基于射流技术(fluidic)的无阀式液动冲击器。不同于阀式液动冲击器，射流式液动冲击器采用双稳射流元件作为流体控制部件，仅包含活塞和冲锤构成的单一冲击体，无其他运动件。主要型号包括常规液动潜孔锤SC54~SC250和高能液动潜孔锤SC86H~SC200H，在固体矿产勘探和中国大陆科学钻探工程、油气钻井等多个领域已取得良好应用效果。

4.6.1　射流基本理论

射流技术最早由美国Harry Diamond实验室在1960年提出。该技术基于Coanda效应，利用流体在特定元件中的流体动力学现象来实现自动控制。因其往往无需任何可动机械部件，具有结构简单、易于加工制造、适应性强、成本低等优点，被广泛应用于机械、电子、化工、军事、印染和航空等多个领域。射流式液动冲击器是首次将射流技术引入钻探领域，以双稳射流元件为核心部件的无阀式冲击回转钻具，通过控制主射流的附壁与切换，推动活塞实现往复运动[22]。

1. 附壁射流

根据周围边界情况的不同，射流可以分为自由射流和非自由(有界)射流。射流进入不受边界限制的无限空间，或边界与射流喷嘴距离足够大，对射流无影响时，一般称为自由射流，而射流元件内的射流与固体边界具有相互作用，为非自由附壁射流。

　　基于 Coanda 效应，射流从喷孔流出时，会沿着附近的壁面弯曲，形成附壁射流，然而当壁面距离射流孔口过远，或者壁面较短，再或者壁面与射流中心线的夹角过大时，都无法形成附壁射流。如图 4-10(a) 所示，一束射流从矩形喷嘴中喷出，由于受到流体间的摩擦阻力，射流会携带周围流体一起流动，这种现象通常称为流体的卷吸现象。由于湍流的随机性，主射流两侧的卷吸流量存在差异，使射流逐渐偏向于卷吸流量较小的一侧壁面，在偏转侧壁面附近形成持续增长的负压区域，在横向压差作用下，射流继续弯曲直至附壁于该侧壁面。如图 4-10(b) 所示，射流附壁过程中在附壁侧形成一个流体被困区域即分离涡，当附壁稳定时，分离涡内流量达到动态平衡，即射流下游靠压差逆向流回分离涡内的流量与射流卷吸带走的流量相等[8]。

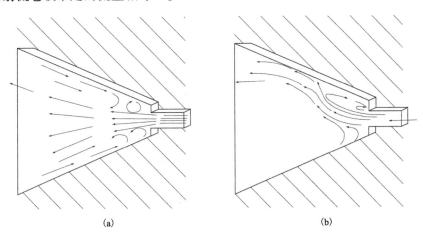

(a)　　　　　　　　　　　　　　　　(b)

图 4-10　射流附壁效应

　　对于射流式液动冲击器中的双稳射流元件来说，最初附壁于哪侧是无法预知的，而对于一些单稳射流元件，可通过设置非对称的位差使射流稳定附壁于预先确定的一侧。对于 0 位差的附壁面，Bourque 与 Newman 的研究表明，当附壁面与喷嘴轴线之间夹角大于 67°时，主射流将无法附壁于一侧(附壁点无限远)，只有当该夹角小于 67°时，才能形成稳定的附壁射流[23]。

2. 附壁射流静态模型

　　Dodds 被认为是最早对 Coanda 附壁效应理论进行研究的学者，他的分析基于附壁射流在附壁点附近满足动量守恒定理的基本假设。

　　如图 4-11 所示，主射流的总动量被分解为往下游流动的分动量 J_1 以及回流的分动量 J_2，由动量守恒满足式(3-1)。

$$J\cos q = J_1 - J_2 \tag{3-1}$$

式(3-1)被称作附壁点模型,射流与附壁壁面碰撞时的角度为 q,并且假设射流为等速自由射流,射流中心线是一个半径为 R 的圆弧,此外,在 Levin 和 Manion 的分析中还做了以下假设:

(1)射流被认为是准二维湍流状态下的不可压缩流体;

(2)喷嘴出口处射流流速分布均匀;

(3)附壁点之前射流边界处卷吸的流体质量流量相同;

(4)射流流速不受分离涡中压力下降的影响;

(5)分离涡中压力分布均匀;

(6)忽略壁面剪切力的影响;

(7)喷嘴宽度与射流束弯曲半径以及附壁面长度相比要小得多;

(8)忽略离心力对射流束的影响。

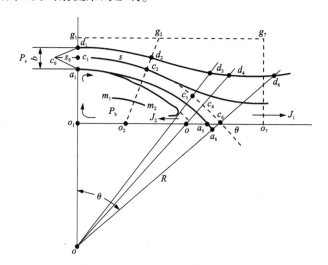

图4-11　一定位差下的附壁射流

基于这些假设,学者们对附壁射流进行了进一步的计算分析,具有代表性的是 Bourque 和 Newman,他们得出了 J_1 和 J_2 的近似解,如图4-11所示,在公式(3-2)和公式(3-3)中,沿着射流中心线 $s_6 = \overline{c_1 c_6}$,与射流中心线垂直 $y_a = \overline{c_6 a_6}$。y 为射流中心线与其法向上任一点之间的距离。

$$J_1 = \int_{-\infty}^{y_a} \rho u^2(s_6, y)\,\mathrm{d}y \tag{3-2}$$

$$J_2 = \int_{y_a}^{\infty} \rho u^2(s_6, y)\,\mathrm{d}y \tag{3-3}$$

式中:ρ 为流体密度,u 为流速。

该模型计算结果与实验结果吻合得较好，但需要合理选择一个基于经验的扩散因子来进行修正，从而得到附壁点距离 X_R 与位差 B 之间的方程：

$$X_R/b = f(B/b) \tag{3-4}$$

另外一种具有代表性的附壁射流静态模型被称为控制体模型，该模型与附壁点模型的最大区别在于，不考虑回流进入分离涡的动量分量 J_2，而引入了分离涡压差 $P_\infty - P_b = \Delta P$，从而得到基本方程：

$$J\cos q = J_1 \tag{3-5}$$

该模型计算结果与附壁点模型相比，与实验结果的吻合度较差，Levin 与 Manion 对 Bourque 和 Newman 的研究进行了拓展，在存在位差的倾斜附壁面，分别对附壁点模型与控制体模型进行了总结，得到以下方程：

$$J\cos(\theta+\alpha) = J_1 - J_2 \tag{3-6}$$

$$J\cos \alpha - J_2 = J_1 \tag{3-7}$$

实验结果与计算结果对比发现，大多数情况下计算结果与实验结果吻合较好，只有当附壁面倾斜角度 α 过大，或者位差大于一定值时，计算偏差较为明显，需要对公式进行经验修正。

3. 射流振荡器

双稳射流元件是一种射流控制系统元件，其既通过附壁射流切换控制活塞冲锤往复运动，又通过将流体动能转化为压力能推动活塞冲锤冲击做功，对整个冲击系统起着控制与动力转换的作用。射流元件内附壁射流与下游前后腔内部流体形成振荡回路，具有自激振荡的特性，因此，射流式液动冲击器所使用的射流元件，可以认为是一种与下游负载性质相关的射流振荡器，具有射流元件与射流振荡器的双重特性，其被命名为输出道反馈式射流振荡器。

图 4-12 所示为几种常见的附壁射流振荡器，最著名的是 Warren 分别于 1960 年和 1962 年发明的两种带反馈回路（信号道）的射流振荡器，[图 4-12（a）、图 4-12（b）]，其中只有一个反馈回路的射流振荡器最初是通过 Spyropoulos 的研究被大家熟知，后来被 Morris 称为控制道加载式射流振荡器，该振荡器两侧控制道相互连通，通过两侧控制道压差对主射流进行切换。另一个双反馈回路的射流振荡器应用范围更广，被 Warren 称为负反馈式射流振荡器，该振荡器中输出道部分流体通过反馈回路进入附壁侧的控制道并流入分离涡，从而使射流附壁稳定性下降和主射流切换。这两种射流振荡器的振荡频率均与输入流量成正比例关系，随着输入流量增大，振荡频率也逐渐增大，并且随着入口雷诺数的变化，它们的斯特劳哈尔数保持为一个不变的常数，因此，这类射流振荡器被广泛应用到流量测量中。Tesař发明了另外一种射流振荡器，见图 4-12（c），该射流振荡器取消了常规反馈回路的设置，在一侧控制道处引入了一个供压力波传播的谐振腔，主射流束最初的附壁弯曲是压力突然变化产生的较弱的冲击波导致的，压力波传播到

(a) 控制道加载式射流振荡器　　(b) 负反馈式射流振荡器

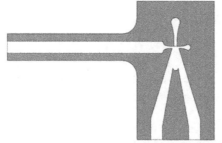
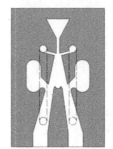

(c) 谐振腔式射流振荡器　　(d) 输出道反馈式振荡器

图 4-12　四种结构射流振荡器示意图

谐振腔出口后产生反射，并对主射流进行切换。该射流振荡器的振荡频率由谐振腔的长度决定，不受输入流量的变化影响。

上述射流振荡器的附壁射流切换均是一种自激式振荡过程，不受下游负载的控制。如果运用到射流式液动冲击器中，会产生主射流频繁附壁切换的现象，无法推动活塞往复运动。如图 4-12(d) 所示为射流式液动冲击器用射流振荡器，排空道的引入使射流附壁切换的灵敏度下降，输出道相当一部分流体通过排空道流出，使进入控制道的反馈流量相对减少，从而使射流附壁稳定，进而推动活塞运动，此外，排空道的引入也解决了阻抗匹配的问题，使多余的流体可以从排空道流出，尤其是活塞运动速度较低时，附壁侧大多数流体由排空道排出。只有当射流元件下游活塞运动到前、后死点时，活塞会突然停止或回弹，这时附壁射流下游的阻抗大幅提高，流入信号道的瞬间流量突然增大，同时产生的水击压力沿着信号道进入控制道转化成液体动能，以一定动量推动主射流完成切换。因此，射流式液动冲击器所使用的射流振荡器的附壁切换与下游负载（活塞冲锤）有密切关系，其振荡频率由输入流量以及负载特性共同决定。如图 4-13 所示，附壁射流过程中，主射流附近存在卷吸与回流，各部分流量变化趋势如图 4-13(b) 所示,当压力 P_b 较小时,主射流附壁弯曲弧度较大,附壁点位于侧壁面下端部上面,主射流与侧壁面形成密封,这时流量 q_e 为 0。随着压力 P_b 增加,流量 q_e 增大到峰值然后减小,流量 q_r 降低为 0。图 4-13(c)所示为附壁射流稳定时控制道中 q_c 与 P_b 的关系。可以看出,当 q_c 中流体信号按照 3 号虚线加载时,主射流将处于稳定附壁状态;当 q_c 中流体信号沿着 2 号点划线加载时,附壁主射流由稳定到不稳定再到稳定附壁,而附壁点由上向下移动;当 q_c 中流体信号沿着 1 号实线加载时,主射流由稳定到不稳定。由此推测,图 4-13 中,射流振荡器控制道信号流 a、b、c 多沿着 1 号线加载,射流振荡器控制道内信号流 d 多沿着 2 号与 3 号线加载,但为了保证初始阶段活塞运动速度为 0,以及前、后死点活塞反弹时,主射流可以顺利由稳定附壁射流状态转为非稳定状态,完成附壁切换,主射流由 2 号线转为 1 号线相对更为容易。

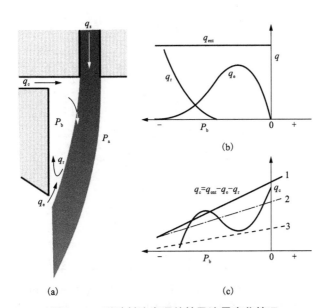

图 4-13　附壁射流卷吸特性及流量变化情况

4. 双稳射流元件设计

双稳射流元件的设计主要涉及结构参数的确定,射流元件的主要结构参数如图 4-14 所示,其中张角 α 通常采用 $12 \sim 15°$(自由射流的扩散角 24° 的一半),而主喷嘴宽度 W 为最基本的结构参数,其他结构参数的值均为喷嘴宽度 W 的倍数。

1)主喷嘴宽度(W)

主喷嘴作为液动双稳元件射流的入口,首先以较小的能量损耗传递具有一定流量和压力的射流,其次,有助于确保喷出的射流有效地附壁,通常采用长方形截面，保持适当的深宽比例。较大的深宽比有利于增大射流同元件侧壁的相互作用面，而减小射流同元件上下盖板间的相互作用，对射流附壁的稳定性有一定好处。但深宽比也不能太大，深宽比过大会相对增加射流的自由表面，从而导致较大的卷吸损失，不利于压力恢复。一般射流式冲击器元件深宽比为 4.0~5.0。

确定了喷嘴截面形状以后，还需要使喷嘴具有一定的平行长度来保证射流由喷嘴出去具有较强的方向性。该平行长度起流动的导向作用，故称为导流段。导流段过长会增加沿程压力损失，过短则出口的射流方向容易被干扰。一般取(2~3)W。导流段的进口须做成圆角，同时在导流段前设置收缩段，收缩段的斜度称为导向角，一般为 30°~60°。

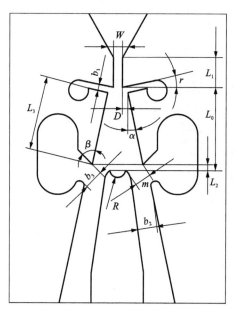

W—主喷嘴宽度；H—喷嘴深度；D—位差；b_1—控制道宽度；b_2—输出道宽度；
b_3—排空道宽度；L_0—劈间距；L_1—导流段长度；L_2—劈排距；L_3—排空道距离；
m—输出道宽度；α—张角；β—排空道与附壁面夹角；γ—控制道与水平面夹角；R—凹劈半径。

图 4-14　射流元件主要结构参数

2)位差(D)、张角(α)与分流劈

位差：主喷嘴边线与侧壁间的距离。

张角：主喷嘴中心线与侧壁的夹角。

分流劈：主要起分流作用，使工作腔在输出处一分为二。

位差、张角和劈尖都是构成双稳射流元件工作腔的重要因素，它们对射流在工作腔内的运动起了决定性的作用。这些因素也是促使双稳元件性能达到指标的重要因素。位差和张角决定了射流附壁的位置形状，双稳射流元件的侧壁由于具有一定的位差，射流附壁后，会在位差处形成一分离涡。若位差增大，这个分离涡也增大，附壁点下移，两侧的横向压差也增加，对增强元件的附壁稳定性是有利的。但位差过大时，附壁稳定性反而减弱，这是曲率半径减小而离心力增大所致。位差过小，就会降低元件的附壁性，因而一旦受到外界很小压力的影响，就会自动切换。所以位差不宜过大，也不能过小。对于射流式液动冲击器的双稳射流元件，位差一般取 $(0.2 \sim 0.6)W$。双稳射流元件的张角数值，按自由射流的扩散角为 $24°$ 来考虑。这样，可使元件的工作腔得到充分利用。而不存在多余的腔室部分，避免了不必要的卷吸能量损失。

决定位差和张角尺寸时，还应考虑分流劈的位置，主要包括两个方面：一是劈尖到主喷嘴的距离 l_0（称劈间距）；二是分流劈与排空道的相对距离 l_2（称劈排距）。射流式液动冲击器双稳射流元件的劈间距 l_0 取 $(8 \sim 12)W$；分流劈与排空道的相对位置 l_2 直接影响元件的压力恢复，一般为 $(0.6 \sim 1.1)W$。

3）排空道 (b_3) 及输出道 (b_2)

液动双稳射流元件的排空道与输出道都位于元件工作室的出口，它们对元件的压力恢复、背压大小等都具有很大影响。

为了确保元件具有良好的附壁稳定性，排空道应迅速将流体排出，以使主射流在通过工作腔时保持足够的速度。为此，排空道的截面积应大于主喷嘴的截面积，这样才不致在排空道外（主射流下游）形成明显的背压。而排空道过宽时，虽然元件的稳定性提高了，但元件的压力恢复却会降低。一般射流式液动冲击器元件的排空道宽度 b_3 取 $(1.3 \sim 1.6)W$。

对于排空道入口的几何形状，为了使排水畅通，输出道上游侧壁与排空道相交处以圆弧连接为好。排空道与上游侧壁相交处采用尖角 β，可使流体从工作腔进入排空道时，转过一个较大的角度 $(90° \sim 180°)$ 来实现。这就使射流的动能更多地转为压力能，从而提高压力恢复。

输出道的任务是最有效地接受附壁射流的能量，使流体从工作腔进入输出道时，压力损失和流量损失最小。此外作为执行元件时，输出道应将缸体中排出的液体顺利地引向排空孔排出，而且尽可能地减少阻力。

输出道过大时，附壁射流进入输出道将产生较大的扰动，造成不必要的能量损失，使压力恢复下降。实践证明，输出道出口较小时，压力恢复较高；进口较大时，流量恢复较高。一般射流式液动冲击器元件的输出道进口宽度为 $(1.3 \sim 1.8)W$。

4）控制道 (b_1)

控制道是输送具有一定能量的控制流使射流进行切换的通道。对于较窄的控制道，切换压力较高，反之，控制道较宽时，切换压力较低，但由于控制道直接与工作腔相通,其太宽会使射流的附壁作用减弱,降低元件的稳定性。射流式液动冲击器元件的控制道宽度取为$(0.8 \sim 1.1)W$,一般控制道可向上偏转$0 \sim 12°$,使控制道与元件侧壁基本垂直。

4.6.2　射流式液动冲击器工作原理

射流式液动冲击器(fluidic DTH hammer),是针对国内外现有冲击器结构复杂、滑阀及弹簧等零件在孔底高频工作情况下,容易磨损和损坏而研制的。其以双稳射流元件(bi-stable fluidic amplifier)作为控制机构,具有射流技术的典型优点。射流式液动冲击器结构见图4-15,工作原理见图4-16。

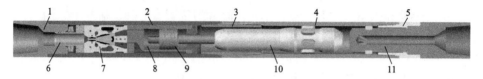

1—上接头;2—上外管;3—中接头;4—下外管;5—六方套;6—密封盖;
7—射流元件;8—缸体;9—活塞;10—冲锤;11—砧子。

图4-15　射流式液动冲击器结构图

如图4-16所示,由泥浆泵输出的高压流体经上接头进入射流元件1,从元件喷嘴S喷出,并在喷嘴出口处产生附壁效应,假设射流先附壁于右侧,高速附壁射流由输出道口E进入活塞缸体上腔,推动活塞3与活塞连接的冲锤4一起下行运动并冲击砧子5,砧子以螺纹同岩芯管连接,将冲击力传至岩芯管及钻头6,完成一次冲击作用。冲锤撞击砧子反弹瞬间上腔形成水击压力,水击压力信号通过输出道口E反馈到右控制道F出口,迫使射流切换附壁于左侧。高速附壁射流由左输出道口C沿缸体外侧通道进入下缸,然后推动活塞向上作回程运动。当活塞运动到上死点时,活塞下腔产生激增水压,水压信号通过左输出道口C传递到左控制道D出口,迫使射流切换附壁于初始的右侧,如此往返实现冲击动作。上下缸的排液和未进入腔体推动活塞运动的泥浆液体则通过排空道排出,经缸体外侧排空道、中接头及砧子孔道流入岩芯管直到孔底,冲洗孔底后将岩渣或岩屑返回至地表[24]。

射流式液动冲击器主要特点:

(1)除了活塞与冲锤以外,冲击器无其他运动零件,没有弹簧配水活阀等易损零件,因而钻具工作可靠,使用寿命长。

(2)冲锤向下撞击砧子时,没有自由行程阶段,也没有弹簧对冲击力的抵消作用,活塞和冲锤下行时始终作加速运动,这有利于提高单次冲击功。

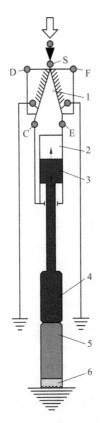

1—射流元件；2—缸体；3—活塞；4—冲锤；5—砧子；6—钻头；
S—喷嘴；D—左控制道；F—右控制道；C—左输出道；E—右输出道。

图 4-16　冲击器工作原理图

（3）冲击器工作时不会堵水憋死，不至于烧坏钻头及憋坏水泵零件等。

（4）冲击器工作时，没有阀的打开与关闭，产生的高压水击波比阀式冲击器要小，高压管路系统震动小，钻具工作平稳，能量损失小。

（5）冲击器的工作条件基本不受围压、温度、介质密度等冲洗介质状态的影响，可以用于超深井钻进。

（6）冲击器内部结构简单、零件少，便于安装、拆卸等。

射流式液动冲击器的这些特点，不仅在地质勘探孔、水文水井等领域使用时具有良好的效果，而且在石油钻井、地热钻井、科学深钻等领域的应用具有巨大的发展潜力。现在射流式液动冲击器已经形成系列化。主要规格及工作性能参数见表 4-4。

表4-4 SC系列射流式液动冲击器主要规格及工作性能参数

型号	SC-54	SC-75	SC-89	KSC-102	KSC-127	SSC-140	SC-150	YSC-178	YSC-203	SC-250
冲击器外径/mm	54	75	89	102	127	89	150	178	203	250
钻孔直径/mm	56~59	75~110	91~130	130~157	135~157	152	160~200	185~280	219~350	270~430
钻孔深度/m	0~2000	0~2000	0~2000	0~5000	0~5000	0~5000	0~4000	0~5000	0~5000	0~4000
冲锤质量/kg	3.0~6.0	15~30	15~30	20~50	40~60	15~30	50~60	40~60	50~100	150~200
冲锤行程/mm	6~12	15~30	10~30	20~80	10~80	20~30	30~50	20~80	15~100	20~100
压降/MPa	2.0~2.5	1.5~2.0	1.5~2.0	2.0~2.5	2.0~3.0	1.5~2.0	2.0~2.5	2.5~3.0	2.0~3.0	2.0~3.0
工作泵量/(L·min⁻¹)	60~90	120~200	180~250	200~300	350~500	200~300	450~600	550~800	1000~2000	1500~2500
冲击频率/Hz	30~40	15~25	14~25	15~25	15~25	15~26	10~25	15~25	15~30	15~25
冲击功/J	5~20	40~80	50~100	60~120	100~200	50~100	100~200	150~250	250~400	300~450
钻具质量/kg	30	50	60	80	90	80	150	350	500	650
冲击器长度/mm	1500	1800	1480	2110	2290	1641	1850	2290	3150	3200
适用条件 钻进方法	硬质合金、金刚石钻进	硬质合金、金刚石钻进	硬质合金、金刚石钻进	与φ140 mm绳索取心钻具配套，金刚石钻进	硬质合金、金刚石钻进	与绳索取心钻具配套，金刚石钻进	硬质合金、金刚石、牙轮钻进	硬质合金、牙轮钻进	硬质合金、牙轮钻进	基岩水井及地热井、硬质合金钻进、牙轮钻进
适用条件 岩石可钻性	(金刚石钻进)6~12级 (硬质合金钻进)5~7级	5~12级	5~12级	5~12级	5~12级	6~12级	5~7级 部分8级	5~8级	5~8级	4~8级
工作介质	清水、低固相或无固相泥浆、膨润土泥浆或其他化学合成浆液									

参考文献

[1]　王德余，李根生，史怀忠，等. 高效破岩新方法进展与应用[J]. 石油机械，2012，40(6)：1-6.

[2]　熊继有，钱声华，严仁俊，等. 钻井高效破岩新进展[J]. 天然气工业，2004，24(4)：27-29，5.

[3]　马利东，隆威，苏冬九. CJ-130 型双向气动潜孔锤的研制[J]. 探矿工程（岩土钻掘工程)，2009，36(1)：31-33.

[4]　菅志军，张玉霖，王茂森，等. 冲击旋转钻进技术新发展[J]. 地质与勘探，2003，39(3)：78-83.

[5]　张勇，蒋荣庆. 多工艺冲击回转钻进技术的新拓展[J]. 世界地质，2000，19(3)：291-294.

[6]　张元志. 射吸式液动冲击器的优化设计[D]. 西安：西安石油大学，2015.

[7]　穆总结，李根生，黄中伟，等. 振动冲击钻井提速技术现状及发展趋势[J]. 石油钻采工艺，2020，42(3)：253-260.

[8]　丁代坡. 石油钻井冲击器关键零部件工作寿命的研究[D]. 长春：吉林大学，2008.

[9]　张鹏飞. 高能射流式液动锤过载保护装置设计研究[D]. 长春：吉林大学，2019.

[10]　祁宏军. 石油、地热钻井冲击回转钻进试验研究[D]. 长春：吉林大学，2003.

[11]　黄雪琴，孟庆昆，郑晓峰. 液动冲击器发展现状及在油气钻井应用探讨[J]. 石油矿场机械，2016，45(9)：62-66.

[12]　李永波. 石油钻井用水力振荡器的设计及分析[D]. 扬州：扬州大学，2015.

[13]　朱德武. 国外新型钻井工具技术进展[J]. 中外能源，2011，16(4)：41-46.

[14]　宋泓钢. 液动冲击器旋冲钻井技术现状及发展趋势[J]. 石油化工应用，2021，40(12)：1-7，12.

[15]　谢文卫，苏长寿，孟义泉. YZX127 型液动潜孔锤的研究及应用[J]. 探矿工程(岩土钻掘工程)，2003，30(S1)：276-281.

[16]　吴冬宇. 高能射流式液动锤冲击系统理论研究及关键结构优化分析[D]. 长春：吉林大学，2017.

[17]　殷琨，蒋荣庆. 发展中的冲击回转钻进技术[J]. 探矿工程，1997(5)：53-55.

[18]　王人杰，苏长寿. 我国液动冲击回转钻探的回顾与展望[J]. 探矿工程(岩土钻掘工程)，1999，26(S1)：140-145.

[19]　赵建军，崔晓杰，赵晨熙，等. 高频液力扭力冲击器设计与试验研究[J]. 石油化工应用，2018，37(2)：5-10.

[20]　赵金成，陈杰，陈立伟，等. 国内外扭力冲击器的研究现状及展望[J]. 机械工程师，

2022(5)：83-85.

[21] 苏崭, 王博, 盖京明, 等.复合式扭力冲击器在坚硬地层中的应用[J].中国煤炭地质, 2021, 33(5)：47-50, 57

[22] 李海军. 喷射器性能、结构及特殊流动现象研究[D]. 大连：大连理工大学, 2004.

[23] 张鑫鑫. 高能射流式液动锤理论与实验研究[D]. 长春：吉林大学, 2017.

[24] 陈家旺. 射流式液动冲击器仿真计算与实验研究[D]. 长春：吉林大学, 2007.

第 5 章　微小井眼钻进技术

5.1　微小井眼钻井技术特点与应用前景

微小井眼钻井技术是指井眼尺寸小于 88.9 mm 的连续管钻井新技术(图 5-1),是为了应对石油勘探开发成本逐渐增加和环保观念不断提升而发展起来的一种高效率、低成本、低污染的钻井技术。该技术采用连续管钻进,既可避免频繁的钻杆加接以节约起下钻时间,又能高效控制井口压力便于实施欠平衡钻井,且整体易于搬迁,所需操作人员少,符合当前自动化和智能化发展趋势。此外,微小井眼钻井技术为近年来快速发展的短半径、多分支、多侧向水平定向钻井等复杂结构井提供了先进、安全、有效的技术手段。不仅适用于油田挖潜中的老井侧钻、边际油藏开采,还可应用于天然气水合物、煤层气以及地热资源的开发,钻井费用仅为常规方法的 30% 左右,具有较大的发展潜力和广阔的应用前景,在继常规井眼和小井眼之后引起了国内外广泛关注[1]。

微小井眼钻井技术的概念最早由美国洛斯阿拉莫斯国家实验室(Los Alamos National Laboratory, LANL)于 1994 年提出[2]。随后,由于美国能源部(DOE)的关注,该技术在 2004 年资助了 6 个微小井眼项目,总投资 560 万美元[3]。在 2005 年,DOE 再次资助了 10 个新的研究项目,总投资 1450 万美元,以推动微小井眼钻井技术达到商业化应用水平[4]。

DOE 资助的项目主要涵盖地面设备和井下工具,包括微小井眼连续管钻机、钻井液地面系统、井下马达(新型高转速马达、高转速电动马达、串联对转式螺杆钻具和大功率涡轮钻具)、高压水力破岩钻具、减摩设备和工具(地面振动减摩装置和井下牵引器)、地质导向工具(智能转向及 LWD 系统和无线随钻导向系统)以及井下测井集成工具等。这些项目目前已经完成,大部分课题取得了预期的成果[5-7]。

微小井眼钻井技术的发展不仅有望降低勘探开发成本,还能减少对环境的影响，因此在能源领域具有重要的应用前景。随着技术的不断完善和商业化水平的提高，微小井眼钻井技术有望在油气勘探开发中发挥更加重要的作用[8]。

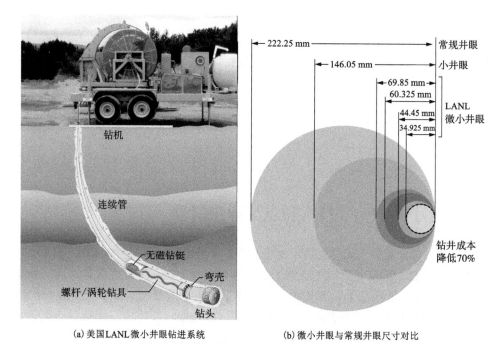

(a) 美国LANL微小井眼钻进系统   (b) 微小井眼与常规井眼尺寸对比

图 5-1   微小井眼钻进技术

微小井眼钻井技术与传统的小井眼(slim hole)钻井技术存在显著差异。小井眼钻井通常使用常规旋转钻机和连接钻杆，可视为对常规钻井的一种缩小尺寸的变体，与之不同的是，微小井眼钻井技术是连续管钻井技术的一种发展。

在传统连续管钻井技术中，大多数连续管钻机无法进行下套管和固井等操作，因而不能完成钻井、完井和固井的全部操作过程，这限制了连续管钻井的应用范围。尽管最新的复合连续管钻机具备了常规旋转和连续管钻井的双重功能，但由于其体积较大且重，不便于搬迁。微小井眼钻井技术突破了这些局限，不仅能够完成钻井的全部操作，而且具有体积小、易于搬迁的优势。

这一技术突破传统连续管钻井的限制，为油气勘探和开发提供了更为灵活、高效的选择。微小井眼钻井技术的出现，既是对传统技术的创新，也为行业未来的发展提供了新的可能性[9]。

5.1.1   微小井眼钻井技术的特点

微小井眼钻井技术在多个方面表现出显著的优势，使其成为勘探和开发领域备受关注的技术选择[10, 11]。

(1)微小井眼钻井技术在降低成本方面展现出明显的优势。其小型、轻量化的钻井装备不仅使搬运成本大幅降低,而且相对较少的工作人员需求也减少了人工成本。此外,井眼尺寸较小导致所需管材和钻井液用量减少,进一步降低了材料成本。特别值得注意的是,相同井深情况下,微小井眼井套管费用较常规井可节省高达 86%。同时,由于减少了接单根的时间,微小井眼钻井具有更高的作业速度和效率,从而进一步降低了勘探和开发的总成本。总体而言,预期微小井眼钻井技术有望降低勘探钻井成本超过 1/3,降低开发井成本超过 1/2。

(2)微小井眼钻井技术对环境友好。由于所需地面设备相对较少,岩屑废料减少,噪音水平较低,符合环保要求。这有助于减少对周围环境的不良影响,使得微小井眼钻井技术在环保方面具备了明显的优势。

(3)微小井眼钻井技术适用于各类恶劣环境。其小型化设计使得井场占地面积较小,同时设备易于快速组装和搬运,使其在地面条件受限制的地区或海上平台作业时表现得更为出色。

(4)微小井眼钻井技术发挥了连续管钻井技术的多个优势。无需接单根提高了作业的安全性,避免了接单根可能引起的复杂情况和事故。能够实现连续循环,有助于稳定和有效控制井底压力。此外,连续管可内置电缆,改善信号的随钻传输,有利于实现钻井的自动化和智能化,特别适用于欠平衡钻井和精细控压钻井。

微小井眼钻井技术不仅在技术层面有望提高勘探和开发的效率,而且在经济性、环保性和适应性等方面取得了显著的成就,为油气勘探和开发领域提供了一种具备广阔应用前景的先进技术。

5.1.2 微小井眼钻井技术应用前景分析

微小井眼钻井技术在多个领域有着广泛的应用,包括浅层开发井、煤层气井、低渗透油气井、老井重钻和勘探井等。其中,煤层气开发是一个新兴的能源领域,微小井眼技术为其经济开采提供了创新性的解决方案。根据 2005 年中国煤层气资源评价成果,中国埋深在 2000 m 以内的煤层气总资源量达到 36.81×10^{12} m³,可采资源量为 10.87×10^{12} m³,其中,煤层气资源的 67.6%分布在埋深浅于 1500 m 的范围内。由于中国煤层气产量通常较低,微小井眼钻井技术为其开发提供了经济可行的手段。通过采用微小井眼技术,不仅可以有效地提高煤层气的开采效率,还有利于井壁的稳定,有效缓解了煤层气井壁易坍塌的问题。总的来说,微小井眼钻井技术在煤层气领域的应用,不仅为我国的新能源开发提供了可行的技术手段,而且通过提高经济开采水平,有望为我国能源结构的优化和可持续发展做出积极贡献。

微小井眼钻井技术在低渗透油田的开发中发挥着重要的作用，尤其对于那些分布在中国各个油区、主要集中在 2000 m 内浅层的低渗透油气藏而言。应用微小井眼钻井技术，可以实现对这些低渗透油气藏的经济开采。在老井重钻方面，微小井眼钻井技术为过油管钻井提供了一种创新的应用形式。过油管钻井通常包括两种主要类型：一种是套管开窗侧钻，另一种是通过套管鞋进行加深或侧钻延伸井。与传统的常规老井重钻相比，微小井眼过油管钻井具有独特的优势，可以省略下油管的使用，直接通过油管进行钻井。这一创新的设计显著降低了钻井成本，提高了作业效率。因此，微小井眼钻井技术在低渗透油田的老井重钻中展现了巨大的应用潜力，为提高油气资源的开采效益提供了一种更为经济、高效的解决方案。

微小井眼钻井技术在中国的勘探领域具有广泛的应用潜力。随着勘探战线延伸至盆地腹部等边远地带，勘探投资中的钻前工程费用、搬迁费用、运输费用以及评价费用占比显著增加。微小井眼及其相关的微小工具通过降低勘探成本，为勘探活动提供了一种经济高效的解决方案。

微小井眼钻井技术的应用可以显著降低勘探成本，其优势在于井眼尺寸的减小并不影响获取探井信息的质量。通过采用微小井眼钻井技术，可以有效解决勘探战线延伸导致的问题，减少对钻前工程、搬迁、运输和评价等方面的投入。

总体而言，微小井眼钻井技术以其低成本、低能耗和环保的特点，为油气经济开采提供了可行的技术手段。该技术在提高老油田、煤层气，以及"三低"油气藏等难开采油气资源的开发效益方面具有潜力。通过有效实现节能减排，微小井眼钻井技术在油气资源勘探开发中展现出广阔的应用前景。

5.2 微小井眼钻井技术设备

为满足微小井眼连续管钻井的需求，专门设计的设备必须具备高精度和稳定性。微小井眼的有限尺寸要求设备在狭小空间内完成高度精确的操作，确保井眼的稳定性和准确性。此外，设备还需要在不同井眼条件和地质环境下保持适应性，以应对多变的作业场景。在技术方面，设备的研发需要注重自动化和智能化，引入先进的自动控制技术和智能算法，实现设备的自主决策、实时监测和远程操控，并提高操作效率，减少人工介入。这对于微小井眼的复杂作业至关重要。节能环保也是微小井眼连续管钻井设备设计的重要考量。设备应采用低能耗的技术，同时减少排放，以符合环保标准，提高作业的可持续性。安全性方面，设备需要设计得安全可靠，采用有效的安全措施，预防潜在的危险和事故。此外，设备的便携性和易操作性也是关键因素。紧凑轻便的设计使得设备易于搬运和操作,特别是在地形复杂或交通不便的区域。综合考虑这些方面的因素,专门设计的微小井眼连续管钻井设备将更好地适应微小井眼的特殊需求,提高钻井的效率和安全性[12]。

5.2.1 微小井眼钻井地面设备

微小井眼连续管钻井地面设备主要包括微小井眼钻井作业机、井控设备和控制台等。微小井眼钻井作业机是此系统的核心设备,包括注入头、卷筒和液压供给系统。注入头的功能包括提供连续管下井的动力、控制下井速度以及悬挂和提升连续管。卷轴用于保护和储存连续管,防止因过度弯曲而导致的疲劳损坏。液压供给系统则负责控制作业机的各项动作,其操作能力应满足复杂作业的要求。

井控设备包括两个双闸板防喷器、一个环空防喷器、连续管润滑器和封井头。这些设备的作用在于确保作业过程中的安全,防范潜在的危险情况。双闸板防喷器和环空防喷器在底部钻具组合连接期间和下衬管时发挥作用,而液压封井头则能在高压条件下保持密封,确保井下的安全稳定。

控制台是一个高度复杂和精密的系统,能够对钻井过程的各个方面进行控制和监测,包括钻井过程的运行情况、井下信息、井下工具和钻具组合的方向与方位、井控设备的运行情况,以及泥浆泵、井眼和连续管参数的监测。控制台的设计旨在实现对整个钻井过程的全面掌控,提高操作效率和作业的安全性。

这些地面设备的设计和功能旨在适应微小井眼的特殊条件,确保钻井作业在有限空间内高效、安全地进行。

5.2.2 微小井眼钻井井下设备

微小井眼连续管钻井井下设备主要包括连续管、水力加压器、井下马达和钻头等。

1. 连续管

应用连续管(coiled-tubing,简称 CT)取代常规刚性接头连接的钻柱钻井,具有适应性强、应用范围广、设备简单容易起下钻、不接单根、井控安全、投资少和钻井成本低的特点。

目前,连续管的屈服强度已达 900~1000 MPa,甚至可达到 1200 MPa 的超高强度。连续管外径从 50.18 mm 增加到 168.23 mm。大多数连续管类似于标准的 N80 级连续管,可考虑其适用于 N80 级连续管的环境中。

在连续管钻井中,连续管在工作时受到轴向应力、径向应力和切向应力的影响。首先,轴向应力是连续管轴向受力引起的,可能导致拉伸或压缩。当连续管受到的压缩力超过其螺旋弯曲载荷时，井眼中的连续管可能会呈现螺旋形状，从而引起额外的轴向弯曲应力。径向应力是由连续管内外部压力引起的，作用在连续管壁给定位置。这种应力方向垂直于轴线，影响着管壁的整体性能。切向应力是连续管内外部压力引起的管壁上给定位置圆周方向上的应力。这种应力方向沿着轴线，对管壁的稳定性产生影响。

连续管的疲劳寿命受多种因素的影响，其中包括连续管的直径、制造材料、壁厚、弯曲中所受的压力、焊缝质量、弯曲半径、张力、转动、表面光洁度以及以前的疲劳损伤历史。直径较大的连续管通常具有更好的抗疲劳性能，而制造材料的强度和韧性也对连续管的疲劳寿命产生显著影响。壁厚较大的连续管提供了更好的强度和耐久性。弯曲中受到的压力和张力也是影响连续管疲劳性能的关键因素。

此外，焊缝质量、弯曲半径的大小、连续管的转动以及内外表面的光洁度都在一定程度上影响了连续管的疲劳寿命。过去的疲劳损伤历史记录对于预测和管理潜在问题也至关重要。因此，通过综合考虑这些因素，可以更好地评估连续管在工作中的疲劳性能和寿命。

表 5-1　连续管尺寸规范

外径/mm	壁厚/mm	横截面积/mm²	内截面面积/mm²
25.40	2.032	149.2	357.5
31.75	2.210	205.1	586.7
38.10	3.175	348.4	791.7
44.45	3.404	438.9	11129
50.80	3.962	583.0	1443.8
60.33	4.445	780.3	2077.8
73.03	4.775	1023.9	3164.4

2. 水力加压器

由于微小井眼采用连续管钻井，连续管的直径较小，所以限制了钻井液的排量，同时连续管下端无钻铤连接，因此钻压很难施加在钻头上。为了达到破岩的目的，需要使用水力加压器将压力加在钻头上，使钻头破碎岩石。

采用井下马达钻井系统钻微小井眼时，为了降低连续管的振动，提高水力作用，准确控制钻压，应用了减摩加压接头。它可以吸收钻头的冲击振动，提供一恒定的较易控制的钻压，解决了小井眼不易施加钻压的问题，提高了破岩效率。

表 5-2 水力加压器技术规范

尺寸/mm	类型	排量 /(L · min⁻¹)	转速 /(r · min⁻¹)	压力降 /MPa	扭矩 /(kN · m⁻¹)
42.86	Mach2	45~190	150~630	3.5	105
44.45	Mach2	75~190	830~2100	4.0	410
60.33	Mach3	100~400	200~500	4.8	400

水力加压器(图5-2)类似一个活塞,当钻井液循环通过该工具时,它可以保持一个加压力量,钻压与通过水力加压器的压力降成正比,并能通过改变流量、钻头的总流量面积和井下马达技术系统的类型来调节。司钻可通过观察立管压力检测水力加压器的工作情况。当钻柱下放到井底时,立管压力上升,表明水力加压器内部压降增加。为避免水力加压器处于完全闭合位置,在水力加压器内部装有一个闭合位置定位器,水力加压器的活塞到达该位置时,压力会急剧下降。

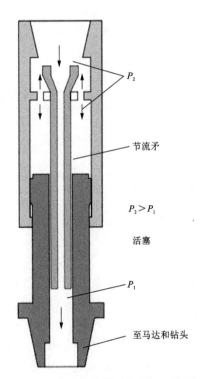

图 5-2 水力加压器工作原理示意图

3. 井下马达

小井眼钻井液马达与小井眼钻头一直是同步发展的。目前国外已有高、中、低三种转速(500~1000 r/min)和多直径(38.1~171.5 mm)的小井眼井下马达,其抗高温性能已超过了200℃[13]。其通过将钻井液的液压能转变成机械能驱动钻头。目前,大功率的小井眼马达有两种形式。一种是将两个常规小直径马达的动力段相连接所形成的串联式马达(图5-3),一种是级数多于常规马达的长动力段马达。这两种马达的输出扭矩和功率都比同尺寸常规马达高50%。

为将更多的能量传递到钻头上,提高钻井效率,配备使用了井下水力加压器,这使得钻头寿命更长,在许多地层钻进都比转盘钻进快3~5倍,钻井成本降低了50%~70%,该系统常与连

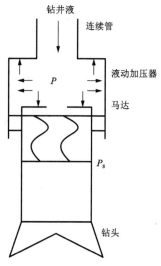

图5-3 马达与水力加压器串联示意图

续管钻机配合使用。美国 Maurer 公司研制的大功率微小井眼井下马达输出功率和转速是常规钻井液马达的2倍。

表5-3 推荐用的微小井眼井下马达技术规范

马达规格 /mm	类型	排量 /(L·min⁻¹)	转速 /(r·min⁻¹)	压力降 /MPa	扭矩 /(kN·m⁻¹)
42.86	Mach2	45~190	150~630	3.5	105
44.45	Mach2	75~190	830~2100	4.0	410
60.33	Mach1	100~400	200~500	4.8	400

4. 微小井眼钻头

微小井眼钻井技术的推进离不开小尺寸钻头的发展。传统的小尺寸牙轮钻头在面对微小井眼时显得效率较低,因为它们难以解决高转速、轴承容易磨损、寿命较短的问题。为了克服这些困难,国外成功研制出几种创新型的小尺寸钻头。抗偏转的小尺寸 PDC(聚晶金刚石复合)钻头在微小井眼环境中表现出色。这种钻头不仅能够适应高转速,提高钻速,还具备抗偏转的特性,有效减轻了钻进过程中的强烈振动,从而提高了整体的钻井效率。热稳定聚晶金刚石钻头也是一种创新选择。这种钻头不仅具备良好的抗磨性,还在高温环境下表现出色,适应微小井眼钻井的高温需求。使用这种钻头能够提高钻速,并延长钻头的使用寿命。

天然金刚石钻头同样为微小井眼钻井提供了可行的解决方案。借助天然金刚石的硬度和抗磨性，这种钻头能够在高转速条件下工作，有效提高钻井效率。

特别值得注意的是，采用小型聚晶金刚石钻头时，不需要限制钻压，这为小井眼技术的进一步发展提供了更多可能性。因此，小型聚晶金刚石钻头被视为小井眼技术未来有望发展的方向之一。这些创新型小尺寸钻头为微小井眼钻井技术注入了新的活力，为提高钻井效率和延长钻头寿命提供了切实可行的途径。

单牙轮钻头通过增加牙轮钻头轴承直径，延长钻头寿命。阿曼油田在水平井中使用了 LADC437 单牙轮钻头，加拿大使用 LADC637 单牙轮钻头钻进研磨性硬砂岩，钻速高，相当于 2 只三牙轮钻头的总进尺。图 5-4 所示为几种类型的国外微小井眼钻头。

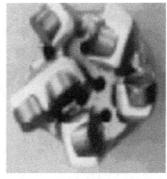

图 5-4　国外微小井眼钻头

5.3　微小井眼关键技术

微小井眼钻井技术的成功应用离不开一系列关键技术的创新和发展。以下是微小井眼钻井的关键技术要点。

1. 小型复合连续管钻机

微小井眼钻井的地面设备至关重要，需要小型复合连续管钻机。这种钻机应具备完成下套管和固井等操作的能力，同时可能需要配备顶驱。为了保证移动性，该设备需要高度集成化，能够操作直径范围在 ϕ25.4~73 mm 的连续管，同时要求钻深达到 2000 m。

2. 连续管

连续管是高技术含量的产品，其尺寸的选择需要在多个因素之间平衡和优化。ϕ73 mm 连续管被认为是微小井眼钻井的合适尺寸，既能够满足井眼清洁和井下马达驱动的需求，又能够克服大尺寸连续管疲劳寿命短、成本高等问题。

3. 小尺寸高转速马达

由于连续管不旋转，微小井眼钻进的动力主要来自井下。为了提高机械钻速，需要开发低钻压和低扭矩条件下的小直径高转速泥浆马达系统，例如串联对转式马达。

4. 小尺寸高效钻头

小直径井下马达的输出有限，因此需要设计与马达相匹配的小尺寸高效钻头。这些钻头还需要具备耐高温的切削齿，能够产生细小的钻屑，有助于携岩。

5. 小尺寸水力加压器

需要研制一种以钻井液压力驱动的小尺寸水力加压装置，以满足微小井眼钻井加压的需求。

6. 小尺寸高压喷射钻具

高压喷射钻井技术能显著降低钻井所需的扭矩和钻压，提高机械钻速和侧钻深度。因此，需要开发适用于微小井眼钻井的小尺寸高压喷射钻具。

7. 小尺寸井下牵引器

微小井眼钻定向井和水平井时，摩阻是一个挑战，为降低摩阻，需要小尺寸井下牵引器，以避免连续管发生屈曲。

8. 小尺寸井下测井工具

微小井眼钻井需要配备井下测井工具，目前尚没有适用于微小井眼钻井的测井传感器（MWD）和地层测井（LWD）工具。需开发具有集成功能、能够显著降低成本的测井工具。

9. 小尺寸地质导向工具

先进的地质导向技术对于提高井眼轨迹的精确性和钻井质量至关重要。为了实现最大采收率并降低与水层相遇的风险，需要适用于微小井眼的地质导向工具，并能够通过测量电阻率实时了解井眼与水层的距离。

5.4 微小井眼径向钻孔技术

径向钻孔技术是一种在超短半径内完成垂直到水平的转向，并在不同深度和方向上钻出多个微小径向井眼的高效技术。这项技术的成功应用主要依赖于两个关键技术：套管开窗技术和微小井眼钻进破岩技术[14]。

套管开窗技术是在井筒内通过特定技术手段，迅速而有效地建立与地层的窗口，从而形成新的井眼。这个步骤需要高效的工具和方法，以确保在井眼中准确制造开窗。成功的套管开窗是实现径向钻孔技术的关键一环。

微小井眼钻进破岩技术要求使用柔性钻管，能够在超短半径内实现有效的转向并进行破岩。因此需要兼具灵活性和坚固性的工具，能够在复杂的地层条件下进行可控的破岩作业，并且在破岩的同时不断向前延伸形成径向孔眼[15]。

径向钻孔技术已在老区剩余油挖潜、低渗油藏开采和煤层气开发等领域得到广泛应用，取得了显著的优势。然而，随着技术的不断深入应用，对于更为复杂的油藏类型和井下工况，尤其是深井的需求日益增加。近年来，国内外在这一领域进行了积极的研究，对核心工具系统和配套设备进行了改进和完善。同时，引入了新的理念，开发了新一代技术，取得了一些重要的新进展，大大提高了径向钻孔技术的施工可靠性、效率和适应性。这一技术的不断发展和改进为更好地应对油气勘探和开发中的复杂挑战提供了有效手段，有望进一步提高资源采收效率。

5.4.1　段铣开窗型径向钻孔技术

20 世纪 70—80 年代，美国的 Wade Dickinson 提出了径向水平钻井技术概念，Petrophysics 公司在 Bechtel 投资公司的支持下成功研制出套管段铣型径向水平钻井系统。该技术的工艺原理为：首先，在油气井的预定深度对套管进行段铣，然后利用大直径的扩眼钻头对段铣后的井眼进行扩径(630 mm 以上)。接着，下入锚定转向器，通过液压或机械的方式使转向器沿预定的方位支起。柔性钻管在液压作用下，经过转向器90°弯曲后进入地层，高压射流破碎岩石并清洗井眼，最终形成径向水平井眼[16]。

为简化施工程序，加拿大 Petrojet 公司(原 Petrophysics 公司)对导向器进行了改进。改进后的导向器可在井下套管内直接完成转向，其出口中心线与水平方向有一定夹角，曲率半径在 3~11 m 范围内可调整(图 5-5)。这种改进后的导向器可省去扩孔等工序，提高了作业效率[17]。套管开窗仍采用段铣方式，但由于使用了改进后的导向器，整体作业效率得到了显著提高。这一技术的引入和改进为径向水平钻井提供了更为高效和灵活的解决方案，尤其在简化施工程序、提高作业效率方面取得了显著成果[18]。

在地层钻进中，采用了高压水力喷射破岩技术，使用的钢管直径为 31.75 mm。该钢管具备良好的柔韧性和强度，既能够实现转向，又能够延伸进入储层。在进行地层钻进时，可以根据钢管的刚度和已知的曲率半径，合理确定喷头的位置。同时，系统配备了功率达 1492 kW 的大排量高压泵和大尺寸传输系统，以向地层传递足够的能量，破碎岩石并形成泄流通道。

PetroJet 公司在实际应用中针对不同岩性进行了施工，包括煤层、砂岩、碳酸盐岩、泥岩和未胶结含油砂岩等。施工的井深最深达到 1750 m，喷射孔眼的孔径约为 63.5 mm，孔眼长度在几米到 20 m 之间变化。该技术创造了单井最多 82 个分支孔眼的记录，每个孔的长度均为 7 m。

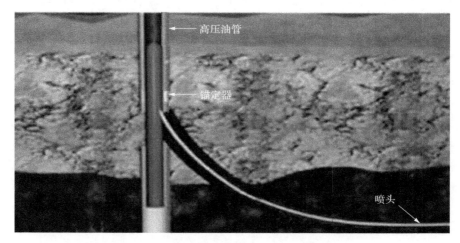

图 5-5　新段铣开窗型(不扩孔)径向钻孔示意图

　　然而,段铣开窗型径向钻孔技术在使用中也存在一些问题,主要是为了给导向器制造工作空间,需要进行套管整体段铣和大直径扩孔。这使得施工过程相对复杂、效率较低、成本较高,因此在实际应用中受到了一定的限制。

5.4.2　铣孔开窗型径向钻孔技术

　　2000 年以后,美国的 Maxim Tep、RDS 等公司在径向钻孔技术领域进行了研究,推出了铣孔开窗型径向钻孔技术。相较于早期的径向钻井技术,新技术采用了新型导向器,无须进行套管段铣和扩眼这两个费时的工序,而是直接在套管上铣孔,然后进行水平段井眼的钻进,大幅提高了作业效率。该技术的两大核心工具是套管开窗工具和高压喷射工具。

　　套管开窗工具由小尺寸螺杆马达、万向节和开孔钻头组成;而高压喷射工具由高压喷射软管和自进喷头组成。自进喷头具有前、后开孔结构,通过向连续油管内泵入高压流体,在喷头处喷出高速流体,前向喷嘴用于冲蚀破岩,后向喷嘴推动喷头在地层中前行。

　　铣孔开窗型径向钻孔技术因为采用结构简单、尺寸小的转向器在套管内完成作业,省去了大直径扩孔工序,作业效率较高,近年来应用规模不断扩大。然而,在应用中也存在一些问题,例如在高钢级厚壁套管上开窗较为困难。同时,由于完全依赖纯水力喷射,为保证喷射头的自进力,喷射头正向用于破岩的能量有限,导致在硬地层中破岩效率极低,甚至可能无法有效喷射钻进。

为提高该类型径向钻孔技术的可靠性和适应性，相关单位对关键技术和配套工具及装置进行了改进和技术创新，具体如下：

1. 自推进旋转喷射

Welljet 公司采用了一种创新的径向钻孔技术，其中包括套管铣孔开窗和高压自推进喷射钻进两个主要步骤。在套管铣孔方面，公司使用钻井液驱动的万向节来带动合金钻头进行套管铣孔开窗，完成开窗后，将导向器留在原位置，然后下入喷射工具进行高压自推进喷射钻进地层。

为了方便判断套管是否钻穿，Welljet 公司对开窗钻头进行了改进，设置了一铜环，通过磨痕来判断套管的开窗情况。在喷射钻进方面，为了克服普通喷嘴在硬地层（如灰岩、白云岩）中的施工难题，公司研制了一种自推进旋转喷头（图5-6）。该旋转喷头在高压流体的作用下通过正向偏心喷嘴的偏心作用而旋转，转速可达 18000 r/min。后向喷嘴用于提供自进推力，实现了高效的自推进旋转喷射钻进。同时，公司配备了高压柱塞泵，最高压力可达 140 MPa，以提高地层破岩的能量和效率[19]。

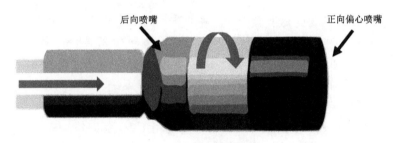

后向喷嘴　　　　　　　　　　　正向偏心喷嘴

图 5-6　自推进旋转喷头

2. 地面推进旋转射流

国外 ZRL 公司采用类似常规钻井的原理，研发了一种径向钻井系统，该系统包括套管开窗工具系统和地层钻进工具系统。

套管开窗工具系统主要由套管钢塞和万向节等组成。该系统在工作时，与导向器配合，通过地面顶驱设备驱动，使空心杆传递扭矩和钻压给万向节及套管钢塞，进行套管铣孔开窗，开窗孔径可达 38.1 mm。

地层钻进工具系统主要包括内部旋转喷头和高压柔性管等组件。在工作时，地面泵入高压流体（施工压力最高可达 140 MPa），在旋转喷头处形成旋转射流以破碎岩石，钻压则通过地面的空心杆传递给喷头，而不是依靠水马力拖动软管。地层喷射孔径为 50.8 mm，单支钻进长度达到 15 m。该系统采用标准修井机即可，无需使用连续油管设备。

3. 钻进管串全旋转

中国石油集团长城钻探工程有限公司长城钻探工程技术研究院(简称长城钻探)自 2008 年一直专注于铣孔开窗型径向钻孔技术的自主研究与应用[20]。最近几年,他们针对高钢级厚壁套管进行研发,推出了一种新型的开窗工具。该工具的结构与常用的万向节传动开窗方式有所不同,采用了扭矩传递和切削给进相互分离的结构,从而提高了套管开窗施工的可靠性,同时实现了更大的开窗孔径。此外,该工具还具有实时显示开窗状态的功能。图 5-7 所示的新型开窗工具是一个创新性的设计,有望在径向钻井技术领域取得更好的效果,提高工作效率并降低成本。

图 5-7 新型开窗工具

在前期高压喷射钻进系统的基础上,针对硬地层,长城钻探研发了钻进管串全旋转的微孔旋转钻进工具系统,主要包括井下动力马达、柔性钻管和破岩钻头等。该系统采用水力机械联合破岩,提高了破岩能力。此外,还研制了适合缆绳作业的配套井下工具系统,可利用缆绳起、下钻进工具,相比使用连续油管,简化了施工设备,提高了施工效率。

截至目前,在辽河、新疆等油田已现场应用了 50 余口井,单井最多达 21 个孔,高压软管喷射最长达 100 m,旋转钻进单孔最长达 20 m,应用效果良好。举例来说,在某长停井中,施工了 6 个径向井眼后,日产油提高到了 6.3 m³,甚至超过了该井新井投产日产量;在某注水井中,施工了 6 个径向井眼后,注入压力由施工前的 8.6 MPa 降低到了 4 MPa;某井是辽河油田首次在探井中用径向钻孔代替常规射孔配合压裂储层,以利于造复杂缝进而改善储层改造效果,施工了 13 个径向孔眼后压裂,初期日产油 30.4 m³,连续正常生产 410 天,累计产油 3430 m³,为目前该致密油区块改造效果最好的一口井。

4. 裸眼井鱼骨分支钻孔技术

鱼骨分支钻孔技术是近年来在国外逐渐发展起来的一项新型快速钻孔完井增产技术,由挪威 Fishbones 公司首次提出并成功研发。该技术在完井过程中使用专用的井下鱼骨钻孔工具,一次性随着完井管柱下入井内。通过地面向完井管柱内打压,所有分支在 4~5 h 内同时形成,最终形成一个从主井眼伸出的、分支众多的鱼骨式完井结构。

这一技术的独特之处在于它的高效性和相对较短的形成时间,为井眼的增产提供了一种新的可能性。鱼骨分支钻孔技术的应用不仅能够提高采收率，还有望在裸眼井中减少油水比例，改善井的生产性能。然而，该技术在实际应用时，需要在考虑地质条件、油藏特性以及环境因素的基础上进行仔细评估。尽管技术本身具有许多优势，但在具体的油田开发项目中，需要综合考虑各种因素，以确保该技术的有效性和可行性[21]。

针对不同岩性，Fishbones 公司先后开发了喷射型和旋转钻进型两种鱼骨钻孔工具，如图 5-8 和图 5-9 所示。

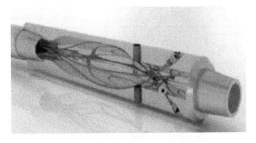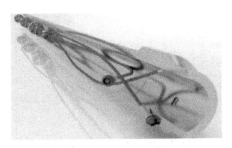

图 5-8　喷射型鱼骨钻孔工具　　　　图 5-9　旋转钻进型鱼骨钻孔工具

喷射型鱼骨钻孔工具(图 5-8)：每个工具短节内有 4 根互成 90°的喷射管，每根管前端带有喷射头。在内外压差作用下，推动喷射管进入地层，采用酸性流体酸化和高压水射流形成分支孔眼。对于松软地层，使用钻井液循环和磨料射流原理进行破岩。

旋转钻进型鱼骨钻孔工具(图 5-9)：每个工具短节内有 3 根互成 120°的钻进管，每根管前端带有微型钻头。通过循环钻井液，内部涡轮提供动力，驱动钻进管和微型钻头旋转，适用于多种地层，如砂岩等。

这两种工具类型各自具有独特的结构和工作原理，需要根据具体的地层条件和油藏特性进行选择。它们都旨在提高油井产能，通过形成分支孔眼的方式实现更广泛的油藏采收。

目前，该技术已在挪威、美国、中东海上等多个国家和地区现场试验了 10 余口井，初步展示出良好的应用效果和前景。

表 5-4 中列举了目前一些典型径向钻孔技术服务商的套管开窗、地层钻进和配套设备等情况。这些公司采用不同的技术和设备实现径向钻孔，具有各自的特点和优势。典型径向钻孔技术服务商采用多种创新技术和设备实现套管开窗、地层钻进等操作。在套管开窗方面，铣孔方式取代了套管段铣方式，显著提高了作业效率，同时有利于维护套管的完整性。导向器的创新降低了钻进管的转向难度，提高了导向精度。在地层钻进方面，通过增加地面泵压，一些公司成功提高

了破岩能量，但也对设备和工具系统提出了更高的要求。采用旋转喷射和旋转钻进等方式改变破岩方式，提高了破岩能力，使得技术更加灵活，能够适应不同地层情况。在钻进管的选择方面，采用"钢管"类作为钻进管，其长度通常在几米到20 m之间，要根据具体需求进行选择。一些公司通过技术创新，成功降低了施工泵压和对配套设备的要求，从而进一步降低了作业成本。这些创新和优化表明，径向钻孔技术在不断演进，服务商通过不同的方法提高效率、降低成本，并更好地适应各种地质条件，这对于油田开发、储层改造等具有积极的推动作用。

表 5-4　各类径向钻孔主要指标

项目	Petrojet 公司	Welljet 公司	ZRL 公司	长城钻探工程技术研究院	Fishbones 公司
开窗方式	套管段铣	铣孔开窗	铣孔开窗	铣孔开窗	裸眼完井
开窗孔径 /mm	—	22	38.1	28~33	—
导向器转向角度	30°~40°	90°	30°~40°	90°	30°~40°
地层钻进方式	高压喷射	高压喷射	高压喷射	高压喷射、旋转钻进	喷射、旋转钻进
破岩钻头	喷射头	旋转喷头	旋转喷头	喷射头、微型钻头	喷射头、微型钻头
钻进管	钢管	高压胶管	高压软管	高压胶管、半刚性管	钛合金管
钻压施加	液力加压	喷头自进	地面加压	喷头自进、液力加压	液力加压
钻进长度	20 m	软管喷射 100 m	15 m	软管喷射 100 m 旋转钻进 10~20 m	喷射 12 m 旋转钻进 10.8 m
动力源	超高压泵 (103.4 MPa)	超高压泵 (140 MPa)	超高压泵 (140 MPa)	高、中压泵 (70 MPa、30 MPa)	中压泵 (21 MPa)
液体传输	高压油管	连续管	空心杆	油管	完井管柱
配合设备	修井机	小修作业机、连续油管设备	修井机	小修作业机、缆绳绞车	钻机、修井机

参考文献

［1］ 陈朝伟，周英操，申瑞臣，等. 微小井眼钻井技术概况、应用前景和关键技术［J］. 石油钻采工艺，2010, 32(1): 5-9.

［2］ ALBRIGHT J N, DREESEN D S, ANDERSOND, et al. Road Map for a 5000-ft microborehole ［C］. Los AlamosNational Laboratory, 2005.

［3］ DOE. DOE to Support "Small Footprint" Technologies for Oil and Gas Fields. 2004, www. fossil. energy. gov.

［4］ DOE. DOE Announces R&D funding for micro hole technology projects. 2005, www. fossil. energy. gov.

［5］ BART PATTON. A Built for purpose micro-hole coiled tubing rig (mctr) final report ［R］. DOE Award Number: DE-FC26-04NT15 474, Schlumberger IPC, 2007.

［6］ COBERN M E. Novel High-speed drilling motor for oil exploration & production final technical report ［R］. APS Technology, Inc, 2008.

［7］ THEIMER K, KOLLE J. Microhole high pressure jet drill for coiled tubing final report ［R］. Tempress Technologies, Inc, 2007.

［8］ 李慧，黄本生，刘清友. 微小井眼钻井技术及应用前景［J］. 钻采工艺，2008, 31(2): 42-45, 6.

［9］ 周煜辉，赵凯民，沈宗约，刘刚，王同良. 小井眼钻井技术［J］. 石油钻采工艺，1994, 16(2): 16-24, 105.

［10］ ALBRIGHT J N. Microhole technology-progress on borehole instrumentation development ［R］. New Mexico, Los Alamos National Laboratory, 2000.

［11］ 谢力. DOE 资助微小井眼技术的研究与发展项目［J］. 国外石油动态，2005(14): 12-15.

［12］ 刘清友，董润，耿凯，等. 井下机器人研究进展与应用展望［J］. 石油钻探技术，2019, 47(3): 50-55.

［13］ 张永忠. 国内外小井眼固井技术研究现状探析［J］. 西部探矿工程，2020, 32(3): 107-108, 112.

［14］ 黄志强，陈勋，施连海，等. 微小井眼径向钻孔技术研究新进展及分析［J］. 钻采工艺，2020, 43(3): 27-30, 2.

［15］ 侯树刚，李帮民，郑卫建. 中原油田超短半径径向水平井技术研究及应用［J］. 钻采工艺，2013, 36(3): 24-26, 5-6.

［16］ 施连海，李永和，郭洪峰，等. 高压水射流径向水平井钻井技术［J］. 石油钻探技术，2001, 29(5): 21-22.

［17］ MCDOUGALL M, NIELSEN J, TATMAN. Hydraulic drilling method with penetration control ［P］. US, 8925651, 2015-01-06.

［18］ 施连海，杨帆，黄志强，等. 径向水平井技术的应用及其发展方向探讨［J］. 西部探矿工程，2014, 26(7): 60-62, 65.

［19］刘海燕，李建滨，王涛，等. 一种径向钻井专用套管开孔钻头：CN217925784U［P］. 2022-11-29.

［20］施连海，钟富林，杨帆，等. 油井井下套管钻孔器：CN201210105034.8［P］. 2012-08-15.

［21］FREYER R, KRISTIANSEN T G, MADLAND M V, et al. Multilateral system allowing 100 level 5 laterals drilled simultaneously［C］. Dream or Reality 8th European Formation Damage Conference, Society of Petroleum Engineers, 2009.

第 6 章　旋转导向钻进技术

6.1　旋转导向钻进系统结构与原理

旋转导向钻井系统(rotary steerable system, 简称 RSS)作为一项先进的自动化钻进技术,起源于 20 世纪 90 年代,并在国际上得到广泛应用,代表了世界钻井技术的一次显著突破。RSS 与传统的滑动导向钻井技术相比具有独特的特点。其最显著的优势是井下工具一直保持旋转状态,相对于滑动导向技术,在井眼净化方面表现更为优越。这种工作方式有助于减小井眼中的固体颗粒积聚,提高井眼的清洁度。此外,RSS 具有更高的井身轨迹控制精度,能够更准确地控制钻头的方向,实现更精确的钻井路径。这对于需要特定轨迹的油气资源开发项目至关重要。

RSS 还具备更强的位移延伸能力,因为其在井下工作时一直处于旋转状态,能够更灵活地适应复杂的地质条件,如高难度定向井、大位移井、钻超深井、水平井、丛式井、分支井以及三维复杂结构井等[1]。这一技术在海洋油气资源开发和油田开发后期的复杂油气藏中得到广泛应用,为油田钻井提供了更为灵活、高效的定向井钻进方案。总体而言,RSS 作为先进的旋转导向钻井技术,已经成为现代油田钻井领域的重要技术工具之一。

6.1.1　结构与分类

旋转导向钻井系统是一种在油气勘探和钻井领域应用广泛的技术,旨在通过精确控制井眼轨迹来实现定向钻进。该系统主要分为井下系统和地面设备两个组成部分(图 6-1)。

井下系统方面,旋转导向工具是核心组件,其作用是通过调整方向来确保井眼按照预定轨迹前进。这个工具通常包括传感器,以实时感知井眼的方向,提供导向信息。另一个重要组件是提速工具，它有助于增加井下工具的旋转速度，提高钻进效率，特别是克服井下摩擦阻力。此外，钻井参数测量传感器用于实时监测旋转速度、扭矩、钻进压力等参数，而随钻测井（LWD）和随钻测量（MWD）技术能够提供实时的地层性质数据。

地面设备方面，井场地面系统负责接收、处理和显示来自井下系统的数据。指令下传装置用于向井下系统发送调整钻井参数和导向方向等指令。数据遥传网络则实现井下数据向地面设备的实时传输。远程决策支持系统为地面操作人员提供决策支持工具，帮助他们根据实时数据做出正确的决策，优化钻井过程。

综合来看，旋转导向钻井系统通过协同井下和地面组件的作用，能够实现对井眼轨迹的精确控制，提高钻井效率，同时提供实时的地层数据用于地质解释。这项技术在油气行业中的广泛应用，为油气勘探和开采提供了更为精确和高效的手段。

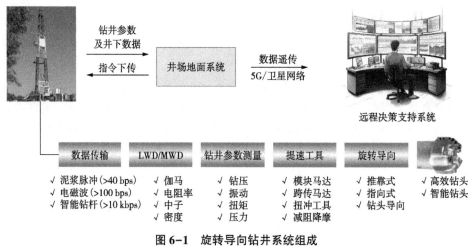

图 6-1　旋转导向钻井系统组成

油服行业的领军公司，如斯伦贝谢（Schlumberger）、贝克休斯（Baker Hughes）和哈里伯顿（Halliburton）等，已经成功研发了自己的旋转导向系统（rotary steerable system，RSS）。这些系统根据不同的定向原理，主要分为指向式、推靠式和混合式三类。

1）指向式系统

指向式系统通过偏心环的直接或间接作用使钻头的心轴产生弯曲，从而使钻头偏离井眼轴线，实现导向的目的。这种系统的导向原理主要通过调整偏心环的位置和形状来实现。

2）推靠式系统

推靠式系统在钻柱近钻处引入偏置装置，直接施加侧向力于钻头，以实现导向功能(图6-2)。这种系统通过在钻头上添加推靠力来改变井眼方向，从而实现导向。

3）混合式系统

混合式导向系统采用复合结构，利用导向扶正套完成导向。根据偏置单元工作方式的差异，可以分为静态偏置和动态偏置两类(图6-3)。静态偏置是指在导向过程中，偏置单元不随钻柱转动，只在某一固定位置提供侧向力。动态偏置则是指偏置单元随着钻柱的转动而周期性地产生恒定方向上的侧向力。

这些RSS技术的发展使得油井的导向能力得到显著提高，能够更加精准地控制井眼轨迹，提高钻井效率，同时减少钻井中的不确定性。这对于油气勘探和开采具有重要意义。

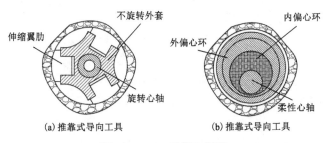

图6-2 RSS的指向原理

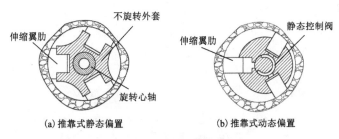

图6-3 RSS的偏置原理

推靠式旋转导向系统是最早出现的系统之一，具有在大多数钻井任务中出色表现的优点。然而，这种系统也存在一些不可忽视的问题。例如，导向翼肋可能引起冲击和强烈的扭转振动，严重情况下可能导致螺旋形井眼，给后续的固井和完井带来巨大困扰。

相较之下，指向式旋转导向系统作为推靠式的替代产品，成功地解决了上述问题。但由于其独特的导向结构，导向能力相对较低，对心轴和偏心环的磨损较为严重，对材料性能的要求也较高。

混合式旋转导向系统充分结合了推靠式和指向式导向系统的优势，具有较高的造斜率和控制精度[2]。在实际应用中，它很好地平衡了导向性能和系统稳定性，能够更好地适应复杂的钻井任务。混合式系统是一种综合性能较好的选择，为油井导向提供了更灵活、可靠的解决方案。

6.1.2 导向原理

旋转导向系统大致可分为 5 类：静态推靠式、动态推靠式、静态指向式、动态指向式以及混合式，不同类型导向工具的原理如下。

1）静态推靠式

静态推靠式导向装置主要由不旋转套筒和旋转心轴组成。心轴的上半部分连接钻柱，下部与钻头相连，起着传递钻压和扭矩的作用。不旋转套筒一般装有 3 个、4 个或 6 个导向翼肋，它们之间的相位差分别为 120°、90°和 60°[3]。以贝克休斯公司的 Auto-Trak G3 为例：在导向过程中，液压缸对导向翼肋施加推力，并将力传递到井壁上。井壁对翼肋的反作用力的合力导致钻头偏转，从而控制钻井轨迹[4]。当钻头的倾角和方位角达到预定值时，导向翼肋将保持一定的伸缩长度，不再对井壁产生推力，井眼的曲率也不再变化[5]。

2）动态推靠式

和传统的静态推靠式相比，动态推靠式导向装置随着钻柱一起旋转，达到了全旋钻进的目的。例如斯伦贝谢公司的 PowerDrive Orbit G2（图 6-4），它的导向装置主要由稳定器和偏置单元组成。在钻进时，通过控制器对上盘阀的高压孔位置进行调节，使上、下盘阀处于开启状态。在高压钻井液的驱动下，导向翼肋朝设定方向依次延伸，为钻头提供侧压力，起到引导的作用。

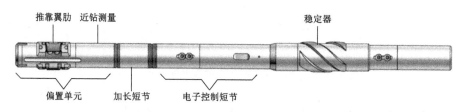

图 6-4 PowerDrive Orbit G2 结构

3）静态指向式

静态指向式由不旋转外筒、旋转心轴、偏置机构、悬臂轴承等部件组成。例如 Weatherford 公司的 Revolution16，其偏置机构安装在不旋转外筒内，周围均布有 12 列活塞。通过液压驱动活塞推靠在外筒上的反作用力，使心轴弯曲。在接近钻头处的稳定器的支撑下，钻头发生偏转，实现导向的目的。

4）动态指向式

动态指向式实现了与井壁无接触的"全旋转"导向钻进。以斯伦贝谢公司的 Power Drive Xceed 为例，系统由机械外壳、旋转心轴、万向节套筒以及钻头短节组成，导向时以万向节为支点，电机驱动钻头短节实现 360°旋转，使得钻头可以指向任意一个方向转动。

5）混合式

混合式创新性地将推靠式、指向式两种导向原理相结合。以 PowerDrive Archer 为例进行分析，其通过引导扶正套内置的 4 个推靠衬垫驱动钻头偏转，并且以万向节为支点实现 360° 自由指向和转动。它的推靠衬垫设计受到动态推靠式 PowerDrive X6 的启发，导向扶正套则是源自动态指向式 PowerDrive Xceed[6, 7]。

6.1.3　各大油服公司核心技术简介

1. 斯伦贝谢公司

斯伦贝谢是目前旋转导向专利数量最多的油服公司，其 PowerDrive 旋转导向系统包含 3 种形式：推靠式（PowerDrive Orbit）、指向式（PowerDrive Xceed）和混合式（PowerDrive Archer）。

1）PowerDrive Orbit

PowerDrive Orbit（图 6-5）是斯伦贝谢公司旋转导向系列产品中的一款，其在造斜性能方面相对较弱，但仍然具备一些特点和适用条件。PowerDrive Orbit 具有较高的高温承受能力，可在高达 150℃ 的高温环境中稳定工作。这使其适用于一些对高温要求较高的钻井工程，为特殊环境下的应用提供了一种选择。该系统的狗腿度范围通常为（0~3°）/30 m，只有在少部分地层情况下才能达到（4°~5°）/30 m 的造斜能力。这表明 PowerDrive Orbit 在一些特殊地质条件下仍能提供可接受的造斜性能。需要注意的是，PowerDrive Orbit 的造斜性能受到振动的影响，主要源于侧向切削和井下钻具的不均匀转动。为了最大程度地发挥其性能，选择合适的钻头和简单的钻具组合至关重要。这对于降低振动对造斜性能的负面影响具有重要意义。

PowerDrive Orbit 系统在应用过程中具备全程旋转的特性，这使其能够提供近钻头的实时井斜和方位、近钻头伽马、方位伽马、近钻头伽马成像等参数曲线。这些曲线对于精确控制井眼轨迹、判定岩性和地层走向，尤其在薄油层导向钻进方面，提供了方便和实用的工具。

综合而言，PowerDrive Orbit 虽然造斜性能相对较弱，但在特定条件下，通过选择和操作合适的工具，仍能够满足一些特殊工程的要求，为钻井工程提供了一种有益的选择。

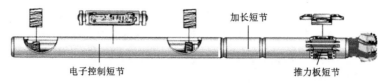

加长短节

电子控制短节

推力板短节

图 6-5 PowerDrive Orbit 结构示意图

2）PowerDrive Xceed

PowerDrive Xceed 的组成包括发电总成（CRSPA）、导向控制总成（CRSSA）、电子元器件总成（CRSEM）等，如图 6-6 所示。

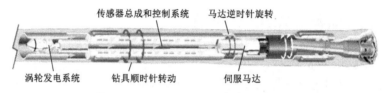

传感器总成和控制系统   马达逆时针旋转

涡轮发电系统   钻具顺时针转动   伺服马达

图 6-6 PowerDrive Xceed 结构示意图

该系统在钻进过程中所有部件均为旋转状态，可实现在钻具转动时的全方位导向钻进，也可以放置于 PowerPak 螺杆钻具之下，共同组成附加动力旋转导向系统（VorteX Xceed）。Xceed 旋转导向系统具有近钻头的井斜方位测量，其独特的定向方式和固定的钻头轴向夹角，使指向式旋转导向系统在保留了推靠式所具有的优势之外，还能获得（5°~8°）/30 m 的造斜能力，在一些高狗腿度的三维定向井和水平井中能更好地利用旋转导向系统的优势。工具耐高温，可达 150 ℃，最大允许转速为 350 r/min，最大允许堵漏液浓度为 142.6 kg/m²。目前，只能通过改变泥浆泵的排量来发送指令，但可以通过 MWD 接收指令并转发给 Xceed。

3）PowerDrive Archer

PowerDrive Archer（图 6-7）的主要优势是可以实现高造斜率的需求，将推靠式和指向式的优势结合，PowerDrive Archer 系统可以达到高达（15°~17°）/30 m 的造斜率，且该工具能够承受 150 ℃ 的高温。另外，基于 Power-Drive X6 系统精确控制单元的使用，可在钻进时有更宽的排量选择范围。该系统既保留了斯伦贝谢公司工具一贯的全旋转特征，还具有用改变排量和顶驱转速两种方法发送指令的功能。

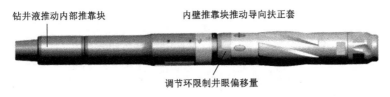

钻井液推动内部推靠块   内壁推靠块推动导向扶正套

调节环限制井眼偏移量

图 6-7 **PowerDrive Archer** 原理示意图

2. 贝克休斯公司

1) AutoTrak 系统

贝克休斯公司研发的 AutoTrak 不旋转闭环钻井系统(RCLS)是一种静态推靠式旋转导向系统。如图 6-8 所示,其主要结构包括由地面与井下的双向通信系统(地面监控计算机、解码系统及钻井液脉冲信号发生装置)、导向系统和 LWD 等。AutoTrak 系统的井下偏置导向工具是由不旋转外套和旋转心轴两大部分通过上、下轴承连接形成的一种可相对旋转的结构。旋转心轴上接钻柱,下接钻头,起传递钻压、扭矩和输送钻井液的作用。不旋转外套上设置有井下 CPU、控制部分和支撑翼肋。

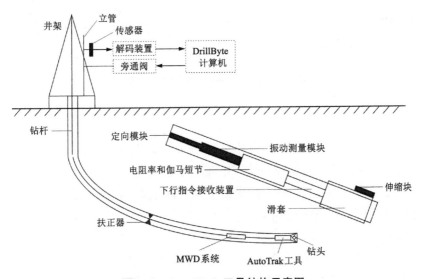

图 6-8 **AtutoTrak** 工具结构示意图

AutoTrak 系统在运行中,扶正器滑套处于一种相对静止的状态,从而确保钻头可以沿着特定的方向钻进。通过液压来驱动活塞,分别对 3 个稳定块施加不同的压力,它们的共同作用使得钻具沿某一特定方向发生偏移,从而在钻进过程中使钻头产生 1 个侧向力,进而确保钻头沿着这一方向定向钻进。

2) AutoTrak G3

AutoTrak G3 系统构成如图 6-9 所示，其理论造斜能力达到 20°/100 m，其近钻头井斜零长为 1.2 m，伽马零长为 5.54 m，井斜与方位零长为 8.54 m。该类工具除了提供另外两种工具的功能外，还能够进行相关的测量工作。该技术为地质导向和大位移井等定向井钻井开辟了一个新的领域，可在旋转钻井过程中实现导向，改变井眼轨迹，并与地面实现双向通信。

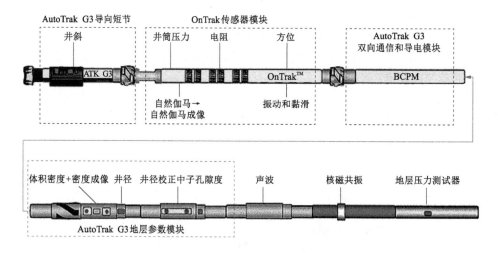

图 6-9　AutoTrak G3 系统构成示意图

3) AutoTrak X-treme

AutoTrak X-treme（图 6-10）是由井下钻井马达驱动的导向系统。该系统综合了高动力马达和高速旋转闭环系统，并与导向装置实现双向通信连接。在马达下的下部钻具组合更短。X-treme 技术定子提供高扭矩，BHA 可持续保持高转速，额定最高转速可达到 400 r/min。

4) AutoTrake Xpress

AutoTrake Xpress 便携式旋转导向工具的理论造斜能力为 24°/100 m，它的近钻头井斜零长为 1.2 m，伽马零长为 9.6 m，井斜与方位零长为 10.8 m。当前AutoTrake 旋转导向系统中，Xpress 是应用最为成熟的一种类型。

5) AutoTrak Curve

AutoTrack Curve（图 6-11、图 6-12）是一款专门为陆地钻井设计的强大造斜工具。该装置的理论造斜能力可达到 45°/100 m，它的近钻头井斜零长为 2 m，伽马零长为 3.74 m，井斜与方位角零长为 6.81。该系统在传统导向系统的基础

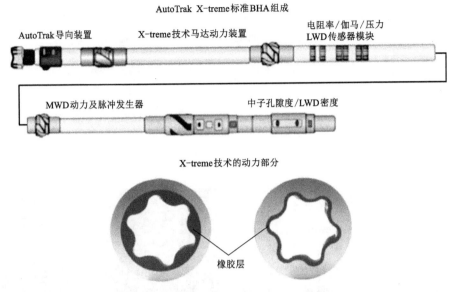

图 6-10　AuTrak Xtreme 组成及原理示意图

上,对导向力学、水力学和导向板进行重新设计,导向板能够适应从软到硬以及研磨性等各种地层,BHA 也具有更强的柔性。AutoTrack Curve 能够实现用一套钻具一趟钻穿造斜段、稳斜段、着陆段和水平段[8]。

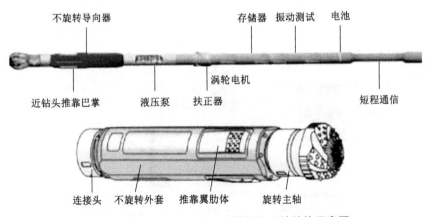

图 6-11　AutoTrak Curve 旋转导向系统结构示意图

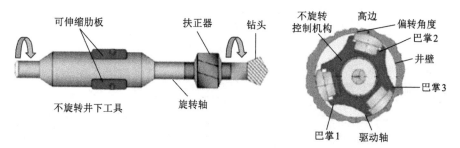

图 6-12　AutoTrak Curve 旋转导向系统导向原理结构示意图

3. 哈里伯顿公司

1）Geo-Pilot

Geo-Pilot 旋转导向系统（图 6-13、图 6-14）也是一种不旋转外筒式导向钻具，它与 AutoTrak 和 PowerDrive 不同的是，Geo-Pilot 旋转导向钻井系统不是靠偏置钻头进行导向，而是靠不旋转外筒与旋转心轴之间的一套偏置机构使旋转心轴偏置，为钻头提供一个与井眼轴线不一致的倾角，从而起到引导的作用。

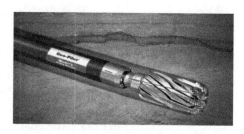

图 6-13　Geo-Pilot 旋转导向系统

其偏置机构是一套由几个可控制的偏心圆环组合形成的偏心机构，井下自动控制完成组合之后，该机构将相对于不旋转外套固定，从而将旋转心轴向固定方向偏置，为钻头提供一个方向固定的倾角。该系统主要由驱动轴、外壳、驱动轴密封装置、非旋转设备、上下轴承、偏心装置、近钻头井斜传感器、近钻头稳定器、控制电路和传感器等部件组成。

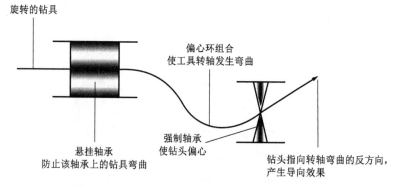

图 6-14　Geo-Pilot 旋转导向系统工作原理示意图

Geo Pilot 旋转导向钻井系统的最小造斜角为 5°，设计造斜率为 45°/100 m，扩眼最大狗腿度为 30°/100 m，最高转速为 250 r/min，最大工作压力为 206 MPa，最高工作温度为 175 ℃，非工作条件下耐温 200℃。该系统适用于大摩阻、大转矩的大位移井和复杂程度较高的三维定向/水平井。

2）iCruise

2018 年，哈里伯顿公司发布了世界上首款智能旋转导向系统 iCruise（图 6-15）。该系统采用模块化设计，集成了先进的传感器、电子设备、复杂算法以及高速处理器，实现了 400 r/min 的转速和 18°/30 m 的造斜能力。iCruise 集成了自我诊断与分析和自动化钻井辅助决策功能，实现了设备健康监控、优化井眼轨迹、管理井下振动等多个方面的应用。

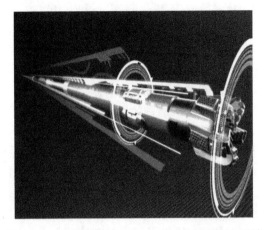

图 6-15　哈里伯顿公司 iCruise 智能旋转导向系统

4. 威德福公司

1）Revolution

Revolution（图 6-16）是一种指向式旋转导向系统，由控制系统和偏置稳定器短节两大部分组成，偏置稳定器短节由驱动芯轴、不旋转外筒和偏置机构等构成，驱动芯轴用于连接钻柱和钻头，以及传递钻压、扭矩和输送泥浆。偏置稳定器短节的动力机构是轴向均布的一组（12 个）轴向方向的柱塞泵，依靠驱动芯轴的旋转来实现运动。该技术最大造斜率为 10°/30 m，最高工作温度为 165 ℃，最高工作压力为 172 MPa，适用于 149.2～190.5 mm 井眼。

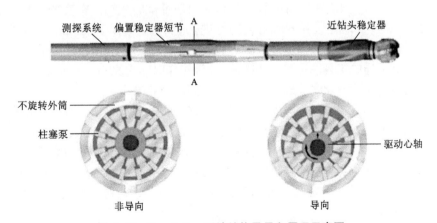

图 6-16　Revolution 系统结构及导向原理示意图

2）Magnus

推靠式旋转导向系统 Magnus 的关键功能包括：完全独立的衬垫控制、具有最低井底钻具组合（BHA）稳定性的全旋转偏置单元、实时 BHA 诊断和自动驾驶功能。该系统具有高造斜率，可以 10°/30 m 的狗腿度连续造斜，最高转速为 300 r/min，最高工作温度为 150℃，最高工作压力为 206.8 MPa，最大垂向分辨能力为 480 mm。Magnus 旋转导向系统采用模块化设计，利用三个独立式推力块控制方位，可获得近钻头 6 ft 处的实时数据，具有实时诊断、自动稳斜和双向通信等功能。

5. 中国石油天然气集团有限公司

2019 年，中国石油集团长城钻探工程有限公司工程技术研究院（简称长城钻探）自主研发的指向式旋转导向系统在辽河油田双 229-36-72 井完成水平井全井段现场试验，各项工程指标符合现场钻井条件要求，标志着我国自主研发的指向式旋转导向技术取得重大突破。2014 年，长城钻探承担了中国石油天然气集团有限公司重大科技专项"指向式旋转地质导向系统研制"，历时 5 年，攻克了伺服电机偏置导向控制、大功率井下发电、井下无线短传、控制指令下传、地面监控软件等关键技术，研制了国内首套具有自主知识产权的指向式旋转导向系统，完成了地面水泥靶模拟钻井试验和 4 井次现场功能试验，最大造斜率大于 11°/30 m。

2010 年以来，中国石油集团川庆钻探工程有限公司、中国航天科工集团有限公司、中国石油大学（华东）联合开展了"CG-STEER 旋转导向钻井系统"研发，并取得了新一代 CG-STEER 旋转导向钻井系统在造斜率预测与调控领域的重大创新，造斜率由之前不足 6.0°/30 m 提高至 10°/30 m 以上。2019 年至今，新一代 CG-STEER 旋转导向系统已完成 4 口高难度页岩气水平井的造斜段和水平段钻井作业，累计进尺 7758 m，创下了国产旋转导向系统最大造斜率 11.2°/30 m、单趟钻最长寿命 297 h、进尺 1090 m 等多项纪录[9]。

6. 中国石油化工股份有限公司

2019 年，中石化胜利石油工程有限公司随钻测控技术中心自主研发的 SINOMACS ATS I 型旋转导向仪器在胜利油田现场试验成功。在现场试验中，试验井段 2070~2417 m，使用 60% 导向力钻进，造斜率达到 4.2°/30 m，实现了对轨迹的高精度控制；采用快速脉冲数据编码，平均物理传输速率为 1.8 bps，下传成功率为 95%；导向工具总进尺为 347 m，累计工作时间为 52 h，地面监控、双向通信、随钻测量和井下导向控制四大模块均达到理想效果。

在国内技术尚未成熟、国外技术服务价格昂贵的窘况下，中国石化胜利石油工程公司钻井院钻井信息中心成功研发了成本更低、功能比肩传统旋转导向的"滑动钻进钻柱双向扭转自动控制技术"，即 TORSION DRILLING-钻柱双向扭转控制系统，其核心功能包括降低摩阻、减轻托压、自动控制工具面、快速摆放工具面等。自 2019 年，该系统已在黄河钻井、渤海钻井、胜利西南分公司等单位累计推广应用 12 口井。

7. 中国海洋石油集团有限公司

中海油服自主研发的 Welleader 旋转导向钻井系统可以在钻柱旋转的同时实现井眼轨迹的自动控制。系统通过精准的导向力矢量控制实现钻头姿态的快速响应，具有高精度近钻头井斜角及工具面角测量能力，能够实现井斜自动闭环控制，可适应复杂地层条件及钻井条件。Welleader 近钻头测量模块位于钻头后 1.3 m 以内，实钻造斜率约 6.5°/30 m。Welleader 可与 Drilog 无缝衔接，实现实时决策。

6.2　旋转导向钻进系统研究进展

全球首个商业化 RSS 产品为推靠式[10]，早期的 RSS 产品大多也属于推靠式类型，如斯伦贝谢公司的 Power-Drive SRD、贝克休斯公司的 Auto-Trak RCL 等。推靠式 RSS 虽然能够出色完成大多数钻井任务，但系统存在几个难以忽略的问题。为解决这些难题，开发出以斯伦贝谢公司的 PowerDrive Xceed 和哈里伯顿公司的 GeoPilot 为代表的指向式 RSS。为获取更高效的导向性能，斯伦贝谢公司创新性结合了推靠式和指向式的优点，开发出更为先进的混合式旋转导向系统 Power-Drive Archer。近些年，随着人工智能的发展，人工智能技术与旋转导向技术的结合越来越成熟，表 6-1 总结了各大油服公司 RSS 目前所用先进技术。

表 6-1　旋转导向系统先进技术分析

公司	先进技术	优势
斯伦贝谢公司	六轴连续高清测量传感器	精确的倾角方位角测量
	八扇区近钻伽马射线	360°全方位测量，更准确的井深和轨迹量
	自主井下控制系统	每秒调整一次转向参数，下行链路平均减少了 33%
	惯性导向技术	提供恶劣工况（磁禁区等）下的可靠工作
	QuikDownlink 双下行链路通信技术	提供准确的控制命令，减少下行链路
	Neuro™ 系统	减少了 36% 的下行链路，下行链接时间减少了 80% 以上，实现 13% 的 ROP 增加
	Performance Live 数字连接技术	解决一些不可预见的挑战和问题
	HFTO Suppressor * 阻尼工具	冲击幅度降低了 64%，相比同类产品减震幅度降低了 48%
	xBolt G2 加速钻井技术	增加每天的进尺并提高井位精度
	DyuaForce DTX 等高性能钻井电机	提供更高的扭矩和效率，缩短钻井时间
	EMLA（电磁前瞻）	电子仪器高度集成化
	AxeBlade 等可定制钻头	提高破岩效率，缩短钻井时间
	PowerDrive ICEultraHT	提高耐温能力，耐温突破 200℃（可稳定工作 2000 h）

续表6-1

公司	先进技术	优势
贝克休斯公司	连续比例导向技术	导向控制不受钻井动力学、流速和钻井液性质影响
		井眼弯曲降低为 1/6~1/4
	自动井眼轨迹控制技术	每毫秒检查一次方位角和倾角,减少了井筒弯曲和下行链路
	aXcelerate PLUS 泥浆脉冲遥测	提供实时地层数据以及可靠的数据传输,物理带宽高达
	Wired-PipeTelemetrv 高速数据传输等	每秒 40 位,压缩带宽高达每秒钟 256 位
	有线电机技术	提高电机通讯的可靠性
	DwaMax Ultra、Navi Drill Ultra HP 等系列钻井电机	提供井下 50%以上的扭矩和功率,缩短钻井时间
	多芯片模块电子设备、CoPilot 2.0/CoPilot UHD 短模块化	电子仪器高度集成
	传感器接头	
	专家系统	贝克休斯公司的钻井和评估专家可在任何地方进行远程作业
哈里伯顿公司	高频扭转振荡阻尼器	减少振动
	Aurora™ 地面接入磁测距系统	业界首个地面接入主动测距系统
	GeoForce©等高性能电机	增强扭矩,提高钻速,缩短钻井时间
	钻头速度与钻柱速度解耦技术	减少套管磨损
	三维"巡航控制"技术	自动保持所需的井眼轨迹,并纠正任何行走趋势或突然的
		地层变化
	耐受高温高压的防漏材料	RSS 能在高压、高温环境可靠工作
	Hedron™ 等固定刀具 PDC 钻头	提高了抗冲击性和耐磨性
	LOGIX©、iStar™ 等智能钻井平台	提供准确的井位定位和卓越的钻井性能,有助于降低运营风险和不确定性
其他	GeoTech©(GTi) 等高性能钻头	每小时 19 英尺(5.8 m)的平均机械钻速
	3D 导向控制技术	提供高效的井眼轨迹控制效果
	DownLink Commander©双向通信系统	几秒内向 RSS 发送控制信号,并在 1 min 内验证命令
	EMPulse™ 遥测	实现极端工况(井漏区)通信,不依赖于钻机水力学来传输数据
	Revolution Heat 液压部件	专为高温高压(high temaperatuwre and high pressure, HTHP)环境设计

6.2.1　推靠式旋转导向系统

在国外，静态推靠式、动态推靠式等技术已经比较成熟，并形成系列化规模化的应用。新型产品以动态推靠式为主，最高转速突破 400 r/min，最高钻压 160 kN，抗温能力 150℃，部分突破 200℃；新型动态推靠式导向机构不断创新；各种 BHA 优化工具、减震工具、高性能钻井电机、测量仪器、新型切削齿及钻头新产品不断涌现，钻井提速、钻井优化技术、自主钻井系统等技术日趋成熟和规模化应用；具备专家系统远程操作；超高温旋转导向系统（PowerDrive ICE）、创新型 BHA 工具（OrientXpress © RSS），实现产品化[11]。

我国已经突破国外技术封锁，基本达到商业化的需求。Welleader 和 CG STEER 的成功研发，一改国内长期"依赖进口、受制于人"的现状，实现了国产旋转地质导向钻井系统替代进口、迈向工业应用的历史跨越，形成 650 和 950 系列，造斜率突破 12.5°/30 m，耐温 150℃，耐压 150 MPa，组件国产率 95.8%，储层钻遇率 98% 以上，在导向控制、近钻测量、机械钻速等方面接近世界先进水平；基本形成系列化设计与制造能力；地面监控、双向通信、随钻测量和井下旋转导向工具等 4 大子系统获得突破性进展[12, 13]。表 6-2 比较分析了国内外推靠式旋转导向系统。

表 6-2　国内外推靠式旋转导向系统比较分析

公司	产品	特点	局限性
斯伦贝谢公司	PowerDrive X6（型号：475、675、825、900、1100）	造斜率 12°/30 m，最大转速 220 r/min，耐温 150℃，高可靠性（相比同类产品高出 25%）、耐腐蚀（新材料）、耐磨损（新型轴承设计）、仪器高度集成（EMLA 电磁前瞻）	螺旋井眼、黏滑振动明显、控制精度和快速性差，耐磨性相对较差、密封性差
	PowerDrive Orbit G2（型号：475、675、825、900、1100）	造斜率 16°/30 m，最大转速 350 r/min，耐温 150℃，高造斜、高钻速、高可靠性系统，全金属密封，近钻测量精度高（8 扇区伽马射线）、控制精度高	
	PowerDrive ICE（型号：675）	造斜率 8°/30 m，最大转速 350 r/min，耐温突破 200℃，全金属密封，自动化程度高，耐高温 BHA 与 MWD（200℃ 稳定工作 35000 h），导向性能好（3D 转向技术），卡钻风险低	

续表6-2

公司	产品	特点	局限性
贝克休斯公司	Auto Trak G3（型号：475、675）	造斜率 6.5°/30 m，最大转速300 r/min，耐温150℃，最大数据速率40 bps，机械钻速提高20%，导向性能好，专家系统	螺旋井眼，井眼质量差。存在黏滑振动，密封性差。控制精度低，小型化能力差。型号单一
	Auto Trak Curve（型号：675）	造斜率 15°/30 m，最大转速400 r/mim，耐温150℃，机械钻速高，自动化程度高，导向性能好，消除了黏滑振动，专家系统	
	Lucida（型号：675）	造斜率 15°/30 m，最大转速400 r/min，耐温175℃，自动化程度高，集成度高［多芯片模块（MCM）电子设备］，高精度测量（16扇区传感器），井眼质量好（自动井眼轨迹控制技术和连续比例转向结合），扭矩和摩阻小，专家系统	
威德福公司	Magnus（型号：475、675、825、900、1100）	造斜率 12°/30 m，最大转速350 r/min，耐温160℃，高可靠性（独立垫块控制），导向性能好，卡钻风险低（全旋结构），结构简单，控制精度高	螺旋井眼，密封性差，黏滑振动明显
中国公司	Welleader（型号：475、675）	造斜率达 8°/30 m，基本满足工业要求	螺旋井眼，造斜率不稳定。密封性差、自动化程度低，造斜率低，稳定性差，导向性能较差，控制精度不足
	CG STEER	造斜率达 12.5°/30 m，转速达到200 r/min，耐温 150℃，耐压150 MPa，部件国产化达到95.8%，优质储层钻遇率98%，近钻测量、导向控制和机械钻速媲美进口	

常规破岩工具种类齐全，高性能钻头、钻井电机依赖进口，但是造斜率、耐温、耐压等方面仍存在一定差距，在导向技术、控制系统、导向装置的研究，以及随钻测量、稳定性、材料强度和密封性等方面差距明显，工具自动化、集成化和智能化程度低；钻井优化、通信技术、减震工具严重不足。

6.2.2　指向式旋转导向系统

　　在国外，动态指向式、静态指向式工具种类齐全、性能可靠，已经形成系列化生产，规模应用。产品最大造斜率为 15°/30 m，最大转速 400 r/min，耐温 150℃，部分突破 175℃；先进导向技术，破岩与提速技术，自动控制技术等技术在指向式系统成熟应用；在耐高温，耐腐蚀，耐磨材料，新式轴承，导向机构等技术取得突破性进展；工具智能化，集成化和自动化程度高，能够适应多种恶劣工况。

　　目前，我国各类试验样机不断涌现，但大部分还停留在试验阶段，尚不能满足工业化的需求。我国在导向装置上取得不错的成果，如行星轮结构、双对顶滑块斜面结构、双偏心环结构等；工具稳定性、导向原理、控制技术、运动学特征、BHA 力学特性等方面也取得阶段性突破。中国石油集团长城钻探工程有限公司研制的 GW 指向式旋转导向系统，为我国第一个拥有自主知识产权的指向式旋转导向装置。

　　GW 在工程现场实验中，成功实现了增斜、稳斜、降斜和扭方位等功能，累计进尺达 158 m，平均造斜率 7.14°/30 m，最大造斜率 11.09°/30 m，指令下传成功率 100%，地面监控、双向通信、随钻测量和 BHA 等 4 大主要模块运行状况良好，满足工业要求，标志着我国指向式旋转导向系统从设计制造到试验的阶段性跨越[14]。但是现有样机只能满足产业的基本要求，达不到商业化需求，还没有形成系列化设计与制造能力，只能依赖进口；GW 相比国外先进产品水平存在较大差距，造斜率、机械钻速偏低；导向装置、控制系统、双向通信等存在明显差距；自动化、集成化、智能化程度偏低；工具稳定性、寿命、可靠性还需验证；导向原理、结构设计、导向技术、井下闭环控制、通信技术等关键技术还需要进一步攻克。表 6-3 分析比较了国内外指向式旋转导向系统。

表 6-3　国内外指向式旋转导向系统比较分析

公司	产品	特点	局限性
斯伦贝谢公司	PowerDrive Xcel	造斜率 15°/30 m，最大转速 350 r/min，耐温 150℃，适用于高剖面定向钻井作业，井眼质量好，冲击振动低，控制精度高，耐用性好，导向性能好(惯性方向控制)，近钻测量精度高，适应性强(磁禁区)，稳定性高	轴承组磨损严重影响钻具寿命，导向机构动力依赖泥浆压力，稳定平台受钻头负载力矩影响，对测控系统要求高

续表6-3

公司	产品	特点	局限性
哈利伯顿公司	Geo-Pilot © Dirigo	造斜率 15°/30 m，最大转速 400 r/min，耐温150℃，非常适合深水和大位移环境，三维巡航控制功能自动保持所需的井轨迹，可实现一次性完井，井眼质量好	导向芯轴承受高强度的交变应力，易发生疲劳破坏，严重影响其工作寿命，钻柱的强度不如推靠式，硬地层造斜率较低，存在卡钻风险
	Geo-Pilot © Dtrg™	造斜率 15°/30 m，最大转速 400 r/min，耐温175℃，适用于高压、高温、深水环境，抖振小，效率高，井眼质量好	
威德福公司	Revolution（Size：475、675、825、900）	造斜率 10°/30 m，最大钻压 207 MPa，耐温175℃，井眼质量好，集成度高，结构紧凑，下行链路少，控制精度高	偏置力直接作用于心轴，产生交变应力，从而缩短钻具寿命
中国公司	GW	最大造斜率为 11.09°/30 m，平均造斜率 7.14°/30 m，双向通信成功率100%，具有增斜、稳斜、降斜和扭方位等功能，全旋式结构	密封性差、自动化程度低，造斜率低。稳定性差，导向性能较差，控制精度不足

6.2.3 混合式旋转导向系统

混合式旋转导向技术目前成为全球各大油服公司研究的热点，其中斯伦贝谢公司是目前唯一完全掌握混合式旋转导向技术的公司，其 PowerDrive Archer 系列是具有自主知识产权的代表。该系列包括 475 和 675 两个系列，具备卓越的性能特点，如造斜率达到 18°/30 m、最大转速 350 r/min、耐温 150℃ 等。PowerDrive Archer 继承了斯伦贝谢公司旗下其他旋转导向系统的全部优点，综合了 PowerDrive X6 和 PowerDrive Xceed 的技术，表现出高造斜率、高可靠性、控制精度高、全旋转等特点。

目前，PowerDrive Archer 是全球造斜率最高的旋转导向系统之一，具有领先的技术水平。其综合应用了多项先进技术，包括导向机构、导向原理、造斜率控制等方面的创新。这一技术的独特性体现在它能够在高温环境下达到卓越的性能，并在钻进过程中实现高效的控制和导向，从而提高钻井效率和精度。

值得注意的是，国内目前尚未拥有类似的试验样机，仅有部分学者对混合式旋转导向技术的相关方向进行了理论研究。这表明该技术在国内的研究和实践应用尚处于初级阶段，需要更多的投入和研究以提高国内在该领域的技术水平。

综合而言，混合式旋转导向技术在油田钻井领域具有重要的应用前景，斯伦贝谢公司的 PowerDrive Archer 系列在该领域的技术垄断地位表明其在技术创新和市场竞争中处于领先地位。国内对该技术的研究和开发仍然有待加强，以推动国内油田钻井技术的发展。

6.3　旋转导向钻进轨迹预测

井眼轨迹预测与控制是国际上复杂结构井领域的关键核心技术问题之一，其研究历史已超过 70 年，研究方向逐渐从"防斜打直"演变为更为复杂的定向井轨迹控制问题。以下是对该问题研究历程和关键技术的概述。

在 20 世纪五六十年代，"防斜打直"是井眼轨迹控制的研究热点，主要目标是实现又快又直地钻成直井。随着定向井、水平井、大位移井等复杂结构井的发展，研究重心逐渐转移到了定向井轨迹控制问题。研究目标由简单的直井转变为"指到哪，打到哪"，对井斜角和井斜方位角的控制提出了更高的要求。

定向井轨迹控制问题因其更为复杂的技术性质而引起广泛关注。迄今为止，定向钻井轨迹控制技术的典型代表是旋转导向钻井系统。该系统在钻柱旋转的同时实现导向钻进功能，极大地降低了摩阻、提高了钻速、改善了井眼状况，并显著增加了井眼延伸长度，成为现代导向钻井技术的发展方向。

预测旋转导向工具的造斜率是导向工具优化设计和井眼轨迹控制的前提。国内外学者对造斜率的预测问题进行了大量研究，经历了几何法、力学法到轨迹法的演进过程。几何法以"三点定圆法"为代表，力学法包括"极限曲率法"和"平衡侧向力法"等，而轨迹法则包括基于井斜趋势角的计算方法等[15]。

总体而言，井眼轨迹预测与控制技术在石油工业中的应用至关重要，尤其是随着复杂结构井增多，其对于提高钻井效率和确保井眼质量具有重要意义。在这个领域的研究将继续推动技术创新，以满足日益复杂的油气勘探和开发需求。

6.4　旋转导向钻进控制技术

因为 RSS 是一种非线性系统，涉及许多强非线性、时变性、滞后性和其他未知干扰因素，对其进行精确控制非常复杂且困难。RSS 的控制系统通常采用双闭环结构，如图 6-17 所示。内环通常主要由 MWD、井下控制器、偏心稳定器、钻头和近钻头倾角、方位角传感器构成。外环主要由内环和地面监测中心构成。通常，内环按照预定程序对井下工具进行控制，外环则通过技术人员发出指令进行实时控制。

内环的主要测量单元包括：近钻头倾角和方位角传感器，主要用于实时测量钻井轨迹并将其传输给井下控制器。井下控制器将实际钻井轨迹与理想井眼轨迹进行比较，并计算两者误差。按照这一误差，井下控制器根据预定程序实时调节系统输出，以控制"执行器"的倾角、方位角和速率。同时，MWD 将传感器所测钻井参数转化为泥浆脉冲信号并反馈给地面监控中心。地面处理系统由工程师根据钻井参数制定决策，当钻井偏离预定轨迹时，直接向井下控制器发出高优先级控制指令对其进行实时控制[16, 17]。

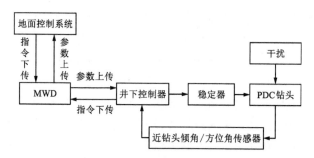

图 6-17　典型的 RSS 控制系统

6.4.1　现代控制技术

现代控制方法以状态空间法为基础，综合运用多种先进控制策略，如鲁棒控制、最优控制、自适应控制和滑模控制，以应对复杂多变的时变系统。在 RSS 的控制中，这些方法发挥了各自的优势和特点[18]。

自适应控制是其中一种关键方法，其主要优势在于能够有效应对 RSS 系统中存在的参数不确定性。由于 RSS 的工作环境可能受到各种因素的影响，自适应控制通过在线调整控制参数，使系统能够适应动态变化的参数，提高了系统的稳定性和其他性能。此外，自适应控制还具备强大的在线估计能力，可应用于 RSS 的参数辨识、故障检测与处理，进一步增强系统的鲁棒性。

鲁棒控制是另一种关键方法，特别适用于对系统稳定性和可靠性要求较高的情况。然而，在 RSS 姿态控制中，由于难以实现最佳工作状态和稳态精度差等问题，对鲁棒控制的应用需要更为谨慎的考虑。

自抗扰控制技术以其不依赖准确的数学模型和强大的可拓展性而在 RSS 控制中广泛应用。然而，该方法在参数整定的复杂性和稳定性分析等问题方面仍需要进一步深入研究。

滑模控制是一种变结构控制方法，其优点在于不受系统外界扰动和内在摄动的影响，具有出色的鲁棒性。在 RSS 控制中备受青睐，尤其是高阶滑模控制成为近年来的研究热点。然而，传统滑模控制在抖振抑制和控制精度方面难以兼得，因此对高阶滑模控制的研究有望解决这一平衡难题。

除上述方法外，现代控制方法中的其他策略，如反步控制等，同样在 RSS 控制领域取得了良好的应用效果。这些方法的综合应用有望为 RSS 系统提供更为灵活、高鲁棒性和高效的控制策略，从而应对复杂多变的工作环境。

6.4.2　智能控制技术

智能控制是基于人工智能、模糊集理论、运筹学和控制论相关方法，设计具有自主学习、抽象、推理、决策能力的智能体，并根据所在环境做出自适应动作以完成相关任务。其集神经网络、机器学习、专家系统和进化计算等多种智能计算方法优点于一身[19, 20]。智能控制方法非常适合解决复杂和不确定系统的控制问题，如 RSS 控制问题。

人工智能(AI)技术的快速发展，使得智能控制在 RSS 这类复杂控制系统中具有广阔的应用前景。主要表现在 3 个方面。

1. 基于模糊理论和神经网络的智能控制器设计

在 RSS 中，Takagi-Sugeno(T-S)模糊控制器被广泛应用。该控制方法通过在不同工作点处使用不同的线性子系统，近似非线性系统的动态行为，为 RSS 提供了模糊建模和控制的能力。此外，引入 Actor-Critic 强化学习控制器，结合策略网络(Actor)和值函数网络(Critic)，系统能够通过不断试错学习，实现在长期优化场景下的智能控制，为 RSS 的复杂任务提供更高的性能和适应性。

2. 基于现代控制理论和 AI 技术的智能控制方法

在 RSS 中，Fuzzy-PID 自适应控制是一种结合了模糊逻辑和比例-积分-微分(PID)控制的方法。该方法使系统能够根据环境变化动态调整控制参数，从而应对不确定和变化的工作条件，提高系统的鲁棒性。另一方面，模糊自适应 PI 变阻尼控制通过结合模糊逻辑和比例-积分(PI)控制，并引入自适应变阻尼策略，实现系统在面对不同工况时的自动参数调整，以维持系统性能的稳定性。

3. 引入人工智能领域新成果到 RSS 控制系统设计中

将进化计算算法，如遗传算法和粒子群算法，整合到 RSS 的参数优化和系统设计中，可以搜索最优解或近似最优解，提高系统性能。同时，利用机器学习技术进行数据驱动的建模以及专家系统的知识表示，为 RSS 系统提供了更深入的理解和适应复杂环境的能力。这样的综合应用使得智能控制在 RSS 等复杂控制系统中更加灵活、高效，展现出卓越的自适应性和鲁棒性。

6.4.3 复合控制技术

复合控制方法综合了两种或两种以上的控制策略，旨在克服单一控制方法的不足，以实现更出色的性能[21]。其极强的可扩展性和适应性使得复合控制在处理复杂系统和应对不同工况方面具备灵活性。然而，实现有效的复合控制涉及多个关键方面的深入研究，包括如何在实际系统中有效结合现代控制、智能控制等多种控制方法，使它们协同工作，以获得更好的性能，这又包括控制策略的切换、融合和协同调度等问题，需要设计合理的切换逻辑和融合算法[22]。

为了充分发挥各种控制方法的优势，需要考虑灵活的参数调整和自适应的控制策略选择。在不同工作条件下，确保每一种控制方法都能够发挥其最佳性能，是复合控制设计的重要目标。同时，复合控制方法应当避免各单一控制方法的缺陷对整体性能的负面影响。这可能涉及对不同控制方法的局限性的深入了解，以及通过巧妙的权衡和切换策略来规避这些缺陷。

复合控制方法需要深入研究控制器的设计和优化问题，包括多个控制器的动态特性、相互影响以及整体系统性能的综合考虑。有效的算法和机制是实现复合控制的关键，其可以使各个控制器之间协同工作，最大化系统性能。

综合上述方面的研究，可以更好地发挥复合控制方法在提高系统鲁棒性、适应性和性能方面的潜力。随着技术的不断发展，复合控制方法将继续为控制领域提供更为灵活和强大的解决方案。

本节分析的几类控制方法具有不同的优缺点，见表6-4。不同的系统应该综合分析各类方案的优缺点，灵活选用不同方案。

表 6-4　文中综述的几类控制方法比较

控制方法		方法优势	局限性
现代控制	滑模控制	鲁棒性能突出，设计形式多样，特殊滑模面可满足有限时间收敛	系统抖振难消除，只能抑制优化，难以同时获得高精度控制和抖振抑制效果
	自抗扰控制	模型弱依赖，具备抗干扰能力；可拓展性强，可与多种方法相结合；结构简单、易工程化	参数较为敏感，整定复杂；线性自抗扰与非线性自抗扰参数确定难易与控制精度不可兼得
	反步控制	对系统有优化作用，理论可保证系统稳定，逐层推导，控制器设计简单	"计算膨胀"问题突出，虚拟控制器设计繁琐、设计代价大

续表6-4

控制方法	方法优势	局限性
智能控制	对模型依赖弱，具有强大的自适应能力，可应对更多复杂情形	对于硬件算力要求高；训练难收效，对于设计人员的训练经验要求高，理论难证明
复合控制	鲁棒性、自适应性突出，模型弱依赖，可拓展性强，可通过多种方法保证控制性能	多方法融合问题突出，对控制器设计要求较高

参考文献

［1］ 李俊, 倪学莉, 张晓东. 动态指向式旋转导向钻井工具设计探讨［J］. 石油矿场机械, 2009, 38(2): 63-66.

［2］ 汪海阁, 刘岩生, 王灵碧. 国外钻、完井技术新进展与发展趋势（Ⅰ）［J］. 石油科技论坛, 2013, 32(5): 36-42, 66.

［3］ JONGHEON K, HYUN M. Development of a novel hybrid-typerotary steerable system for directional drilling［J］. IEEE Access, 2017, 5: 24678-24687.

［4］ 刘江民. 复合式旋转导向钻井工具造斜能力分析与设计［D］. 西安: 西安石油大学, 2018.

［5］ 高晓亮. 煤矿井下智能化钻探配套钻具研究进展［J］. 煤田地质与勘探, 2023, 51(10): 156-166.

［6］ 霍阳, 朱艳, 魏凯, 等. PowerDrive Archer+VorteX 旋转导向技术在页岩气开发中的应用［J］. 长江大学学报(自然科学版), 2019, 16(1): 39-43, 49, 6.

［7］ 刘鹏飞, 和鹏飞, 李凡, 等. Power Drive Archer 型旋转导向系统在绥中油田应用［J］. 石油矿场机械, 2014, 43(6): 65-68.

［8］ 雷双强. 高造斜率旋转导向工具测控系统研究［D］. 西安: 西安石油大学, 2019.

［9］ 冯定, 王鹏, 张红, 等. 旋转导向工具研究现状及发展趋势［J］. 石油机械, 2021, 49(7): 8-15.

［10］ ANDRADE C P S, SAAVEDRA J L, TUNKIEL A, et al. Rotary steerable systems: mathematical modeling and their case study［J］. Journal of Petroleum Exploration and Production Technology, 2021, 11(6): 2743-2761.

［11］ Nabors Industries. OrientXpress rotary steering system［EB/OL］. ［2023-06-01］. https://www.nabors.com/.

［12］ 赵文庄, 韦海防, 杨赟. CG STEER 旋转导向在长庆页岩油 H100 平台的应用［J］. 钻采工艺, 2021, 44(5): 1-6.

[13] 菅志军,尚捷,彭劲勇,等. Welleader 及 Drilog 系统在渤海油田的应用[J]. 石油矿场机械,2017,46(6):57-62.

[14] 天工. 国内首套指向式旋转导向系统现场试验获得成功[J]. 天然气工业,2019,39(5):106.

[15] 王恒,孙明光,张进双,等. 静态推靠式旋转导向工具造斜率预测分析[J]. 石油机械,2021,49(2):15-21.

[16] 张弛. 旋转导向钻井系统轨迹跟踪控制方法研究[D]. 哈尔滨:哈尔滨理工大学,2018.

[17] ZHANG C, ZOU W, CHENG N B. Overview of rotary steerable system and its control methods [C]. 2016 IEEE International Conference on Mechatronics and Automation, Harbin, 2016.

[18] 南英,陈昊翔,杨毅,等. 现代主要控制方法的研究现状及展望[J]. 南京航空航天大学学报,2015,47(6):798-810.

[19] 马卫华. 导弹/火箭制导、导航与控制技术发展与展望[J]. 宇航学报,2020,41(7):860-867.

[20] 高雪. 全旋转闭环指向式导向钻井工具稳定平台控制理论研究[D]. 西安:西安石油大学,2019.

[21] 霍爱清,邱龙,汪跃龙. 旋转导向钻井稳定平台的 RBF 网络滑模变结构控制[J]. 西安石油大学学报(自然科学版),2016,31(4):103-108.

[22] ZHANG C, ZOU W, CHENG N B, et al. Adaptive fault—tolerant control for trajectory tracking and rectification of directional drilling[J]. International Journal of Control, Automa-tion and Systems, 2022, 20(1):334-348.

图书在版编目(CIP)数据

复杂结构井力学特征与钻进提速技术 / 张鑫鑫等著.
—长沙：中南大学出版社，2024.5
ISBN 978-7-5487-5764-1

Ⅰ. ①复… Ⅱ. ①张… Ⅲ. ①钻井 Ⅳ. ①P634.5

中国国家版本馆 CIP 数据核字(2024)第 065295 号

复杂结构井力学特征与钻进提速技术
FUZA JIEGOUJING LIXUE TEZHENG YU ZUANJIN TISU JISHU

张鑫鑫　王李昌　唐禄博　吴冬宇　著

□出 版 人	林绵优	
□责任编辑	刘小沛	
□责任印制	唐　曦	
□出版发行	中南大学出版社	
	社址：长沙市麓山南路	邮编：410083
	发行科电话：0731-88876770	传真：0731-88710482
□印　　装	广东虎彩云印刷有限公司	

□开　　本	710 mm×1000 mm 1/16　□印张 16.25　□字数 323 千字	
□互联网+图书	二维码内容　字数 1 千字　图片 69 张	
□版　　次	2024 年 5 月第 1 版　□印次 2024 年 5 月第 1 次印刷	
□书　　号	ISBN 978-7-5487-5764-1	
□定　　价	76.00 元	